"圣贤文化传承与华夏文明创新研究"丛书

（丛书主编　管国兴）

贤文化
经典选编
释　读

钟海连　黄永锋　主　编

孙　鹏　奚刘琴　副主编

九州出版社　全国百佳图书出版单位

JIUZHOUPRESS

图书在版编目（CIP）数据

贤文化经典选编释读 / 钟海连，黄永锋主编. -- 北京 ：九州出版社，2020.11

（"圣贤文化传承与华夏文明创新研究"丛书 / 管国兴主编）

ISBN 978-7-5108-9808-2

Ⅰ．①贤… Ⅱ．①钟… ②黄… Ⅲ．①伦理学－文集 Ⅳ．①B82-53

中国版本图书馆CIP数据核字(2020)第222381号

贤文化经典选编释读

作　　者	钟海连 黄永锋 主编 孙　鹏 奚刘琴 副主编
出版发行	九州出版社
地　　址	北京市西城区阜外大街甲 35 号（100037）
发行电话	(010)68992190/3/5/6
网　　址	www.jiuzhoupress.com
电子信箱	jiuzhou@jiuzhoupress.com
印　　刷	三河市国新印刷有限公司
开　　本	720 毫米 ×1020 毫米　16 开
印　　张	20.5
字　　数	356 千字
版　　次	2020 年 12 月第 1 版
印　　次	2020 年 12 月第 1 次印刷
书　　号	ISBN 978-7-5108-9808-2
定　　价	78.00 元

"圣贤文化传承与华夏文明创新研究"丛书

中盐金坛盐化有限责任公司博士后科研工作站 成果
厦门大学新闻传播学博士后流动站 成果
厦门大学哲学博士后流动站 成果

策划与组稿

中盐金坛盐化有限责任公司企业文化部
厦门大学华夏文明传播研究中心
厦门大学道学与传统文化研究中心

学术委员会

余清楚　朱　菁　王日根　曹剑波　苏　勇　郑称德　周可真

编委会

管国兴　谢清果　钟海连　黄永锋　陈　玲　潘祥辉　黄　诚

主　编

管国兴

副主编

钟海连　谢清果　黄永锋

编辑部（按姓氏笔画排序）

刘育霞　刘晓民　孙　鹏　林銮生　周丽英　郑明阳　赵立敏
荀美子　胡士颖　祝　涛　奚刘琴　董　熠　蒋　银

总序

传统圣贤思想的演进及其天人合德思维特征

丛书编委会

华夏文明推崇的生命境界是圣贤，历代仁人志士皆以"成贤作圣"为其学修的目标和人生价值取向。北宋哲学家周敦颐提出"三希真修"的修身阶次说，"圣希天，贤希圣，士希贤"①，以及"圣人之道，入乎耳，存乎心。蕴之为德行，行之为事业"②的"内圣外王"观。明初文学家宋濂自谓"既加冠，益慕圣贤之道"（《送东阳马生序》）；明代哲学家王阳明将"读书学圣贤"立为人生"第一等事"③。现代哲学家冯友兰亦指出："使人成为精通内圣外王之道的圣人，是中国哲学的一大目标。"④关于何为圣贤、圣贤可学否、如何学以成圣贤的思想，在中国古代史册典籍中载述丰富，历代先哲对此的阐释亦洋洋大观，在华夏文明历史长廊中蔚为一道标志性的文化景观。

纵观华夏文明史，传统圣贤思想总体上呈现如下演进规律：内涵由才能、德行、修身、治国而及于合道，理论建构由人性论、道德论、治国论而进入宇宙本体论、心性本体论，思维取向由外而内、由身而心乃至身心合一、天人合德，学为圣贤的工夫由修身、立诚转向发明本心、致良知的易简直截之道。传统圣贤思想的演进规律与中国传统文化儒佛道三教合一的发展趋向若合符契。在此以儒家圣贤思想为例，从字义溯源、内涵演变、理论建构、思维取向、治道应用、修养工夫等角度，对传统圣贤思想的形成发展略述如下。

---

① 陈克明点校：《周敦颐集》卷二《通书·志学》，北京：中华书局，2009年，第23页。下引同书只注书名、卷数、页码。

② 《周敦颐集》卷二《通书·陋》，第40页。

③ 陈恕编校：《王阳明全集四·卷三十二·年谱一》，中国书店，2004年，第190页。下引同书只注书名、页码。

④ 冯友兰：《三松堂全集》卷五，郑州：河南人民出版社，2000年，第8页。

一、能力超群：圣贤字义溯源

许慎《说文解字·耳部》解"圣"为"通也。从耳，呈声。"段玉裁注曰："圣，通而先识。凡一事精通亦得谓之圣。"朱骏声《说文通训定声》："圣者，通也。从耳，呈声。按，耳顺之谓圣"，"春秋以前所谓圣人者，通人也。"①从字义上考据，"圣"是指精通、通达之意。孔安国《尚书正义》引王肃云："睿，通也。思虑苦其不深，故必深思使通于微也。"又言："睿、圣俱是通名，圣大而睿小，缘其能通微，事事无不通，因睿以作圣也。郑玄《周礼注》云：'圣通而先识也'。是言识事在于众物之先，无所不通，以是名之为圣。圣是智之上，通之大也。"（《尚书正义》卷十二《洪范第六》）据以上诸解，"圣"是指"思虑深微，事事无不通达，且识事先于和高于智者、通者"的人。

早在中国上古时代的巫觋文化中"圣"字就已出现。据《国语·楚语下》所载观射父论巫觋："古者民神不杂。民之精爽不携贰者，而又能齐肃衷正，其智能上下比义，其圣能光远宣朗；其明能光照之，其聪能听彻之。如是则明神降之，在男曰觋，在女曰巫。"《尚书》多处提到"圣"，如《洪范》"视曰明，听曰聪，思曰睿。……睿作圣"，《大禹谟》"帝德广运，乃圣乃神"，《冏命》"聪明齐圣"。这几本古书中所提到的"圣"，是指善视、善听、善思、善宣的人，上古时代的巫、觋就是"圣人"，他们在神、民之间起沟通、宣达作用。

"贤"为会意字，在甲骨文中为"臤"，左为"臣"，意为俘虏、奴隶，右为"又"，意为抓持、掌握、管理，整体可理解为对奴隶、俘虏进行很好的掌控。据学者高华平的研究："在现有文献中，从春秋战国到秦朝的'贤'字，主要有三种写法：（1）以《鸟祖癸鼎》、《贤父癸觯》、楚帛书为代表，'贤'字写作'臤'；（2）以《贤簋》、《中山胤嗣铜圆壶》、石鼓文和各种传世文献为代表，'贤'字写作上'臤'下'貝'（賢）；（3）以中山王墓《夔龙纹刻铭青铜方壶》、包山楚简、郭店楚简以及上博简为代表，'贤'字写作上'臤'下'子'（孯）。与此相对应，'贤'字的这三种形态分别代表了三种关于'贤'的价值观念：（1）以'臤'为'贤'，表示此时的'贤'观念指谁的力气大，能将战俘或奴仆紧紧地、牢牢地抓住，谁就是'贤'；（2）以上'臤'下'貝'为'贤'字，表示其'贤'观念指'以财为义也'，谁的财富多，谁

---

① 朱骏声:《说文通训定声》，北京：中华书局，1984 年，第 880 页。

就是'贤';（3）以上'臤'下'子'为'贤'，则表示以具有如初生婴儿般品德的人为'贤'。"①

"贤"字最早见于《尚书·君奭》篇，"在祖乙，时则有巫贤"，这里的"贤"为当时辅佐商王祖乙的大臣之名。《诗经·大雅·行苇》中有言"敦弓既坚，四鍭既钧，舍矢既均，序宾以贤"。"序宾以贤"，即按射箭命中的次序排列宾客的席位，"贤"在此处为射箭的技能之义。

从春秋战国到秦朝，"贤"字由最初含义为力气大、财多、技能高超，逐渐引申出才能、德行的含义。许慎《说文解字·贝部》言："贤，多财也。从贝，臤声。"段玉裁《说文解字注》："多财也。财各本作才。今正。贤本多财之称，引伸之，凡多皆曰贤。人称贤能，因习其引伸之义而废其本义矣。"语言文字学家杨树达在《增订积微居小学金石论丛·释贤》中提出："以臤为贤，据其德也；加臤以贝，则以财为义也。盖治化渐进，则财富渐见重于人群，文字之孳生，大可窥群治之进程矣。"②历史学家顾颉刚在《"圣""贤"观念和字义的演变》中也曾指出，"贤"原来只是多财的意思，才能、德行的含义是后有的③。

通过字义的简要溯源可知，圣、贤二字最初没有德行的含义，主要指能力、财富方面过人，并未言及德性，故最初所谓的圣人、贤人均指能力超群的"能人"，这应当是圣、贤的本义。而将圣人、贤者赋予善治之才、至德之性、人伦之至乃至为天道（天理）的先知先觉者等引申义，始于春秋战国时期儒家孔子、孟子、荀子，《易传》则基于易道（天道），通过推天道以明人事而加以系统化、理论化。

① 高华平：《从出土文献中的"贤"字看先秦"贤"观念的演变》，《哲学研究》2008年第3期，第72页。
② 杨树达：《增订积微居小学金石论丛》，上海：上海古籍出版社，2013年，第36页。
③ 顾颉刚：《"圣""贤"观念和字义的演变·释中国》，上海：上海文艺出版社，1998年，第712页。

二、人道之极：儒家崇圣思想的理论建构及其思维取向

据《论语·述而》记载，孔子曾将圣与仁并举："子曰：若圣与仁，则吾岂敢？抑为之不厌，诲人不倦，则可谓云尔已矣。"在此，孔子将"圣"与"仁"并举，但孔子并未明确赋予"圣"以德性内涵。《论语》提到"圣人"的记载只有三次，如孔子曾言"君子有三畏：畏天命，畏大人，畏圣人之言"（《论语·述而》）。鲁太宰问子贡："夫子圣者与？何其多能也？"子贡回答说："固天纵之将圣，又多能也。"（《论语·子罕》）子贡也是从多能角度解释孔子作为圣人的内涵。此外，孔子视圣人为"博施济众"的治国者典范，在《论语》中有明确的记载："子贡曰：如有博施于民而能济众，何如？可谓仁乎？子曰：何事于仁，必也圣乎！尧舜其犹病诸！"（《论语·雍也》）

据《大戴礼记·哀公问五义第四十》记载，孔子曾对鲁哀公讲过他的圣人观："哀公曰：'善！敢问：何如可谓圣人矣？'孔子对曰：'所谓圣人者，知通乎大道，应变而不穷，能测万物之情性者也。大道者，所以变化而凝成万物者也。情性也者，所以理然、不然、取舍者也。故其事大配乎天地，参乎日月，杂于云蜺，总要万物，穆穆纯纯，其莫之能循；若天之司，莫之能职；百姓淡然，不知其善。若此，则可谓圣人矣。'"在这段对话中，孔子认为圣人是智慧能把握大道、才能足以应对万变、能力可洞察万物的真实状态和物性特点的人。且不论此段对话内容的历史真实性，单从内容看，孔子在此亦未将圣人与德行联系起来。

明确地将圣人与德性修养的境界联系起来的是孟子。孟子认为，圣人既是"百世之师也"（《孟子·尽心下》），又是"人伦之至也"（《孟子·离娄上》）。而人伦指的是"父子有亲，君臣有义，夫妇有别，长幼有叙，朋友有信"（《孟子·滕文公上》）这些德行。孟子还认为，只有圣人方能尽得人理，然后可以践其形而无亏欠，故言："形色，天性也。惟圣人然后可以践其形。"（《孟子·尽心上》）也就是说，圣人在人伦（德性）修养上达到最高境界，他能充分、完整地展现人之为人的本性，他是教化民众的师表。孟子的这一观点，使圣人由本义上的能人演变成具备完美道德人格的典范。此外，孟子还将圣人视为能够施行他所期待的"仁政"理想之人物——圣君，"圣人继之以不忍人之政，而仁覆天下矣"（《孟子·离娄上》）。圣人治天下，民有恒产而仁义生，"圣人治天下，使有菽粟如水火。菽粟如水火，而民焉有不仁者乎？"（《孟子·离娄上》）值得一提的是，孟子首次将圣人与天道并举，把圣人视为

合于天道的德性典范，圣人境界就是天人合德的境界，这一思想体现出儒家"天人合一"的理论思维取向。孟子曰："仁之于父子也，义之于君臣也，礼之于宾主也，知之于贤者也，圣人之于天道也，命也，有性焉，君子不谓命也。"（《孟子·尽心下》）孟子认为，父子之间相居以仁，君臣之间相处以义，宾主之间相待以礼，贤者相达于知，此皆于人性各得一偏；惟有圣人才能完满践行"天道"赋予人的仁、义、礼、知之德性，与天道合一。所以朱熹说"圣人立于天道也无不吻合，而纯亦不已焉"①。总之，在孟子看来，圣人是民之出类拔萃者，"圣人之于民，亦类也。出于其类，拔乎其萃"（《孟子·公孙丑上》）。

荀子对圣人思想发展的贡献是其以"化性起伪"为理论基础的"圣王"观。荀子认为，圣人不仅是道德意义上的完人，"圣人者，人道之极也"（《荀子·礼论篇》），更是政治意义上的"圣王"——礼仪法度的制定者。荀子说："圣也者，尽伦者也；王也者，尽制者也。两尽者，足为天下极矣。故学者以圣王为师，案以圣王之制为法，法其法以求其统类，类以务象效其人。"（《荀子·解蔽篇》）圣王立礼仪、制法度，是为了引导人的情性归之于正，使社会由不治而治进而合于道，"古者圣王以人性恶，以为偏险而不正，悖乱而不治，是以为之起礼义，制法度，以矫饰人之情性而正之，以扰化人之情性而导之也，始皆出于治，合于道者也"（《荀子·性恶篇》）。而圣王起礼仪制法度，就是针对人性恶的"化性起伪"，其中"性"属于人不可学、不可事的先天禀赋，而"伪"则属于人可学而能、可事而成的后天德性修养——礼仪，"礼仪者，圣人之所生也，人之所学而能，所事而成者也。不可学、不可事而在人者，谓之性；可学而能、可事而成之在人者，谓之伪。是性伪之分也。……圣人化性而起伪"（《荀子·性恶篇》）。

经过先秦时期儒家孔子、孟子、荀子等原创性的理论阐发，圣人从本义的善听、善视、善思、善宣的能人、通人，演变为与天道相合的人道之极、至德之人、善治之王，圣人被赋予道德、人伦、政治等多方面的内涵，圣人成为"完人"的代称，被视为天道的人格化身。

圣人的内涵经过儒家孔、孟、荀的丰富发展和初步的理论建构，已与天道建立逻辑关系，这是圣人思想演进过程中重要的理论原创成果。但天道的

---

① 朱熹：《孟子集注·尽心章句下》，见《四书集注》，南京：凤凰出版社，2016年，第352页。下引同书只注书名、页码。

具体内涵是什么？天道与人道之间逻辑关系的建立依据是什么？人道如何顺应天道？回答这个问题要求古典思想家、哲学家具备更高的理论思辨水平。被推举为群经之首的《易经》及据传为孔子撰述的《易传》，较早对此问题做出了系统的回答。

《易经·系辞传》指出："易之为书也，广大悉备，有天道焉，有人道焉，有地道焉。"《易传》认为，天道、地道、人道，合称"三才之道"，皆包含在"易"中。《易经·说卦传》则进一步指出，"是以立天之道，曰阴与阳；立地之道曰柔与刚；立人之道曰仁与义"，明确提出"阴阳、刚柔、仁义"，分别为天、地、人三才之道的具体内容。而天地人三才之道，又统摄于"一阴一阳"之"天道"，故《易经·系辞传》言："一阴一阳之谓道，继之者善也，成之者性也。"《易传》作者认为，一阴一阳变化的总规律就是天道的最高层次——"易道"，它既是天地人三才之道的总根源，也是天地万物得以生生不息的根本，天地万物顺继之则为善，天地万物顺因之则为各自之本性；一阴一阳之道神妙莫测，然万物皆由之而得以化育成长，故又称之为"神"，"阴阳不测之谓神"（《易经·系辞传上》），"神也者，妙万物而为言者也"（《易经·说卦传》）。换言之，天道（易道）统领地道、人道，正如乾健坤顺、天尊地卑的位序一样，天地既设尊卑之位，则变化通行于天地间的人道应尊崇天道、效法地道，"知崇礼卑，崇效天，卑法地"（《易经·系辞传上》），故顺天道者得天佑，吉顺而无有不利。《易传》明确天、地、人三才之道的具体内涵为阴阳、刚柔、仁义，并从"天尊地卑，乾坤定矣；卑高以陈，贵贱位矣"（《易经·系辞传上》）的先验逻辑，推衍出人道之仁义根源于一阴一阳之天道（易道）、人道当效法天道的结论，从而为以仁义为内涵的人道确立了理论和逻辑依据。

《易传》的作者认为，圣人是洞悉天地变化之总规律即"易道"的先知先觉者，圣人用卜筮的方式和制作相应的卦象、卦爻辞来向世人呈现神妙莫测的"易道"，促成世间万物合乎天道而运行。《易·系辞传上》言："圣人有以见天下之赜，而拟诸其形容，象其物宜，是故谓之象。圣人有以见天下之动，而观其会通，以行其典礼，系辞焉以断其吉凶，是故谓之爻。……拟之而后言，议之而后动，拟议以成其变化。"同时，《易传》还提出"易有圣人之道四焉"的命题，"易有圣人之道四焉：以言者尚其辞，以动者尚其变，以制器者尚其象，以卜筮者尚其占。"（《易·系辞传上》）圣人通过"尚辞、尚变、尚象、尚占"四种途径，向世人揭示天道"深、几、神"的微妙，"夫易，圣人之所以极深而研几。唯深也，故能通天下之志；唯几也，故能成天下之务；唯神也，故不疾而速，不行而至。子曰易有圣人之道四焉者，此之谓也"（《易·系辞传上》）。而世人通过观象玩辞、观变玩占，从吉凶悔吝之天象的启示中，体会人事的进退变化之道，遵循圣人所指示的天道行事从而获得"吉无不利"的结果，故言："圣人设卦观象，系辞焉而明吉凶，刚柔相推而生变化。是故吉凶者，失得之象也。悔吝者，忧虞之象也。变化者，进退之象也；刚柔者，昼夜之象也。六爻之动，三极之道也。是故君子所居而安者，易之序也；所乐而玩者，爻之辞也。是故君子居则观其象而玩其辞，动则观其变而玩其占，是以自'天佑之，吉无不利'。"（《易·系辞传上》）《易传》从推天道以明人事的思维方向出发，不但在天道与人道之间建构起了清晰的逻辑关系，并把圣人作为宣达天道、阐释天道、引导人类回归天道，进而使天地人三才进入生生不息之化境（易道之境）的最高人格典范，为古典圣贤思想的哲理化奠定了理论框架和范畴、符号体系。

三、德行高人：儒家尚贤思想的形成及其治理之应用

儒家的尚贤思想发源于孔子。西周末期，礼制僭越，"礼乐征伐自天子出"变为"礼乐征伐自诸侯出"，进而"自大夫出"，以至出现"陪臣执国命"的"天下无道"状态（《论语·季氏》）。礼乐的崩坏造成了社会秩序失衡和价值体系的混乱。面对礼崩乐坏的现状，孔子提出以"仁义"为核心内容的"尚贤"思想，并把其"尚贤"思想贯彻于治国理政，一方面继承周礼，一方面倡导维新。

"尚贤"是孔子倡导的仁政的重要组成部分。据统计，仅《论语》中提及"贤"至少24次。《论语·子路》记载："仲弓为季氏宰，问政。子曰：先有司，赦小过，举贤才。曰：焉知贤才而举之？曰：举尔所知，尔所不知，人其舍诸！"由此可见，"举贤才"是孔子所提倡的为政之道。《论语·泰伯》言："舜有臣五人而天下治。武王曰：'予有乱臣十人。'孔子曰：'才难，不其然乎！唐虞之际，于斯为盛。有妇人焉，九人而已。三分天下有其二，以服事殷。周之德，其可谓至德也已矣。'"舜有五贤臣而天下治，武王有九贤臣得以代殷而王，孔子称赞舜、武王能够任用贤能，感叹人才难得，同时强调"尚贤"的重要性。《史记·孔子世家》也有记录："鲁哀公问政。对曰：'政在选臣。'季康子问政，对曰：'举直错诸枉，则枉者直。'"孔子认为选对正直

的人对为政具有积极作用。孔子还对知贤不用贤的行为给予批评，子曰：“臧文仲，其窃位者与？知柳下惠之贤而不与立也。”（《论语·卫灵公》）

孔子从性情、行为、言论、财富角度阐述了贤人的超常品格：“所谓贤人者，好恶与民同情，取舍与民同统；行中矩绳，而不伤于本；言足法于天下，而不害于其身；躬为匹夫而愿富贵，为诸侯而无财。如此，则可谓贤人矣。”（《大戴礼记·哀公问五义第四十》）《孔子家语·五仪》也有孔子谈论何为贤人的记载：“所谓贤人者，德不逾闲，行中规绳，言足以法于天下而不伤于身，道足化于百姓而不伤于本。富则天下无宛财，施则天下不病贫。此贤者也。”上引两段文字，其大意为：贤人之性情与民众相通，是非取舍的标准亦与民众同，但贤人能做到行为合于礼仪节度，言行能够为天下人所效仿；贤人富有但不以积财为目的，贤人可以把自己的财产奉献给社会却并不因此而贫困。

对于何为贤才，孔子认为“德才兼备”是贤才必备的基本条件。朱熹曾为孔子所言的“举贤才”作注：“贤，有德者；才，有能者。”[①] 此外，《论语》对“贤才”的品质也多有描述，如安贫乐道、知人善任、见贤思齐、贤贤易色等。

孔子虽然把德行纳入了贤才的考量标准，但值得注意的是，他倡导的是“亲亲有术，尊贤有等”的尚贤观。孔子坚持周礼的“君臣父子”之道，延续宗法血缘，把仁作为儒家最高道德规范，而仁的根本在于血缘亲情，“仁者，人也，亲亲为大。义者，宜也，尊贤为大”（《中庸》）。亲爱亲族是最大的仁。孔子所倡导的尊贤、举才，仍是维护封建等级制度的，在孔子看来“百工居肆以成其事，君子学以致道”（《论语·子张》），他认为贤才主要出自君子，即“士”阶层，以“合于道”为修养的目标；而百工则以做好自己的分内职责为成功的标志。

孟子眼中的贤者，应先知先觉，使人昭昭，“贤者以其昭昭使人昭昭，今以其昏昏使人昭昭”（《孟子·尽心下》）；应知当务之急，以亲贤为急务，“知者无不知也，当务之为急；仁者无不爱也，急亲贤之为务”（《孟子·尽心上》）；应知于性命，不失本心，“是故所欲有甚于生者，所恶有甚于死者。非独贤者有是心也，人皆有之，贤者能勿丧耳”（《孟子·告子上》）。

孟子的尚贤思想在继承孔子的基础上有深化拓展，其强调“尊贤使能”对“仁政”具有重要作用，“尊贤使能，俊杰在位，则天下之士皆悦，而愿立于其朝矣”（《孟子·公孙丑章句上》），“尊贤育才，以彰有德。”（《孟子·告

---

① 《论语集注·子路第十三》，第137页。

子下》)孟子认为，好的政治应当尊重、培育贤才，表彰道德高尚的人，国家强盛的关键在于重用人才，"不信仁贤，则国空虚。"(《孟子·尽心下》)孟子继承了孔子"举贤才"思想，明确提出了尊贤使能的治政主张，强调任用官吏要尊崇贤者，使用能者，让他们在位在职，"贤者在位，能者在职"(《孟子·公孙丑上》)。

孟子还论述了君主识别贤才、任用贤才的重要性："虞不用百里奚而亡，秦穆公用之而霸。不用贤则亡，削何可得与？""君子之所为，众人固不识也。"(《孟子·告子下》)孟子以秦穆公任用贤才百里奚而得以称霸诸侯的例子论证选贤任能的重要性，同时也指出识别贤才是一项特殊的能力。除识别人才外，还需要举贤养贤，"悦贤不能举，又不能养也，可谓悦贤乎？"(《孟子·万章下》)

较之于孔子，孟子对如何发挥贤者的作用，其观点更为明确，"贤者在位，能者在职"是孟子理想政治的典范。他认为贤明的人身居高位，能干的人担任要职，如此国家才能长治久安。孟子还提出大德与小德、大贤与小贤的关联规律："天下有道，小德役大德，小贤役大贤；天下无道，小役大，弱役强。斯二者，天也，顺天者存，逆天者亡。"(《孟子·离娄上》)此外，孟子进一步拓展了贤者的来源："舜发于畎亩之中，傅说举于版筑之间，胶鬲举于鱼盐之中，管夷吾举于士，孙叔敖举于海，百里奚举于市。"(《孟子·告子下》)特别是孟子"左右皆曰贤，未可也；诸大夫皆曰贤，未可也；国人皆曰贤，然后察之，见贤焉然后用之"(《孟子·梁惠王下》)的察贤举贤的观点，具有古代朴素的民主思想特征。

北宋政治家、文学家司马光说"德行高人谓之贤"(《进修心治国之要札子状》)。朱熹在解读《论语·为政》"君子不器"时提出，圣贤须德才兼备、体用兼尽："若偏于德行，而其用不周，亦是器。君子者，才德出众之名。德者，体也；才者，用也。"[①]"有德而有才，方见于用。如有德而无才，则不能用，亦何足为君子？"(《朱子语类》卷三五)德才兼备且德行高于常人，是儒家对贤人的共识，司马光和朱熹的概括颇具代表性。先秦儒家所确立的举贤任能之德治思想，此后成为历代明君、思想家、政治家的治国理政思想主流，亦是中国传统圣贤思想应用于国家治理领域的重要理论成果。

---

① (宋)黎靖德编，王星贤点校：《朱子语类》卷二四《为政篇下》，北京：中华书局，2020年北京第2版，第708页。下引同书只注书名、卷数、页码。

四、圣贤风范：儒家圣贤气象论及圣贤异同之辨

经过孔子、孟子、荀子等先秦儒家先哲及《易传》的理论建构，圣贤从单一的"能力超群"者向人道之极、至德之人、德行高人、善治之王、天道的化身等多重理想角色演进，学为圣贤成为士、君子的人生价值追求。儒学发展至北宋时期，理学宗主周敦颐吸收《周易》的思想，将圣人之德的具体内容概括为"诚、神、几"，试图对圣贤之德性的具体内涵和特征加以界定。他说："诚、神、几，曰圣人"①，并对此三德做了阐释："诚，无为；几，善恶；发微不可见，充周不可穷之谓神。"②"寂然不动者，诚也；感而遂通者，神也；动而未形、有无之间者，几也。"③周敦颐对圣人之德的新诠释，比较明显地发挥了《易传》"深几神"和"易无思也，无为也，寂然不动，感而遂通天下之故"的思想。但周敦颐进一步将圣人由天道（易道）的化身，转换成人道"诚"的化身："圣，诚而已矣。诚，五常之本，百行之源也。"④"诚者，圣人之本。"⑤同时他还将圣人之道用"仁义中正"⑥四字来概括，从而使圣人作为"天人合德"的人生最高境界变得更为明晰。但系统论述圣贤德性之特征——"圣贤气象"问题的是南宋理学家朱熹和吕祖谦。

所谓"圣贤气象"是指圣贤作为理想人格和人生境界的外在表现，也可称之为圣贤风度、圣贤风范。钱穆先生曾指出，关于"圣贤气象"的论述为"有宋理学家一绝大发明"⑦。朱熹、吕祖谦在《近思录·圣贤气象》（亦作《近思录·观圣贤》）中辑录北宋周敦颐、程颢、程颐、张载四先生的著述时，举列了其所肯定的圣贤之人，为世人树立了参照的榜样。他们认为古往今来的圣人有11人，分别为尧、舜、禹、汤、周文王、周武王、孔子、颜子、曾子、子思、孟子，而认为荀子、扬雄、毛苌、董仲舒、诸葛亮、王通、韩愈这7人有各自缺陷而不能成为圣人，前6人可称为贤人，韩愈则可称为豪杰。此外，朱熹和吕祖谦将周敦颐、程颢、程颐、张载四者也列为圣贤。

在《近思录·圣贤气象》中，程颢独占最大篇幅，表明朱熹、吕祖谦认

---

① 《周敦颐集》卷二《通书·圣》，第18页。
② 《周敦颐集》卷二《通书·诚几德》，第16—17页。
③ 《周敦颐集》卷二《通书·圣》，第17页。
④ 《周敦颐集》卷二《通书·诚下》，第15页。
⑤ 《周敦颐集》卷二《通书·诚上》，第13页。
⑥ 《周敦颐集》卷二《通书·道》，第19页。
⑦ 钱穆：《宋代理学三书随札》，北京：读书·生活·新知三联书店，2002年，第152页。

为程颢是宋朝最具圣贤气象的人物①。据程颐所撰《明道先生行状》、吕大临撰《明道哀词》及二程弟子的记载，程颢的圣贤气象表现为：（1）洞见道体。"博闻强识，躬行力究；察伦明物，极其所止；涣然心释，洞见道体。"②（2）德性充完。"明道先生德性充完，粹和之气，盎于面背，乐易多恕，终日怡悦，从先生三十年，未尝见其忿厉之容。"③（3）善于教化。"先生之言，平易易知，贤愚皆获其益，如群饮于河，各充其量。先生教人，自致知至于知止，诚意至于平天下，洒扫应对至于穷理尽性，循循有序；……教人而人易从，怒人而人不怨，贤愚善恶咸得其心，……闻风者诚服，睹德者心醉。"④（4）为政宽裕。"先生为政，治恶以宽，处烦而裕。……先生所为纲条法度，人可效而为也；至其道之而从，动之而和，不求物而物应，未施信而民信，则人不可及也。"⑤（5）主敬行恕。"先生行己，内主于敬，而行之以恕；见善若出于己，不欲弗施于人；居广居而行大道，言有物而动有常。"⑥这五个方面的生动描述，为慕贤希圣者树立了清晰的典范。

除了阐述圣贤风范，朱熹和明代思想家王阳明还对圣贤之异做了辨析。在朱熹看来，根据气质的不同，人可划分为"生而知之者""学而知之者""困而学之者""困而不学者"四类，"言人之气质不同，大约有此四等"⑦。在此基础上，朱熹阐述了圣人、贤人、众人和下民的区别所在，"人之生也，气质之禀，清明纯粹，绝无渣滓，则于天地之性，无所间隔，而凡义理之当然，有不待学而了然于胸中者，所谓生而知之圣人也。其不及此者，则以昏明、清浊、正偏、纯驳之多少胜负为差。其或得于清明纯粹而不能无少渣滓者，则虽未免乎小有间隔，而其间易达，其碍易通，故于其所未通者，必知学以通之，而其学也，则亦无不达矣，所谓学而知之大贤。或得于昏浊偏驳之多，而不能无少清明纯粹者，则必其窒塞不通然后知学，其学又未必无不通也，所谓困而学之众人也。至于昏浊偏驳又甚，而无复少有清明纯粹之气，则虽有不通，而懵然莫觉，以为当然，终不知学以求其通也，此则下民

---

① 参见姜锡东：《论圣贤气象——宋代朱熹、吕祖谦〈近思录〉研究之一》，《河北学刊》，2006 的第 1 期，第 171 页。

② 吕大临：《明道哀词》，《二程集》（上），北京：中华书局，1981 年，第 638 页。下引同书只注书名、篇名、页码。

③ 《河南程氏遗书·附录》，《二程集》（上），第 328 页。

④ 程颐：《明道先生行状》，《二程集》（上），第 638 页。

⑤ 程颐：《明道先生行状》，《二程集》（上），第 639 页。

⑥ 程颐：《明道先生行状》，《二程集》（上），第 638 页。

⑦ 《论语集注·季氏第十六》，第 169 页。

而已矣。"① 朱熹认为气质之禀清明纯粹、"生而知之者"是"圣人",气质之禀虽清明纯粹然略有渣滓、需"学而知之者"是"贤人",气质之禀多昏浊偏驳而少清明纯粹、"困而学之者"是"众人",气质之禀昏浊偏驳而无清明纯粹、"困而不学者"则是"下民"。

如果说朱熹是从气质之禀的不同区别圣、贤、众人、下人,那么,王阳明则从是否与天道相合、能否率性以及天理人欲角度谈圣、贤之异。王阳明根据《孟子·尽心上》和《中庸》的相关论述,认为生知安行者为圣、学知利行者为贤、困知勉行者为普通人,"夫'尽心、知性、知天'者,生知安行,圣人之事也;'存心、养性、事天'者,学知利行,贤人之事也;'夭寿不贰,修身以俟'者,困知勉行,学者之事也"(《传习录中·答顾东桥书》)。王阳明进一步解释说,圣人为生知,知的是"义理",而不是礼乐、名物等具体的才能,"谓圣人为生知者,专指义理而言,而不以礼乐、名物之类,则是礼乐名物之类无关作圣之功矣"(《传习录中·答顾东桥书》)。圣人与天道合一,而贤者尚有缺失,"知天,……是自己分上事,已与天为一。事天,须是恭敬奉承,然后能无失,尚与天为二,此便是圣贤之别"(《传习录上·答徐爱问》)。圣人率性而行即合道,贤者于道则有过或不及,"圣人率性而行即是道。圣人以下未能率性,于道未免有过不及,故须修道。"(《传习录上·答马子莘问》)圣人之心纯为天理而未杂以人欲,如纯金之足色,"圣人之所以为圣,只是其心纯乎天理而无人欲之杂,犹精金之所以为精,但以其成色足而无铜铅之杂也。人到纯乎天理方是圣,金到足色方是精"(《传习录上·答蔡希渊问》)。

宋明理学家对圣贤气象和圣贤之异的深入探讨表明,儒家圣贤思想从先秦时期的人伦、德性领域上升至性、理、天、道的宇宙本体层面,且最后归结为心性本体,因此,儒家圣贤思想发展到宋明理学时代,达到新的理论高峰,但其天人合德的思维取向则一以贯之,这也是中国传统哲学"天人合一"理论思维特征的体现。

---

① 朱熹:《论语或问·季氏第十六》,朱杰人、严佐之、刘永翔编:《朱子全书》第六册,上海古籍出版社、安徽教育出版社出版,2002年,第871页。

五、立志修身：儒家学为圣贤的工夫论

自《大学》提出"自天子以至于庶人，一是皆以修身为本"，修身，便成为儒家学为圣贤工夫论的主流观点。《大学》把学为圣贤的工夫概括为三纲领八条目，所谓"三纲领"是"明明德，亲民、止于至善"；"八条目"为"正心、诚意、格物、致知、修身、齐家、治国、平天下"。《中庸》以"诚"为合于天道的最高德行境界，认为圣人是天生的诚者，"诚者，天之道也；诚之者，人之道也。诚者，不勉而中，不思而得，从容中道，圣人也。诚之者，择善而固执之者也"。故圣人不学、不修而与天道相合，自然天成地彰显诚之本性。学为圣人者则为"诚之者"，诚之的工夫是"择善而固执之"，具体为"博学之，审问之，慎思之，明辨之，笃行之"（《中庸》）。

孔子把修身高度凝练为"忠恕"两字，并以之为自己的一贯之道，《论语·里仁》篇载："子曰：'参乎！吾道一以贯之。'曾子曰：'唯。'子出，门人问曰：'何谓也？'曾子曰：'夫子之道，忠恕而已矣。'"朱熹《论语集注·里仁篇》释"忠恕"云："尽己之谓忠，推己之谓恕。"其引程子曰："以己及物，仁也；推己及物，恕也。"① 关于"忠恕"之道的意涵，《论语·卫灵公》篇有："子贡问曰：'有一言而可以终身行之者乎？'子曰：'其恕乎！己所不欲，勿施于人。'"观此可知，"恕"就是"己所不欲，勿施于人"。《论语·雍也》篇又有："子贡曰：'如有博施于民而能济众，何如？可谓仁乎？'子曰：'何事于仁！必也圣乎！尧舜其犹病诸！夫仁者，己欲立而立人，己欲达而达人。能近取譬，可谓仁之方也已。'"可见，"忠"即是"己欲立而立人，己欲达而达人"。

孟子提出"求放心"的工夫论，把学为圣贤的工夫由修身转向修心。孟子说"圣人，与我同类者"（《孟子·告子上》），"人皆可以为尧舜"（《孟子·告子下》），他认为人人都具备成长为尧、舜那种圣人的先天潜质，并将其名之曰人的"良知良能"，概括而言就是仁与义。孟子说："人之所不学而能者，其良能也；所不虑而知者，其良知也。孩提之童，无不知爱其亲者；及其长也，无不知敬其兄也。亲亲，仁也；敬长，义也。无他，达之天下也。"（《孟子·尽心上》）至于怎样才可以成为尧、舜那样的圣人？孟子指出的具体路径是"求放心"，即保护好人先天善的德性——仁义礼智之四端。"恻隐

---

① 《论语集注·里仁第四》，第69页。

之心，仁之端也；羞恶之心，义之端也；辞让之心，礼之端也；是非之心，智之端也。"(《孟子·公孙丑上》)"学问之道无他，求其放心而已矣。"(《孟子·告子上》)这里的"四端之心"也就是孟子所说的"赤子之心"，圣人就是不失赤子之心者，"大人者，不失其赤子之心者也"(《孟子·离娄下》)。但由于人的此种先天善性在不注意时极易丢失，故必须时时护持好，"故曰'求则得之，舍则失之'"(《孟子·告子上》)。孟子还将"求放心"的德性修养功夫做了生动的描写："故天将降大任于斯人也，必先苦其心志，劳其筋骨，饿其体肤，空乏其身，行拂乱其所为，所以动心忍性，曾益其所不能。"(《孟子·告子下》)求放心、动心忍性是孟子为士人、君子指明的成圣修养方法，如果做不到，则反求诸己，"行有不得者，皆反求诸己，其身正而天下归之"(《孟子·离娄上》)。

周敦颐将学为圣贤之要概括为"无欲"。"或问圣可学乎？曰：可。曰：有要乎？曰：有。请闻焉。曰：一为要。一者无欲也，无欲则静虚动直，静虚则明，明则通；动直则公，公则溥。明通公溥，庶矣乎。"① 周敦颐将"无欲"两字提示为圣贤工夫的要领，也就是《中庸》说的"诚之"的要领。在《养心亭说》一文中，周敦颐解释道，只有无欲才能立诚，才能进入"明"与"通"的圣境，"盖寡欲焉以至于无，无则诚立明通。诚立，贤也；明通，圣也"②。

至于立诚(诚之)的工夫，周敦颐认为就是《易经》损、益两卦的要义"惩忿窒欲，改过迁善"③。从立人极的角度，有时他又说"圣人之道，仁义中正而已矣"④，这便是圣学的易简之道；从效法天地的角度，有时又言"圣人之道，至公而已矣。或曰：何谓也？天地至公而已矣"⑤。而公是先对自己的要求，"公于己者公于人，未有不公于己者而能公于人"⑥。正，是指动而合道，"动而正，曰道。"⑦ 合道之动，动静相即，实为妙万物之神应，"动而无静，静而无动，物也。动而无动，静而无静，神也。动而无动，静而无静，非不

---

① 《周敦颐集》卷二《通书·圣学》，第 31 页。
② 《周敦颐集》卷三《养心亭说》，第 52 页。
③ 《周敦颐集》卷三《养心亭说》，第 52 页。
④ 《周敦颐集》卷二《通书·道》，第 19 页。
⑤ 《周敦颐集》卷二《通书·公》，第 41 页。
⑥ 《周敦颐集》卷二《通书·公明》，第 31 页。
⑦ 《周敦颐集》卷二《通书·慎动》，第 18 页。

动不静也。物则不通，神妙万物"①。"吉凶悔吝生乎动，噫！吉一而已，动可不慎乎？"②

在圣贤工夫论上，朱熹、王阳明均将"立志"作为工夫之本、之首。朱熹言："学者大要立志。所谓志者，不道将这些意气去盖他人，只是直截要学尧舜。"③朱熹还把"立志"与"居敬"合起来，强调"立志"要以"居敬"的态度来保持志之不失于空："人之为事，必先立志以为本，志不立则不能为得事。虽能立志，苟不能居敬以持之，此心亦泛然而无主，悠悠终日，亦只是虚言。立志必须高出事物之表，而居敬则常存于事物之中，令此敬与事物皆不相违。言也须敬，动也须敬，坐也须敬，顷刻去他不得。"④除具备学为圣贤的志向和理想外，朱熹认为只有努力不辍才能修成圣贤，"圣贤直是真个去做，说正心，直要心正；说诚意，直要意诚；修身齐家，皆非空言"⑤。朱熹认为，立志成圣成贤，是因为人皆可以为尧舜，"曾看得'人皆可以为尧舜'道理分明否？……若见得此分明，其志自立，其工夫自不可已"⑥。王阳明在《教条示龙场诸生》中说："志不立，天下无可成之事。虽百工技艺，未有不本于志者。……故立志而圣，则圣矣；立志而贤，则贤矣；志不立，如无舵之舟，无衔之马，漂荡奔逸，终亦何所底乎？"⑦王阳明把立志比喻为种树培根，强调立志贵在专一："种树者必培其根，种德者必养其心。欲树之长，必于始生时删其繁枝；欲德之盛，必于始学时去夫外好。""我此论学，是无中生有的工夫。诸公须要信得及，只是立志。学者一念为善之志，如树之种，但勿助勿忘，只管培植将去，自然日夜滋长，生气日完，枝叶日茂。树初生时，便抽繁枝，亦须刊落，然后根干能大。初学时亦然。故立志贵专一。"（《传习录上·门人薛侃录》）

王阳明对于圣贤工夫论的重要理论贡献在于其致良知学说。王阳明曾直截了当地说："夫圣人之学，心学也。学以求尽其心而已。……圣人之求尽其心也，以天地万物为一体也。"⑧他将"明本心"确立为"圣学之要"："圣人

---

① 《周敦颐集》卷二《通书·动静》，第27页。
② 《周敦颐集》卷二《通书·乾损益动》，第38页。
③ 《朱子语类》卷第八《学二·总论为学之方》，第164页。
④ 《朱子语类》卷第十八《大学五·传五章》，第512—513页。
⑤ 《朱子语类》卷第八《学二·总论为学之方》，第165页。
⑥ 《朱子语类》卷第一一八《训门人六》，第3473页。
⑦ 《王阳明全集四·卷二十六续编一·教条示龙场诸生》，第7页。
⑧ 《王阳明全集壹·卷七之文录四·重修山阴县学记》，第213页。

之学，乃不有要乎？若世儒之外务讲求考索，而不知本诸其心者，其亦可以谓穷理乎？"①《尚书·大禹谟》有"人心惟危，道心为微，惟精惟一，允执厥中"之说，而阳明则借此推导出圣贤之心与人之本心无异的观点："彼其自以为人心之惟危也，则其心亦与人同耳。惟其兢兢业业，常加'精一'之功，是以能'允执厥中'而免于过。古之圣贤，时时自见己过而改之，是以能无过，非其心果与人异也。"这样便为士人、君子学为圣贤开出了通途——改过明本心。"本心之明，皎如白日。……一念改过，当时即得本心。"②

接着，王阳明把圣贤工夫论从明本心转为致良知。他阐述道："夫心之本体，即天理也。天理之昭明灵觉，所谓良知也。"③而良知就是孟子说的是非之心，人人皆具，圣愚平等。"是非之心，人皆有之，即所谓良知也。孰无是良知乎？但不能致之耳。"④"是非之心，不虑而知，不学而能，所谓良知也。良知之在人心，无间于圣愚，天下古今所同也。"（《传习录中·答聂文蔚》）若不能认识到这一点，则会走向知行分离，"近世格物致知之说，只一知字尚未有下落，若致字功夫，全不曾道著矣。此知行之所以二也"⑤。由此，在王阳明的心学思想体系中，圣贤工夫由修心、明本心，顺理成章地转换为致良知，除致良知外别无其他功夫，"则知致知之外无余功矣"⑥，"良知之外更无知，致知之外更无学"⑦。而且，这是最简易真切的工夫，"若今日所讲良知之说，乃真是圣学之的传，但从此学圣人，却无有不至者。凡功夫只是要简易真切。愈真切，愈简易；愈简易，愈真切"⑧。

王阳明对自己拈出"良知"两字来概括圣学的精髓颇为自得，曾多次说"某近来却见得良知两字日益真切简易。朝夕与朋辈讲习，只是发挥此两字不出。……若致其极，虽圣人天地不能无憾，故说此两字，穷劫不能尽"，"除却良知，还有甚么说得！"⑨"区区所论致知二字，乃是孔门正法眼藏，于此见得真的，直是建诸天地而不悖，质诸鬼神而无疑，考诸三王而不谬，百世

---

① 《王阳明全集壹·卷五之文录二·与夏敦夫》，第152页。
② 《王阳明全集壹·卷四之文录一·寄诸弟》，第146页。
③ 《王阳明全集壹·卷五之文录二·答舒国用》，第160页。
④ 《王阳明全集壹·卷五之文录二·与陆原静二》，第159页。
⑤ 《王阳明全集壹·卷五之文录二·与陆原静二》，第159页。
⑥ 《王阳明全集壹·卷五之文录二·与黄勉之二》，第162页。
⑦ 《王阳明全集壹·卷六之文录三·与马子莘》，第162页。
⑧ 《王阳明全集壹·卷六之文录三·寄安福诸同志》，第186页。
⑨ 《王阳明全集壹·卷五六之文录三·寄邹谦之书三》，第172页。

以俟圣人而不惑。"①

王阳明还将致良知与《中庸》所讲的"戒慎恐惧"结合起来，他把戒慎恐惧作为致良知的工夫，以确保心之良知不失其昭明灵觉之本体，如此则此心时时处于"动容周旋而中礼、从心所欲不逾矩"的真洒落境界，这就是孔子曾描述的圣人的精神境界。"戒慎恐惧之功，无时或间，则天理常存，而其昭明灵觉之本体，无所亏蔽，无所牵扰，无所恐惧忧患，无所好乐忿懥，无所意必固我，无所歉馁愧怍。和融莹彻，充塞流行，动容周旋而中礼，从心所欲而不逾，其所谓真洒落矣。"②

宋明理学家皆以成贤作圣为人生价值追求。周敦颐基于其太极本体论，提出"诚者，圣人之本"以及"主静"而"立人极"的希圣思想，从性体（天道）上说圣人之本性——诚，其学为圣贤的方法为"立诚"；王阳明则发挥《孟子》"良知良能"和心之"四端"以及《尚书》"人心惟危，道心为微，惟精惟一，允执厥中"的"十六字心传"，从心体上说圣人之本性——良知（是非之心），将学为圣贤的方法简约为"致良知"。周敦颐、王阳明的圣学，既体现了儒学成圣的共同价值取向，但也有着不同的哲思特征，即由用显体与立体达用。两者从思维方式上既坚持了儒学传统的天人合一思维，但又分别融贯吸收了道家老庄虚静、坐忘而返本归真的致思方法和佛教禅学顿悟的思维路径。此为另一话题，在此略而不论。

通观历史，华夏文明演进的主旋律是探寻天地人生生不息之道。历代先哲们在孜孜不倦的求索过程中认识到，天地人"三才"一体共生，万物与人不一不异，人类只有诚意正心，修身养性，由安身立命而达至"与天地合其德，与日月合其明，与四时合其序，与鬼神合其吉凶"，方可进入天地人一体生生不息之化境。正是在这一意义上，《礼记·礼运》说"故人者，天地之心"。五千年来，基于人的德性修养关乎天地人三才的和谐共生与长生久视，华夏文明形成了丰富、宏博的圣贤思想体系，确立了"内圣外王"的人生最高境界，这一源远流长的圣贤思想是华夏文明之魂。如上所述，它在各个领域均产生过深远影响，举凡修身、齐家、治国、平天下，无不渗透了圣贤思想的文化基因。历代皆以圣贤治世、贤良安邦、选贤任能为善治，以慕贤希圣、见贤思齐、修身志贤为价值追求，可以说，传统圣贤思想凝结了华夏文

---

① 《王阳明全集壹·卷五之文录二·与杨仕鸣》，第156页。
② 《王阳明全集壹·卷五之文录二·答舒国用》，第160页。

明关于天地人生生不息之道的理论精华，它矗立于人类文明史的思想高峰，至今仍散发着强大的文化生命力。

编纂"圣贤文化传承与华夏文明创新研究"丛书，主要是想为读者提供一套关于圣贤文化的系统性、研究性读物。本丛书尽量兼顾学术性与可读性、理论与实践的结合，全面解读圣贤文化的理论体系、概念范畴、嬗变脉络、古今实践，结合现代案例，诠释其人文精神、德性修养、治国理政等丰富思想内涵的深层价值，推动圣贤文化在新时代的创造性转化和创新性发展。至于是否达到了这个编撰目标，只能交由读者来回答了。

（钟海连　执笔）

前　言

　　经过公司上下持续多年的努力，贤文化体系已在中盐金坛公司初步形成，贤文化的观念已深入人心，贤文化作为软实力，正发挥着越来越重要的作用，支持企业的创新发展、培育受人尊敬的员工队伍、推动企业朝世界一流的目标坚实迈进。

　　然而，开新必需返本，只有理清贤文化的源头所在，才能使贤文化建设成为有源之水而生生不息。因此，从中国传统文化的经典中，找出与贤文化相关的原文，并进行释义和解读，成为深化贤文化创建的一项重要工作。2019年10月，中盐金坛公司博士后科研工作站组织在站博士后，正式启动了本书的编撰，围绕贤文化八条目——敬天、尊道、明本、顺性、尚贤、慧物、贵和、致远，分别选摘相关的经典原文，加以释义和解读，从而系统梳理和呈现贤文化的经典之源，同时也有助于读者深入理解贤文化的丰富内涵。

　　本书的读者对象主要为企业员工，亦包括对传统文化、贤文化、企业文化感兴趣的各界同道，是通俗性的入门书籍。因此，学术性与通俗性相结合，是本书编写的主要原则。全书体例由"原文、释义、解读"三部分组成，"原文"摘选经典原文中与贤文化某关键词理念相近的句子或段落，方便读者了解及查找贤文化与传统经典之间的对应关系；"释义"部分以名家注释为基础，进行综合取舍后，再以编者的语言进行表达，力求简洁明了、深入浅出；"解读"部分，以体现贤文化理念为准则进行适当的阐发，发掘经典原文的内涵意蕴和时代价值。

　　本书选取的经典从"儒、道、法、墨、兵、佛"六家而来，在综合考虑了经典的成书年代、学派特征，以及与贤文化的关联性等因素之后，拟定每章节内容的编排顺序如下：《周易》《尚书》《诗经》《礼记》《乐记》《论语》

《孟子》《荀子》《大学》《中庸》《近思录》《传习录》《老子》《庄子》《吕氏春秋》《列子》《太平经》《阴符经》《管子》《商君书》《慎子》《申子》《韩非子》《墨子》《孙子兵法》《坛经》。在编撰的过程中我们深刻地体会到，贤文化思想源远流长，在中华传统文化典籍中广泛存在，本书不可能穷尽所有的典籍和内容，只能选取其中主要的学派和重要的典籍，以期在贤文化原典的整理上抛砖引玉，以俟来者。

目　录

贤文化纲要

创业之路，必著艰辛，世代相续，力行无悔。金盐人秉自然之恩泽，承宿沙之精神，习时代之文明，育贤者之气象，水中寻盐，化盐为水，回报社会民众，贡献国家民族。由此立百年基业，成最受尊重之誉。

敬天

世间万物乃天生之，地养之。故人当用仁心助天生物，助地养形。如此，则天地间万物得以畅茂，资用富足，瑞应常现，天下和乐，此为企业者不可不审且详也。盐盆资源为天赐珍物，金盐人深察于资源有限，不敢以私心恣意取利，故怀敬畏感恩之心，构循环发展模式，珍惜资源，爱护万物，保一方碧水蓝天，以不失天地之心，顺四时生，助五行成。

尊道

企业运行，必有其道，遵道而行方能长久。道也者，不可须臾离也，可离非道也。万物乃道生之，德蓄之，尊道贵德为应然之理。尊道之要在于进德，进德之要在于修身。故治企之大者，在尊道贵德，因循相习，自然天成，无为而治，臻于化境。

明本

员工为企业之本，本立则企业固；科技为兴盐之方，方举则企业强。人文科技，二者不偏。若此必会通中西，融贯古今，明本达用，人成则事成，事成则业兴。

顺性

诚为人之本性，亦为企业之本性，故顺性者必明诚，不诚则无以成己成物。致诚之道，在于博学、审问、慎思、明辨、笃行。人心本静，盖因私欲起则不静。致诚者少私寡欲，清静自守，智慧由生，开物成务，功业可定；顺性者辛而不躁，劳而不愠，泅美且乐。

尚贤

知之不易，行之亦艰，唯贤者可通知行。如是则知中有行，行中有知，知则真切笃实，行则明觉精察，知行合一方为贤才。贤者内修其身，博学厚德；达者外建其功，修己安人。

慧物

水无私心，利万物而不争，谦下而容众，攻坚而无不胜，此为上善。企业亦如是，无私则容，容则公，公则无争，无争则无所不利。故贤者之德若水，和而不同，随方就圆，近者亲而远者悦；贤者慧物，见利思义，重义而兼利，责任为先，富国利民。

贵和

礼者，企业之法度也；乐者，企业之伦理也。以礼治企，可辨秩序；以乐和人，其乐融融。礼之用，和为贵。治企之道，选贤任能，贤者在位，赏罚有制，见贤思齐。员工博学于文，约己以礼，文之以乐，礼乐兼备，则人莫不敬也。

致远

诚实无欺，是为信也。员工无信不立，企业无信不兴，故讲信为企业兴盛之源。睦者，和也，讲信则人和事齐。然世事复杂，贤者如有源之水，盈科而后进，以己之信，平沟壑，涤污杂，讲信修睦而致远。

第一章　敬天

　　世间万物乃天生之，地养之。故人当用仁心助天生物，助地养形。如此，则天地间万物得以畅茂，资用富足，瑞应常现，天下和乐，此为企业者不可不审且详也。盐盆资源为天赐珍物，金盐人深察于资源有限，不敢以私心恣意取利，故怀敬畏感恩之心，构循环发展模式，珍惜资源，爱护万物，保一方碧水蓝天，以不失天地之心，顺四时生，助五行成。

　　【原文】天尊地卑，乾坤定矣。卑高已陈，贵贱位矣。动静有常，刚柔断矣。方以类聚，物以群分，吉凶生矣。在天成象，在地成形，变化见矣。（《周易·系辞》）

　　【释义】天在上而高，地在下故低，这样，乾坤的位置便有了定准。低与高陈列出来后，贵与贱便有了各自的位置。天的动和地的静是常定不移的，刚柔的性质便得到了说明。事物按照种类分门别类、相互区分，吉和凶就出现了。在天上是一种象征，在地上便落实为一种具体的形状，于是有了所谓的变化。

　　【解读】乾坤、贵贱、刚柔、吉凶、变化，这些都是由天尊地卑这一本自然状态决定的。圣人仰观天文，俯察地理而后定乾坤、辨刚柔，从而提醒人们当存敬畏之心，要依据天地的准则来规范自己的言行举止。本段经文所说"方以类聚，物以群分，吉凶生矣"，告诫人们与什么样的人交往是非常重要的事情，需要谨慎对待。由此得知，所在团队对人生的影响很大，与自身多方面相契合的团队有利于个人的成功。反过来也一样，当个人已经进入一个团队之中的时候，就要反过来要求自己更好地适应团队，尽心地履行好自己在团队中的角色。这两个方面是相互影响、相互约束的，而这两个方面都要以敬畏之心为基础，对自然及社会环境都要有敬畏之心，这正是贤文化敬天理念的思想源泉。

【原文】是故圣人以通天下之志，以定天下之业，以断天下之疑。（《周易·系辞》）

【释义】所以圣人能够通达天下的志向，判定天下的功业，明断天下的疑惑。

【解读】圣人之所以能够成圣就在于圣人与天地合其德。通天下之志，定天下之业，断天下之疑，都是圣人与天地合德后自然而然生发出来的内在力量和外在事功。所以，这里的逻辑基础是要取法天地，这可以说是中国传统文化的核心命题。人们或许有这样一个疑问，即我一定要取法天地吗？如果是，那就是按照上述的逻辑理路来进行自我的生命塑造。如果不是，那么又有两种情况：我要么取法别人，要么取法自己。如果取法别人，将会失去自我甚至迷失方向；倘若取法自我，而自我的欲望会信马由缰，如何靠得住？所以，我们只能以天地为法则，不能以人为法则。顺应天地法则，这正是敬天思想的源头，也是贤文化敬天理念的源泉。

【原文】天生神物，圣人则之。天地变化，圣人效之。天垂象，见吉凶，圣人象之。（《周易·系辞》）

【释义】上天产生神奇的物象，圣人便以之为法则。天地出现各种变化，圣人效法这些变化。天上垂挂日月星辰各种表象，显示吉凶，圣人模拟这些表象（以便让人们更好地生活）。

【解读】圣人以天为法则，行为效法天地的变化，顺天而行，并按照天地的本来样子把信息传达出来。这里所说的效法天地的变化就像《论语》中说的"君子不器"，也就是说一个人不能随意给自己贴上价值标签，不能主观上固化自己的思维，要学会以变化的思维方式来认识世界和认识自我，正确认识客观事物，遵循客观规律，使思想和言行顺应而不违背自然规律。这是敬天思想的体现，也是成就人生、完善人格的必要条件。

【原文】先天而天弗违，后天而奉天时，天且弗违，而况于人乎？况于鬼神乎？（《周易·乾》）

【释义】圣人先于天象而行动，上天不会违背他；后于天象而处事，依然可以遵照天的自然规律。上天都不会违背他的言行意志，更何况人呢？更何况鬼神呢？

【解读】人如果与天地同构，与天地同心，则自然而然处处皆自恰。这个自恰就是形容生命的一种悠然自得的状态。需要前进的时候便前进，需要后退的时候便后退，进退都不失其时。所以，关键在于怎样做到与天地同构，如何能做到与天地同心。外在方面就是要"学"，内在方面就是要"敬"。要学天，要敬天，要戒慎敬畏，终日乾乾，这样才能朝着目标前进。

【原文】钦哉！惟时亮天功。（《尚书·舜典》）

【释义】（舜帝）让人钦佩啊！能够依据天时，建立天功。

【解读】人能够成就事业，外在的因缘都是上天提供的，因此需要对这些外缘持敬畏之情。比如这天然盐盆就是上天赐给人们的珍贵资源，这就需要好好珍惜，怀着敬畏之心进行开采，不能只是从"人"的角度来思考问题，更需要站在"自然"的角度来思考问题，从而采取一种温和、理智的方法来对待自然资源，把敬天理念贯彻到经营决策和生产实践中。

【原文】帝庸作歌曰："敕天之命，惟时惟几。"（《尚书·皋陶谟》）

【释义】舜帝于是唱起歌："上天之命，守时几微（当谨慎诚心面对）。"

【解读】这段话中，要特别注意的两个字是"时"和"几"，这是敬天思想的两个重要方面。"时"说明不可松懈，要持续不断；"几"则说明要用心体会天命的微妙，同时也是告诫自己要注意细微言行，不可存侥幸之心。

【原文】予惟闻汝众言，夏氏有罪，予畏上帝，不敢不正。（《尚书·汤誓》）

【释义】我闻说你们的各种言论，夏朝有罪于天，我敬畏上天之命，不得不对夏朝的行为进行纠正，从而取而代之。

【解读】商汤征伐夏桀，在商汤看来，是天命的安排，所以不得不这样去做。这是一种大势所趋。《论语》中有一句话"成事不说，遂事不谏"，意思是说已经完成的事情便不必讨论，马上要发生的事情就不用去阻挠。就是要顺势而为，要懂得利用外在的势，以减少做事情的阻力。

【原文】四，五纪：一曰岁，二曰月，三曰日，四曰星辰，五曰历数。

（《尚书·洪范》）

【释义】第四章，五种记录时间的方法：年、月、日、斗转星移、历法度数。

【解读】时间是我们要思考的重要概念。如果我们要问"道是什么"的话，那么最直接的回答就是"道是时间"。我们看不见摸不着时间，但是它无处不在，春秋变化，昼夜交替，草木枯荣，江水东流，如此等等，万事万物无不显示着时间的存在。我们对时间的感悟就是对宇宙本来状态的一种思考。在这种思考中，我们会发现自己在历史长河及浩瀚宇宙中的渺小，从而产生一种敬畏之心，自觉地约束自己多余的欲望，因为上天已经赐给我们很多财富了。有了这样的思考，从而使得我们的身心在这种敬天之情中保持一种内在的平衡。

【原文】敬哉！天畏棐忱；……往尽乃心，无康好逸，乃其乂民。（《尚书·康诰》）

【释义】要敬畏上天啊。上天之命不可测度；……尽心去做事情，不要好逸恶劳，这样才可治理国家，使百姓安居乐业。

【解读】这里首先强调天命威严，强调了敬天的重要性。由敬天而推及人事，则要勤勉政事，不可荒废时光。对于我们而言，我们在一个岗位上，也同样要注意这两个方面。对外要有敬畏之心，对内则要不断地反身修德。

【原文】维天之命，于穆不已。于乎不显，文王之德之纯。假以溢我，我其收之。骏惠我文王，曾孙笃之。（《诗经·周颂》）

【释义】上天的运行之道，多么肃穆悠远。文王的德行纯美，实在辉煌光明。这些美好的德行，我应该收藏好以利前行。效仿文王的德行，教导子子孙孙笃实为之。

【解读】经文先是赞叹上天之道的肃穆悠远。由敬天而引出文王的德行。可见文王的德行是敬天的一个重要结果。在此基础上，进一步指出，自己当效法文王，并引导子孙学习文王的崇高品德。在我们的文化中，敬天和德行之间有密切的联系。因为"天"在我们的文化中具有多重含义，其中很重要的一种内涵就是天被道德化，"天"成为懿美德行的象征。于是，敬天本身就意味着要学习天的德行。

【原文】昊天有成命，二后受之。成王不敢康，夙夜基命宥密。於缉熙！单厥心，肆其靖之。（《诗经·周颂》）

【释义】上天有命令，文王、武王当接受。成王不敢懈怠放逸，日夜辛勤以完成使命。多么煊赫啊。君王兢兢业业为百姓，国家由此享太平。

【解读】经文先言天命有常，文王武王皆当受命，受命以管理天下。成王继承文王武王之德，丝毫不敢怠慢，终日乾乾。由此而使得周王朝国泰民安。文王武王在敬天的基础上，按照天命来行使自己的权力，管理自己的国民，日夜不懈，如此才使得周朝逐渐步入正轨。商纣王暴虐无道，蔑视上天，逆天而行，声色犬马，于是便落得亡国亡家的下场。因此，对"天"的态度是一个集体兴衰的重要因素。国家如此，对于个人而言，亦是如此。有敬天之心的人，多是谦虚随和的。因为这些人懂得对天地存敬畏之心，于是做事情也会对自己有相应的要求，不会单纯放纵自己的情欲而胡作非为。

【原文】敬之敬之，天维显思，命不易哉。无曰高高在上，陟降厥士，日监在兹。维予小子，不聪敬止。日就月将，学有缉熙于光明。佛时仔肩，示我显德行。（《诗经·周颂》）

【释义】敬畏它啊敬畏它，天命昭昭若日明，天命不易有其常。别认为上天高高在上，实际上就在我们周遭，时时刻刻都在监督着人们。我们这些凡人，切不可耍小聪明。日月照临我们头上，我们也当勤勉兼程。不断努力，显我善美德行。

【解读】这段经文感叹对天命要敬畏，因为天命是恒常不易的，并且时时刻刻都在人们生活周遭。经文劝告人们切不可存在侥幸心理，不可耍小聪明，而应当踏踏实实地依据天命来实践，如此日积月累，则功效自能成。天命看似离我们有些遥远，并且不少人对天命本身也是持一种怀疑甚至否定的态度。事实上，这都是理解角度的问题。我们可以选择认可，也可以选择否认。但是无论我们做出怎样的选择，其目的都是指向我们自己的生命，目的在于提高自己的生命。这一点应该是不会有疑问的。那么，多一份敬畏之心，多一份对天地自然的思考有何不妥？所以，心存敬天之情，以至于一种广泛意义上的敬畏之心，对我们来说是极有必要的。我们生活在集体之中，生活在社会关系之内，我们客观上需要接受相应的束缚。这种敬畏之心恰恰可以化解外界的束缚对我们造成的困扰，也就是说我们的敬畏之心，可以使得我们从一种被动接受外界约束的心态转变为自己主动去承担相应责任的心态。这就是个人素养提高的过程，是我们主动把握生活的过程。这种转变对我们的生活、工作都是有所裨益的。从这个角度看，敬天之心是有必要的，是我们提高自我认知能力、适应环境能力、提高自我生命品质的重要条件。

【原文】天子将出，类乎上帝，宜乎社，造乎祢。（《礼记·王制》）

【释义】天子将要出行时，要祭祀上天，祭祀社稷，祭祀祖庙。

【解读】经文说到天子出行前的一些重要事项。其中最为重要的就是要祭祀上天，这是敬天思想的重要体现，包括祭祀社稷和祖庙，这里的一个核心概念就是敬畏之心。需要说明的是，这种敬畏之心当是由内而外发出来的，虽然它的表现形式是外在化的，但是这种情绪则是内在化的。这种情绪可以延伸到我们生活和工作的方方面面，对天地自然、工作家庭、亲朋好友都应有此敬畏之心，懂得尊重和包容别人，这样，别人自然而然也会对我们形成正面的回馈。

【原文】郊特牲，而社稷大牢。……天子牲孕弗食也，祭帝弗用也。（《礼记·郊特牲》）

【释义】祭祀上天用一头牛犊，祭祀社稷则用牛羊豕三种牲畜。……天子不会食用怀孕的牲畜，祭祀天帝时也不会用怀孕的牲畜。

【解读】经文说明了祭祀天和社稷所用的不同祭品，强调了不能用怀孕的牲畜祭天，这些都是敬天思想的表现。敬天，内化于心而外显于具体行为中。祭祀过程中祭品的差异，便是敬天的基本表现。格外强调不使用、不食用怀孕的牲畜亦是敬天思想的一种延伸。天道崇尚生养万物，不使用怀孕的牲畜作为祭品就是对生命的一种尊重。那么，这里便会有一个疑问，既然尊重生命，为何还要使用这些牲畜当作祭品呢？这里其实是一个理解视角的问题，广泛说来，天地之间的众生，当然包括人类，无不是天地的祭品。我们在天地之中扮演着各自的角色，便有了相应的生命的轨迹。因此，我们的行为要以敬天为起点，从而确立自我在天地之间的位置，然后按照这个位置的角色去实践便是。

【原文】是月也，不可以称兵。称兵必天殃。兵戎不起，不可从我始。毋变天之道，毋绝地之理，毋乱人之纪。（《礼记·月令》）

【释义】孟春之月（农历正月），不可以发动兵事战争，发动战争必会遭受天灾。战争不可发动，若实在无法阻止，也不能由我方发动。不要去改变天的规律，不要去断绝地的道理，不要去混淆人的纲纪。

【解读】经文着重阐述了敬天思想，并由敬天而涉及人事。不能在万物生长的季节发动战争，此时发动战争破坏了天地的生长规律，破坏了人伦基本纲纪，这样便会受到相应的惩罚。这告诉我们在具体的工作生活中，也要有此敬畏之心，要懂得顺应天地之德而为之，不要逆着天地之道做事情。因此，我们首先要懂得基本的天地运行之道，这就需要我们保持一种积极的学习态度，将这样积极的态度贯穿于工作、生活之中。只有先知晓天地之道，才能更好地按照天地之道去做事情。

【原文】乐者，天地之和也；礼者，天地之序也。……乐由天作，礼以地制。（《礼记·乐记》）

【释义】乐，是天地和谐的象征；礼，是天地秩序的象征。……礼乐是受天地启发制作而成的。

【解读】经文从两个方面说明了礼乐与天地之间的关系：第一，礼乐是天地的象征；第二，礼乐是受到天地的启发制作而成的。所以，可以说礼乐的神圣性源于天地的神圣性。敬重礼乐便是敬畏天地。那么，这里似乎有一个疑问：如果是这样，如何会有礼崩乐坏的局面呢？我们可以从这个角度去理解：礼乐本身是没有改变的，所谓的礼崩乐坏，主要说的是人们的一种内心秩序和生活秩序受到了破坏，失去了平衡。这种情况说明当时的人们不再敬畏天地，不再敬重礼乐，但是天地之道、礼乐之道仍然存在。

【原文】仁近于乐，义近于礼。乐者敦和，率神而从天；礼者别宜，居鬼而从地。故圣人作乐以应天，制礼以配地。礼乐明备，天地官矣。（《礼记·乐记》）

【释义】仁的概念与乐相近，义的概念与礼相似。乐，敦厚和美，遵照神的旨意，听从上天；礼，分别有序，遵照鬼的旨意，顺从大地。所以圣人作乐，从而与天相应，制礼与地相配。礼乐制度完备，人间的机构便可以像天地运行一样发挥各自的功能。

【解读】经文将乐赋予仁的特点，将礼赋予义的特点，认为礼乐顺从天地的旨意，作乐制礼要以敬畏天地、与天地相应为宗旨。这些都很好地表明了敬天思想。将这些思想结合我们的生活工作，便能够给我们很好的指导和启发。首先，对天地要有敬畏之心，这是基本前提。因为我们生于天地之间，吃穿用行全在其中，天地就好比我们的大房子，家庭则是我们的小房子，因此，我们爱自家的小房子，更有必要敬畏天地这个大房子，喜爱这个大房子。在此基础上，再确立与自己性格相符合的各种目标规划。我们也只有这样，才能走得更加长远、更加安稳。

【原文】礼乐负天地之情，达神明之德，降兴上下之神，而凝是精粗之体，领父子、君臣之节。（《礼记·乐记》）

【释义】礼乐顺承天地之情，通达神明之德，与天地之神相和谐，凝聚而成万物，协理父子、君臣之关系。

【解读】经文说明礼乐是在敬畏天地之情，通达神明德行意志的前提下而进行的。敬天前提下制定的礼乐，则有其内在的和谐特质，因此，礼乐也就有了协理君臣父子关系的重要作用。我们当前社会遇到的许多问题都是把自我看得过分重要而导致的。如果我们可以转化一种视角，让自我意识靠后，把天地自然放在前头，也许我们就能得到一个更为合理的视角来审视自我与外界的关系。未来是一个个性化不断增强的时代，但恰恰在这个时候，反而应该要对"自我"这个概念更为谨慎，切不可使之过度膨胀。

【原文】祭如在，祭神如神在。子曰："吾不与祭，如不祭。"（《论语·八佾》）

【释义】孔子祭祀祖先的时候，好像祖先真在那里；祭神的时候，好像神真在那里。孔子说："我如不能亲自祭祀，就如同没有祭祀。"

【解读】对干鬼神卜天等莫测的存在，孔子既不言"有"，也不言"无"，即"子不语怪、力、乱、神"，而是以敬畏之心对待之。用曾参的话说就是："慎终追远，民德归厚矣。"

【原文】子曰："予欲无言。"子贡曰："子如不言，则小子何述焉？"子曰："天何言哉？四时行焉，百物生焉，天何言哉？"（《论语·阳货》）

【释义】孔子说："我想不说话了。"子贡道："夫子假若不说话，那学生们传述什么呢？"孔子道："天说了什么呢？四季流转，百物生长，天说了什么呢？"

【解读】天何尝说了什么呢？但是四时却循序运行，万物自然生长，一切规律、法则皆无言而自化。孔子在此启发学生向更深刻、更邃远的"天道默化万物"的角度进行思考。

【原文】子在川上曰："逝者如斯夫，不舍昼夜。"（《论语·子罕》）

【释义】孔子站在河边，叹道："消逝的时光就像这河水一样呀，日夜不停地流去。"

【解读】孔子面对奔涌不息的河流，感叹人生世事变化之快，发出时不我待的感慨，亦有惜时之意在其中。对于四季流转之自然、囊括万物之宇宙，孔子有顺应心，亦有奋发志。

【原文】子畏于匡，曰："文王既没，文不在兹乎？天之将丧斯文也，后死者不得与于斯文也；天之未丧斯文也，匡人其如予何？"（《论语·子罕》）

【释义】孔子在匡地被拘围，便说："周文王死后，一切礼乐文化不是保存在我这里吗？上天如果要灭绝这种文化，那我也不会掌握这种文化；上天若是不想灭绝这种文化，匡人能奈我何？"

【解读】《史记·孔子世家》记载，孔子离开卫国，准备到陈国去，经过匡地。匡人曾经遭受过鲁国阳货的掠夺和残杀，而孔子的相貌很像阳货，便以为孔子就是过去曾经残害过匡地的人，于是"拘焉五日"，囚禁了孔子。不过，在横祸当头之际，孔子却不为所动。在他看来，自己肩负传播礼乐文化的使命，天命所系，自可无畏无惧。

【原文】颜渊死。子曰："噫！天丧予！天丧予！"（《论语·先进》）

【释义】颜渊死了，孔子说："唉！上天是要我的命呀！上天是要我的命呀！"

【解读】颜渊是孔子最得意的弟子，他最能领会孔子之道，并能追随践行，是孔子学问道德最好的接班人、道统的继承人。颜渊的早逝使孔子痛彻心扉，发出叹息："天亡我！天亡我！"

让孔子悲痛不已的，不仅是对颜渊早逝的痛惜，还有对"天不助我、道将不存"的哀伤。

【原文】孔子曰："君子有三畏：畏天命，畏大人，畏圣人之言。小人不知天命而不畏也，狎大人，侮圣人之言。"（《论语·季氏》）

【释义】孔子说："君子有三种敬畏：敬畏天命，敬畏王公大人，敬畏圣人的言论。小人不知道天命不可违抗，所以不敬畏它，轻视王公大人，侮慢圣人的言论。"

【解读】畏则不敢肆而德以成，无畏则从其所欲而及于祸。怀敬畏之心，则行有所止；无敬畏之心，则肆意妄为。那么，敬畏什么呢？首当其冲的是"畏天命"，天地有定律，四季有成规，万物有法则，天命是超人间的主宰，非人力可支配，君子敬畏天命，敬畏那些年长有德之人，敬畏圣贤之人。

【原文】子曰："大哉尧之为君也！巍巍乎，唯天为大，唯尧则之。"（《论语·泰伯》）

【释义】孔子说："尧真是了不得呀！真是伟大呀！崇高呀！唯有天最高最大，只有尧能效法上天。"

【解读】帝尧德行深厚、广博，爱护下属和子民，带给民众无尽的福祉。孔子认为，这是因为"唯天为大，唯尧则之"，尧依照"天道""天命"来治理天下，因为取法乎天方能成就巍巍圣德。

【原文】子见南子，子路不说。夫子矢之曰："予所否者，天厌之！天厌之！"（《论语·雍也》）

【释义】孔子去见南子，子路不高兴。孔子发誓说："倘若我做了什么不对的事，让上天厌弃我吧！让上天厌弃我吧！"

【解读】孔子周游列国，来到卫国。南子是卫灵公夫人，把持着当时卫国的政治，而且名声不好，但是她仰慕孔子的能力和品德，知道孔子来了便很恭敬地请孔子去与她会见，《史记》有载·（南子）使人谓孔子曰："四方之君子不辱欲与寡君为兄弟者，必见寡小君。寡小君原（愿）见。"孔子辞谢，不得已而见之。夫人在绨帷中。孔子入门，北面稽首。夫人自帷中再拜，环珮玉声璆然。孔子曰："吾乡为弗见，见之礼答焉。"子路不说。孔子矢之曰："予所不者，天厌之！天厌之！"

孔子见南子是事实，子路不高兴也是事实，孔子在此一再发誓，如果自己有不当行为，则见弃于天。很明显，"天"在孔子心目中是最高最远、最具权威性的主宰。

【原文】子曰："莫我知也夫！"子贡曰："何为其莫知子也？"子曰："不

怨天，不尤人，下学而上达。知我者其天乎！"（《论语·宪问》）

【释义】孔子说："没人了解我啊！"子贡说："为什么没有人了解您呢？"孔子说："不埋怨天，不责备人，下学人事而上达天命。了解我的大概只有上天吧！"

【解读】孔子因为道不行于世而发出"没有人了解我"的孤独感慨。然而他并不怨天尤人，他以豁达的胸怀，将这一切归结于"天命"。孔子有一个内圣外王的理想：从学习平常的知识开始，反己自修，循序渐进，最终透彻了解根源性的道理，并推而广之，教化万民。这个理想在现世能够实现吗？要看天意，非自己所能掌握。孔子只是做应该做的事情，如此而已。因此他说："了解我的大概只有上天了。"

【原文】宣王问曰："交邻国有道乎？"

孟子对曰："有。惟仁者为能以大事小，是故汤事葛，文王事昆夷。惟智者为能以小事大，故太王事獯鬻，勾践事吴。以大事小者，乐天者也；以小事大者，畏天者也。乐天者保天下，畏天者保其国。《诗》云：'畏天之威，于时保之。'"（《孟子·梁惠王章句下》）

【释义】齐宣王问道："和邻国交往有什么方法吗？"

孟子答道："有的。只有仁爱的人才能够以大国的身份侍奉小国，所以商汤侍奉葛伯，文王侍奉昆夷。只有聪明的人才能够以小国的身份侍奉大国，所以周太王侍奉獯鬻，越勾践侍奉夫差。以大国身份侍奉小国的，是以天命为乐的人；以小国身份侍奉大国的，是敬畏天命的人。以天命为乐的人，安定天下；敬畏天命的人，安定自己的国家。正如《诗经》所云：'畏惧上天的威灵，因此才能够安定。'"

【解读】齐宣王在此与孟子探讨了外交的问题。孟子总结两种情况，一种是邻国比自己弱。一种是邻国比自己强。这两种情况下，所循之"道"有所差异。孟子认为，大国要遵循仁义之道，与小国友好相处，小国也不能夜郎自大，要主动与大国搞好关系，这就要求大国能够以天命为乐，顺应规律，不欺小凌弱，要替上天来行使职责；小国要能畏惧天命，服从天命。只有做到这两个方面，才能出现大国安定天下，小国安定国家的和谐局面。

【原文】乐正子见孟子，曰："克告于君，君为来见也。嬖人有臧仓者沮君，君是以不果来也。"

曰："行，或使之；止，或尼之。行止，非人所能也。吾之不遇鲁侯，天也。臧氏之子焉能使予不遇哉？"（《孟子·梁惠王章句下》）

【释义】乐正子去见孟子，说道："我同鲁君讲了，他打算来看您。可是有一个他所宠幸的小臣臧仓阻止了他，他因此就不来了。"

孟子说："一个人要干件事情，是有一种力量在促使他；一个人不想干某件事情，是有一种力量在阻止他。干与不干，不是单凭人力所能做到的。我不能和鲁侯相遇，是天意如此。姓臧的那个小子，他怎么能做到使我不和鲁侯相遇呢？"

【解读】这段对话有一个背景：鲁平公打算外出拜访孟子，但是受到一个宠爱的小臣臧仓的阻止。臧仓认为，平公以国君的身份去拜访孟子，并不妥当；且孟子办理母亲丧事的规格超过其父，于礼不合。鲁平公果然听了臧仓的话，没有来见孟子。孟子从学生乐正子这里听说了此事后，认为能否与国君相见在于天命，而不在于人。是天命、天意支配这件事情成与不成。

【原文】孟子曰："天下有道，小德役大德，小贤役大贤；天下无道，小役大，弱役强。斯二者，天也。顺天者存，逆天者亡。齐景公曰：'既不能令，又不受命，是绝物也。'涕出而女于吴。今也小国师大国而耻受命焉，是犹弟子而耻受命于先师也。如耻之，莫若师文王。师文王，大国五年，小国七年，必为政于天下矣。《诗》云：'商之孙子，其丽不亿。上帝既命，侯于周服。侯服于周，天命靡常。殷士肤敏，祼将于京。'孔子曰：'仁不可为众也。夫国君好仁，天下无敌。'今也欲无敌于天下而不以仁，是犹执热而不以濯也。《诗》云：'谁能执热，逝不以濯？'"（《孟子·离娄章句上》）

【释义】孟子说："天下崇尚道义的时候，道德不高的人为道德高的人所役使，贤能不够的人接受非常贤能的人的领导；天下抛弃道义之时，力量小的为力量大的所役使，弱国为强国所役使。这两种情况，都是由天决定的。顺从天意的就会生存，违背天意的就会灭亡。齐景公曾说过：'既不能命令别人，又不接受别人的命令，只能是绝路一条。'因此流着眼泪把女儿嫁到吴国去。如今弱小国家以强大国家为师，却以听命于人为耻，这好比学生以听命于老师为耻一样。如果真以为耻，最好以文王为师。以文王为师，强大国家只需要五年，弱小的国家只需要七年，政令就一定可以推行于天下。《诗经》说过：'商代的子孙，数目不下十万。可是上天认为商朝命数已尽，授命于文王，他们便都成为周朝的臣下。之所以如此，可见天命无常。周朝受命于天，商朝的后裔都能臣服周室，在周朝的宗庙助祭行礼。'孔子也说过：'仁者一视同仁，不分高下，无有差别。国君有仁爱之心，就能天下无敌。'如今一些诸侯想要天下无敌，却又不行仁政，这就好比要解除炎热却不用凉水冲洗。《诗经》说：'有谁能解除炎热却不用凉水冲洗呢？'"

【解读】本段的核心主旨有二，一为"天命"，二为"仁政"。所谓"顺天者昌，逆天者亡"，顺逆的关键，在于能否施行"仁政"。只有做到了"仁政"，无论大国小邦，均可政行于天下无所阻也。

【原文】使之主祭，而百神享之，是天受之；使之主事，而事治，百姓安之，是民受之也。天与之，人与之，故曰，天子不能以天下与人。舜相尧二十有八载，非人之所能为也，天也。尧崩，三年之丧毕，舜避尧之子于南河之南，天下诸侯朝觐者，不之尧之子而之舜；讼狱者，不之尧之子而之舜；讴歌者，不讴歌尧之子而讴歌舜，故曰，天也。夫然后之中国，践天子位焉。而居尧之宫，逼尧之子，是篡也，非天与也。《太誓》曰："天视自我民视，天听自我民听。"此之谓也。（《孟子·万章章句上》）

【释义】叫他主持祭祀，所有神明都来享用，这便是天接受了；叫他主持政务，工作井井有条，百姓都感到安适，这便是百姓接受了。天授予他，百姓授予他，所以说，天子不能够拿天下授予人。舜辅佐尧二十八年，这不是某一个人的意志所能做到的，而是天意。尧逝世了，三年之丧完毕，舜为了要使尧的儿子能够继承天下，自己便躲避到南河的南边去。可是，天下诸侯朝见天子，不到尧的儿子那里，却到舜那里；打官司的，也不到尧的儿子那里，却到舜那里；歌颂的人，也不歌颂尧的儿子，而歌颂舜。所以说，这是天意。然后，舜才回到首都，坐了天子之位。而如果舜居住在尧的宫室，逼迫尧的儿子〔让位给自己〕，这是篡夺，而不是天授了。《太誓》说过："上天的看法，就是百姓的看法；上天的听闻意见，就是百姓的听闻意见。"正是这个意思。

【解读】万章对尧推荐舜、舜终得天下这件事存在疑问，于是向孟子请教。孟子认为，舜最后得到天下，是因为他辅佐尧二十八年，成绩斐然，得到了老百姓的信任。在孟子看来，君王是没有权力把天下授予他人的——即便你伟大如尧。天子只有推荐的权力，真正的决定权在人民。民心所向，即天命所向。因此，"天意"从根本上讲是"人意"，得民心者得天下，失民心者失天下。统治者只有顺应民心，做让老百姓满意的事，敬天保民，崇德厚生，这样才能得到天下老百姓的拥戴。"以天为则、以史为鉴、以民为心",正是孟子所确立的民本思想的主要内容。

【原文】万章问曰:"人有言,'至于禹而德衰,不传于贤,而传于子'。有诸?"

孟子曰:"否,不然也;天与贤,则与贤;天与子,则与子。昔者,舜荐禹于天,十有七年,舜崩,三年之丧毕,禹避舜之子于阳城,天下之民从之,若尧崩之后不从尧之子而从舜也。禹荐益于天,七年,禹崩,三年之丧毕,益避禹之子于箕山之阴。朝觐讼狱者不之益而之启,曰:'吾君之子也。'讴歌者不讴歌益而讴歌启,曰:'吾君之子也。'丹朱之不肖,舜之子亦不肖。舜之相尧、禹之相舜也,历年多,施泽于民久。启贤,能敬承继禹之道。益之相禹也,历年少,施泽于民未久。舜、禹、益相去久远,其子之贤不肖,皆天也,非人之所能为也。莫之为而为者,天也;莫之致而至者,命也。匹夫而有天下者,德必若舜禹,而又有天子荐之者,故仲尼不有天下。继世以有天下,天之所废,必若桀纣者也,故益、伊尹、周公不有天下。伊尹相汤以王于天下,汤崩,太丁未立,外丙二年,仲壬四年,太甲颠覆汤之典刑,伊尹放之于桐,三年,太甲悔过,自怨自艾,于桐处仁迁义,三年,以听伊尹之训己也,复归于亳。周公之不有天下,犹益之于夏、伊尹之于殷也。孔子曰,'唐虞禅,夏后殷周继,其义一也。'"(《孟子·万章章句上》)

【释义】万章问道:"有人说,'到禹的时候道德就衰微了,天下不传给贤良,却传给自己的儿子'。这句话有道理吗?"

孟子答道:"不,不是这样的;天让授予贤良,便授予贤良,天让授予儿子,便授予儿子。从前,舜把禹推荐给天,十七年之后,舜逝世了,三年之丧完毕,禹为了让位给舜的儿子,便躲避到阳城去。天下百姓跟随禹,就好像尧死了以后老百姓不跟随尧的儿子却跟随舜一样。禹把益推荐给天,七年之后,禹死了,三年之丧完毕,益又为了让位给禹的儿子,便躲避到箕山之北去。当时朝见天子的人、打官司的人都不去益那里,而去启那里,说:'他是我们君主的儿子啊。'歌颂的人也不歌颂益,而歌颂启,说:'他是我们君主的儿子啊。'尧的儿子丹朱不好,舜的儿子也不好。而舜辅佐尧,禹辅佐舜,经年历久,为老百姓谋幸福的时间长。启很贤明,能够认真地继承禹的传统。益辅佐禹,经过的年岁少,对百姓施与恩泽的时间短。舜、禹、益之间,相去久远,他们的儿子贤明或者不贤明,都是天意,不是人力所能为的。

凡事不是人力所能办到的，却自然办到了，是天意；不是人力所能招致的，却自然来到了，是命运。一个平民之所以能拥有天下，他的德行必然要像舜和禹那样，而且还要有天子的推荐，所以孔子就没能拥有天下。世代相传而拥有天下，却被天所厌弃的，一定是像夏桀、商纣那样暴虐无道的，所以益、伊尹、周公便没有得到天下。伊尹辅佐商汤推行王道于天下，商汤去世了，太丁未立就死了，外丙在位二年，仲壬在位四年，太丁的儿子太甲又继承王位。太甲推翻了商汤的法度，伊尹便流放他到桐邑。三年之后，太甲悔过，自我怨恨，自我惩戒，在桐邑那地方，能够以仁居心，向义努力；三年之后，便能够听从伊尹对自己的教训了，然后又回到亳都做天子。周公未能得到天下，正如同益在夏朝、伊尹在殷朝一样。孔子说过：'唐尧虞舜以天下让贤，夏商周三代子孙继位相传，道理都是一样的。'"

【解读】是"禅让"还是"子孙继位"？"子孙继位"是否就意味着道德衰微？在万章看来，禹道德德行衰微，他把天下传给了自己的儿子。孟子对此持否定态度。他认为，禹去世后，天意属启，是因为启的贤明。启若不贤，天命会降临到其他贤者的身上。在孟子看来，不管禅让还是世袭，都只是外在形式，并不重要。关键在于能不能"施泽于民"，给民众带来恩惠，赢得民众的拥护。既然天下的所有权在于天意，天意又是根据民意来行事的，授贤还是传子，则需要根据民意的变化而变化。此段仍然是孟子仁政和民本思想的体现。

【原文】天行有常，不为尧存，不为桀亡。应之以治则吉，应之以乱则凶。强本而节用，则天不能贫；养备而动时，则天不能病；修道而不贰，则天不能祸。故水旱不能使之饥渴，寒暑不能使之疾，妖怪不能使之凶。本荒而用侈，则天不能使之富；养略而动罕，则天不能使之全；倍道而妄行，则天不能使之吉。故水旱未至而饥，寒暑未薄而疾，妖怪未至而凶。受时与治世同，而殃祸与治世异，不可以怨天，其道然也。故明于天人之分，则可谓至人矣。不为而成，不求而得，夫是之谓天职。如是者，虽深，其人不加虑焉；虽大，不加能焉；虽精，不加察焉：夫是之谓不与天争职。天有其时，地有其财，人有其治，夫是之谓能参。舍其所以参而愿其所参，则惑矣。

天职既立，天功既成，形具而神生。好恶、喜怒、哀乐臧焉，夫是之谓天情。耳目鼻口形能，各有接而不相能也，夫是之谓天官。心居中虚以治五官，夫是之谓天君。财非其类，以养其类，夫是之谓天养。顺其类者谓之福，逆其类者谓之祸，夫是之谓天政。暗其天君，乱其天官，弃其天养，逆其天政，背其天情，以丧天功，夫是之谓大凶。圣人清其天君，正其天官，备其天养，顺其天政，养其天情，以全其天功。如是，则知其所为、知其所不为矣；则天地官而万物役矣，其行曲治，其养曲适，其生不伤，夫是之谓知天。

故大巧在所不为，大智在所不虑。所志于天者，已其见象之可以期者矣；所志于地者，已其见宜之可以息者矣；所志于四时者，已其见数之可以事者矣；所志于阴阳者，已其见知之可以治者矣。官人守天而自为守道也。（《荀子·天论》）

【释义】大自然的运行变化有自己的规律，不会因为尧之治而存在，也不会因为桀之暴而消亡。用正确的治理措施适应大自然的规律，事情就办得好；用错误的治理措施对待大自然的规律，事情就会办糟。加强农业、节约用度，那么天不可能使人贫穷；衣食充裕而又能适应天时变化进行生产活动，那么天也不能使人困苦；遵循规律而又不出差错，那么天也不可能使人遭祸。所以水涝旱灾不能使人饥渴，寒暑变化不能使人生病，自然界反常的现象不可能致人灾祸；反之，农业荒废而用度奢侈，那么天就不可能使人富裕；衣食不足又懒于劳作，那么天就不可能使人保全；违背事物规律而胡乱行动，那么天就不可能使人安吉。所以没有水旱灾害却发生饥荒，没有严寒酷暑却发生疫病，自然界没有灾异却出现凶灾。遇到的天时和太平时期相同，可是遭到的灾祸却与太平时期大不相同，这不能埋怨天，而是人自己的行为招致的。所以说，明辨了自然界的规律和人应采取的行动，就可以称得上圣人了。

不必刻意去做就成功了，不必刻意去求就获得了，这便是"天职"。如此，天道虽然深奥，圣人不会随意测度；天道虽然精微，圣人也不会刻意去考察，这就叫作不与老天争夺职分。天有天时，地有地利，人有人治，就是说人与天地并立为三。舍弃自身参与的能力，而一味追求与天地为三，那就糊涂了。

"天职"建立以后，"天功"已经完成，人的形体也具备了，人的精神就产生了，好恶、喜怒、哀乐，都藏于其中，这就叫作"天情"。耳、目、鼻、口、形，各有不同的感触外界的能力，却不能相互替代，这就叫作"天官"。心居中心而主宰五官（耳、目、鼻、口、形态），这就叫作"天君"。裁择其它的物类来奉养人类，这就叫作"天养"。能裁用万物供养人类的就是福，不能利用万物违逆人类的需要就是祸，这就叫作"天政"。遮暗"天君"、混乱"天官"、废弃"天养"、违逆"天政"、背反"天情"，以至于丧失"天功"，则为大凶。圣人清明其"天君"，端正其"天官"，周备其"天养"，顺应其

"天政"，涵养其"天情"，进而来保全他的"天功"。如此，圣人就会知道他所应做的事情和不应做的事情；就能够在天地间尽职而役使万事万物了。圣人的行动完全合理，养民之道完全顺适，他的存在不会伤害到万物，这叫作知天。

所以一个真正大巧的人，在于他有所不为；一个真正大智慧的人，在于他有所不思虑。从天那里可以了解到的是通过天象，可以知道节候的变化；从地那里可以了解到的，是通过土地的适宜生长，可以知道农作物的繁衍；从四季那里可以了解到的，是根据节气变化安排农事；从阴阳变化可以了解到的，是从阴阳调和中知道治理的道理。掌管天文历法的人只是观察天象，而圣人则是按照这些道理治理天下。

【解读】在这段文字中，荀子指出，大自然的运行是有其本有规律的，它无所偏袒，无痕无迹。顺应这个规律就吉祥，违背规律就有凶灾。所以圣人只考虑顺应自然，而不是考虑如何改变自然。

【原文】治乱天邪？曰：日月、星辰、瑞历，是禹、桀之所同也，禹以治，桀以乱，治乱非天也。时邪？曰：繁启蕃长于春夏，畜积收藏于秋冬，是又禹、桀之所同也，禹以治，桀以乱，治乱非时也。地邪？曰：得地则生，失地则死，是又禹、桀之所同也，禹以治，桀以乱；治乱非地也。《诗》曰："天作高山，大王荒之；彼作矣，文王康之。"此之谓也。

天不为人之恶寒也辍冬，地不为人之恶辽远也辍广，君子不为小人之匈匈也辍行。天有常道矣，地有常数矣，君子有常体矣。君子道其常而小人计其功。《诗》曰："何恤人之言兮？"此之谓也。（《荀子·天论》）

【释义】治或乱，是天造成的吗？日月、星辰、历象，这在大禹、夏桀时代都是相同的。大禹，天下大治，夏桀，天下大乱。可见治或乱，不是天造成的。治或乱，是四时造成的吗？农作物春种夏长，秋收冬藏，这也是大禹和夏桀所共同面对的。大禹，天下大治；夏桀，天下大乱。可见治或乱，不是四时造成的。治或乱，是地造成的吗？万物依附大地生长，离开大地就会死亡，这又是大禹、夏桀所共同面对的。可见治或乱，不是地造成的。《诗经》说："天生高大的岐山，周太王使它的名声增大；太王已经使它的名声增大，周文王继承后，又使它安定。"说的就是这个道理。

天不会因为有人厌恶寒冷就停止冬天的到来，地也不会因为有人厌恶辽远就改变它的宽广，君子不会因为小人喧哗不休就停止他的善行。天有常道，地有常数，君子有常规。君子执守做人标准，而小人却只计较功利得失。《诗经》说："实践礼义而没有差错，何必害怕别人的闲言闲语呢？"说的就是这个道理。

【解读】荀子反对那些祈求天神的各种迷信仪式。他认为，国家的治或乱，与自然界没有任何关系，天道自然是平等的，在任何时代都是一样的。自然不可怕，"人祸"才是最可怕的。世人的种种违背礼仪的行为，才是出现怪异、乱世的根源。因此，小人只计功利，变化无常。君子却能效法自然，遵循一定的行为准则。

从表面上看，荀子的《天论》是一篇有关宇宙观、自然论的哲学文本。但实际上，《天论》中的"论天"是为了"论人"，论"礼义"。因此，《天论》篇的落脚点在于由自然至治道，论述的是礼义作为治道的政治合理性与价值合理性。

【原文】曾子曰："十目所视，十手所指，其严乎！"（《大学》）

【释义】曾参说："一个人若是被很多双眼睛注视着，被很多只手指点着，这难道不是严肃可怕的吗！"

【解读】我们的一言一行应该慎之又慎，因为人们在监督。当我们独处的时候，似无人看见，似可以苟且，然而威严肃穆的上天也在注视着一切。所以古人所说的敬畏，首先就是要敬天。因为心怀对天的敬畏，才能让自己的行为符合天道，才不至于在独处时自欺欺人。

【原文】《诗》云："殷之未丧师，克配上帝。仪监于殷，峻命不易。"道得众则得国，失众则失国。（《大学》）

【释义】《诗经》说："殷商还没有丧失民心的时候，还是与上天的要求相称的。请用殷商为借鉴吧，守住天命并不是一件容易的事。"得到民心，就能得到国家，失去民心就会失去国家。

【解读】天命与人心相通。得到民心，就能得到天命；敬天，也就是要敬畏万民。

【原文】天命之谓性，率性之谓道，修道之谓教。（《中庸》）

【释义】天所赋予人的东西就是性，遵循天性就是道，遵循道来修养自身就是教。

【解读】《中庸》把修养自身作为人生的核心问题。如何修养自身？需要遵循道，也就是遵循本性做人做事，因为人的本性是先天赋予的，是人之为人的原始特征，是最为真实的人性。所以，人生最重要的就是要遵循上天赋予的本性修养自身。这体现出《中庸》主张尊重先天赋予人的特性、顺应天意及天性等"敬天"思想。贤文化指出世间万物都由天生地养，人类更是如此，应当用先天赋予人的仁爱之心顺应天地之道，使万物畅茂，资用富足，瑞应常现，天下和乐。

【原文】致中和，天地位焉，万物育焉。（《中庸》）

【释义】达到了中和状态，天地各归其位，万物就可以生长发育了。

【解读】"中"就是不偏颇，"和"就是要有节制，《中庸》所说的"中和"就是要人们守正道、守仁义，守住道德仁义之心态，这是对天命的顺应，也是对万物秩序及社会伦理的顺应和遵从，这样天地就会有序运行，万物生机蓬勃，社会和谐有序，这是遵循和敬仰天道的结果，也是人们在社会生活中应该遵循的准则。贤文化提倡敬天，主张以仁心做人做事，不偏颇，有节制，顺应天地之道，致中和，利万物，使天地间万物得以畅茂。

【原文】天地之大也，人犹有所憾。故君子语大，天下莫能载焉；语小，天下莫能破焉。（《中庸》）

【释义】天地提供的空间如此浩渺博大，但是人们生活于其中依然有不满意之处。因此，君子说的中庸之道，是要人们以仁心对待一切，节制欲望，放下偏见。这种中庸之道，从大处说，能够包容万物；从小处说，任何细微的事物也不会落下。

【解读】这段话道出了人心和天道之间的关系。天道博大，为人们提供了广阔的生活空间。人们如果不懂得知足和感恩，任由无限的欲望肆意蔓延，利欲熏心，为所欲为，显然是对天道的违逆和践踏，必然会受到天道的惩罚。只有敬天道、懂感恩、善克制，才能与自然和谐相处，享受美好生活。贤文化提倡敬天道，并以自然资源开发为例，主张在盐盆资源开发中，保持"中和"之仁心，提出盐盆资源为天赐珍物，资源有限，不敢以私心恣意取利，怀敬畏感恩之心，构循环发展模式，珍惜资源，爱护万物，保一方碧水蓝天，以不失天地之心，顺四时生，助五行成。

【原文】君子之道，造端乎夫妇，及其至也，察乎天地。(《中庸》)

【释义】君子践行的中庸之道，发端于日常生活的所知所行，其为人处世中体现的至高境界彰显于天地之间。

【解读】这句话表明大道就在生活中，日常言行、起心动念体现人们对周围事物的态度，也影响着人与万事万物的关系。自然环境及社会环境就是人们生活于其中的"天"，坚守中庸之道，绝不忽视看起来很微小的事情，以敬畏之心对待每天所面对的事情，用仁心助天生物，助地养形，把自身精力用在有助于天地间万物畅茂的事业中，建设资用富足、瑞应常现、天下和乐的美好生活，此为个人之"敬天"，亦为群体之"敬天"。有责任意识和担当精神的现代企业，更应该从日常经营管理的方方面面践行"敬天"之道，使"敬天"精神成为事业的主旋律。

【原文】故君子不可以不修身；思修身，不可以不事亲；思事亲，不可以不知人；思知人，不可以不知天。(《中庸》)

【释义】君子不可以不修德养性；想要修德养性，不可以不侍奉亲人；想要侍奉亲人，不可以不知道人性；想要知道人性，不可以不知道天理。

【解读】这段话把"知天理"作为人格修养的最高目标，同时也把"知天理"视为"尽人事"的基础。这体现出《中庸》高度重视天理、天道，并且主张在生活中体察天理、实践天道的敬天思想，也反映出"天地滋生万物，万物要顺应天地"思想。贤文化继承了传统文化的敬天思想，指出世间万物乃天生之，地养之，人当用仁心顺应天地生养万物之道，珍惜资源，爱护万物，保碧水蓝天，以不失天地之心。

【原文】无极而太极。太极动而生阳，动极而静，静而生阴，静极复动，一动一静，互为其根，分阴分阳，两仪立焉。阳变阴合，而生水、火、木、金、土，五气顺布，四时行焉。五行，一阴阳也；阴阳，一太极也；太极，本无极也。五行之生也，各一其性。无极之真，二五之精，妙合而凝，乾道成男，坤道成女。二气交感，化生万物，万物生生而变化无穷焉。(《近思录·道体》)

【释义】无极即是太极。太极动而生阳，动到极处而归于静。静到极处而又回归于动。一动一静，互为起点，分出阴阳，遂形成天地。阴阳变化。生出水、火、木、金、土五行。五行之气流布，于是产生四季更替。五行归一于阴阳，阴阳又归一于太极。太极本于无极。五行的生成，各随气质禀性。无极的本真，阴阳五行之精微，神妙交合，于是象征天的乾成为男，象征地的坤成为女。乾坤阴阳两气相交感，化育成万物，万物生生不息而变化无穷。

【解读】无极生太极，太极生阴阳，阴阳生五行，天地万物的运行，自有其规律。万物生生不息，自然造物之功，无穷无尽。人类受上天滋养，受阴阳五行之化育。天道之无穷，在上天的造化面前，人类应该谦恭，所以记得要永远敬畏上天。

【原文】乾，天也。天者，乾之形体；乾者，天之性情。乾，健也，健而无息之谓乾。夫天，专言之则道也，"天且弗违"是也。分而言之，则以形体谓之天，以主宰谓之帝，以功用谓之鬼神，以妙用谓之神，以性情谓之乾。（《近思录·道体》）

【释义】乾，象征天。天，是乾的形体，乾，是天的性情。所谓乾，就是健，健而不息叫作乾。天的内涵，总体而言，全在道里面，"上天尚且不违背"指的就是这个道。分而言之，则以形体称作天，天主宰着一切，故又可以称之为帝。就其运行四时化生万物等功用而言又可以称作鬼神，就其那不可测的妙用而言可称为神，就其性情而言称它为刚健的乾。

【解读】天是万物的主宰，它运行四时，化育万物，从不违时，不失信，不失道。所谓天行健，就是说天的运动刚强劲健，故称之为乾。天无不体现着道，所谓生生不息，不过是依循自然之道。天从不同的方面看也有很多叫法，例如天、帝、鬼神、乾等，所以说敬鬼神也好，敬上帝也好，其实就是要敬天。

【原文】天所赋为命，物所受为性。（《近思录·道体》）

【释义】就上天所赋予万物的角度说称命，就万物所禀受的角度说称之为性。

【解读】这里的命、性，其实是一回事。我们的性，乃天地所赋予，只是在尘俗中逐渐被熏染甚至变得歪曲。与天地相应，就是顺性，回归我们最初的本性，就是要尊重天地运行的规律，顺其自然。

【原文】天体物不遗，犹仁体事而无不在也。"礼仪三百，威仪三千"，无一物而非仁也。"昊天曰明，及尔出王；昊天曰旦，及尔游衍。"无一物之不

体也。(《近思录·道体》)

【释义】一切的物都是由上天生成的，就像所有的事都是由仁心做成的。所谓"礼仪三百，威仪三千"，没有一物不体现出仁。"上天是明亮的，和你一起同来往。上天是明亮的，和你一起同游逛。"没有一事不体现着仁心。

【解读】天虽不言，却烛照一切，没有什么可以在上天的眼睛下躲藏。天与我同在，故而当独处之时，也不能有一丝欺瞒。时刻保持仁义之心，莫以善小而不为，莫以恶小而为之，就是对天的敬畏。

【原文】观天地生物气象。(《近思录·道体》)

【释义】观察天地生长万物的景象。

【解读】为人处世的道理无不蕴含在天地万物之中，所谓敬天，就是要从天地生长万物的景象中去一一探究，在体悟天地万物的生长过程中去涵养自身。

【原文】万物之生意最可观。此"元者善之长也"，斯所谓仁也。(《近思录·道体》)

【释义】世上万物出生时的形态最好看。这就是《乾坤·文言》"元者善之长也"的含义，这也就是所谓的仁。

【解读】比如刚出生的婴儿，最为纯洁无瑕；比如刚抽出的新芽，最是鲜嫩翠绿，比如刚盛开的鲜花，无一毫纤尘。人之本性，正如刚出生的万物一样，是纯洁美好的，是最善的东西了，而在仁义礼智四善之中，仁是首善。

【原文】天地自然之理，无独必有对，皆自然而然，非有安排也。每中夜以思，不知手之舞之，足之蹈之也。(《近思录·道体》)

【释义】天地及自然之中的理，都可以找到一一对应的地方，全都是自然而然，并非可以人为安排。每每半夜想到这些，就激动得忍不住手舞足蹈。

【解读】人事的道理并不是孤立的，它总与天道对应。譬如说到仁，没有比天地化育万物的"仁"更仁了，说到"诚"，没有比天地四时井然有序、从不违时的"诚"更诚了。所以，我们于人事之中，要对天心怀敬畏，从天地自然之中探究应对人事之理。

【原文】鬼神者，造化之迹也。(《近思录·道体》)

【释义】鬼神，就是那神妙的造化者所留下的痕迹。

【解读】如果说世界真有什么鬼神的话，那一定是宇宙，它以其鬼斧神工，造化万物。星辰运转，四季更替，宇宙的神妙莫测，无不充盈着道的真谛。故而人唯有敬天，如敬鬼神，一个人所言所行，都不得有丝毫欺惘，因为天地神明无所不见。

【原文】性者万物之一源，非有我之得私也。惟大人为能尽其道，是故立必俱立，知必周知，爱必兼爱，成不独成。彼自蔽塞而不知顺吾性者，则亦未如之何矣。（《近思录·道体》）

【释义】天地本源之性是万物之性的同一根源，不是一人所能独有的。只有德行崇高的人能够守道而行。所以，他要立身一定让众人都能立身，他的智慧遍及一切事物，他的爱一定广泛地爱一切人与物。他不追求一己成就而是使人都有成就。虽然如此，对那些自己蔽塞了天性而不知道顺着天性发展的人，拿他也无可奈何。

【解读】我们要以天地本性为人的本性。天地化育万物，同被阳光雨露，从不分彼此，万物总是在自然中恣意生长，无所拘束。故要敬天，就须让人性也如天性一样，做到"立必俱立，知必周知，爱必兼爱，成不独成"。

【原文】一故神。譬之人身，四体皆一物，故触之而无不觉，不待心至此而后觉也。此所谓"感而遂通""不行而至，不疾而速"也。（《近思录·道体》）

【释义】天地万物本为一体，所以才有神妙不可测的神奇，譬如人身，四肢是一体，所以碰到任何一个地方，其他地方就有感应。这就是《周易》所说的"感而遂通""不行而至，不疾而速"的意思啊。

【解读】一物失调，则会在另一物上有所感应。譬如，君王失德，上天就会降下灾难征兆；君王有德，上天则会降下祥瑞。因此，观察一个人有无德行，行动上有无亏欠，只需从天地中其他事物上考究。

【原文】"知天"如知州、知县之"知"，是自己分上事，己与天为一；"事天"，如子之事父，臣之事君。须是恭敬奉承，然后能无失。尚与天为二。此便是圣贤之别。（《传习录·徐爱录》）

【释义】"知天"的"知"如同知州、知县的"知"，都是自己分内的事。

所谓"知天"就是指自己与天合而为一。"事天"就像孩子侍奉父亲,臣子侍奉君主一样,必须恭敬供奉,然后才能做到自己没有过错。不过,就是这样,也还没有做到与天合一,这就是圣贤的区别。

【解读】一个人学习天道,有三重境界,分别是:俟命、事天、与天合而为一。但凡一个人只管去修养自身,一任命运如何安排,至于那生死贫富之事则不去理,这样才能精进,然后才能看到天,这就叫"俟命"。既见到天,侍奉天之时必然十分恭敬,无一丝欺惘,这就叫作"事天",然而这还只是到达贤人的境界,要到达圣人的境界,这就是"与天合而为一"了。

【原文】夫人者,天地之心,天地万物本吾一体者也。生民之困苦荼毒,孰非疾痛之切于吾身者乎?不知吾身之疾痛,无是非之心者也。是非之心,不虑而知,不学而能,所谓良知也。良知之在人心,无间于圣愚,天下古今之所同也。世之君子惟务致其良知,则自能公是非,同好恶,视人犹己,视国犹家,而以天地万物为一体,求天下无冶,不可得矣。(《传习录·答聂文蔚》)

【释义】人,是天地的心。而天地万物本与我一体。百姓的困苦荼毒,就是我自己的切肤之痛。如果连自己的切肤之痛都不知道,就是没有是非之心了。这是非之心,是不必去思量和学习就有的,这就是所谓的"良知"。良知在人心中,无论圣人愚人都有,天下古今相同。世间君子,只需努力去致良知,就能明辨是非,与百姓同好恶。由己及人,视国如家,而以天地万物为一体。

【解读】人既然是天地的心,当谈及敬天时,如何敬天呢?这关键就在于致良知。良知本是人人都有的,这良知与天地万物同体,所以致良知就是与天下的老百姓好恶相同,与天地万物的恻隐之心相同。所以致良知也就是敬天!

【原文】天长地久。天地所以能长且久者,以其不自生,故能长生。是以圣人后其身而身先,外其身而身存。非以其无私邪,故能成其私。(《道德经》)

【释义】天长地久。天地之所以能够长久存在,是因为它们不是为了自己而生存,只是自然地运行着,所以反而能够长久存在。因此,圣人与事无争,反而能领先;将自己置之度外,反而能保全自身。这不正是因为无私心,反而能成就自身吗?

【解读】天地是长久永恒存在的。天地长久永恒存在，并不在于它占有了什么、凭借了什么，而是因为它的本性：无私。天地孕育、滋润、涵养、成就了万物，所以能够长久存在。得道的圣人也是如此。世间万物乃天生之，地养之，所以人应该学习天之无私，以仁爱之心立于世。

【原文】持而盈之，不如其己。揣而锐之，不可长保。金玉满堂，莫之能守。富贵而骄，自遗其咎。功遂身退，天之道。（《道德经》）

【释义】执持盈满，不如适时停止。显露锋芒，难以长久保全。金玉满堂，不能长久守藏。富贵骄横，自己招致祸根。功业圆满，便要退而归隐，这是自然规律。

【解读】《红楼梦》中的《好了歌》可谓对这段文字最生动的注解："世人都晓神仙好，惟有功名忘不了！古今将相在何方？荒冢一堆草没了。世人都晓神仙好，只有金银忘不了！终朝只恨聚无多，及到多时眼闭了。世人都晓神仙好，只有娇妻忘不了！君生日日说恩情，君死又随人去了。世人都晓神仙好，只有儿孙忘不了！痴心父母古来多，孝顺儿孙谁见了。"功成身退，乃天之大道。人们应该尊重并适应规律。

【原文】载营魄抱一，能无离乎？专气致柔，能如婴儿乎？涤除玄览，能无疵乎？爱国治民，能无为乎？天门开阖，能为雌乎？明白四达，能无知乎？生之、畜之，生而不有，为而不恃，长而不宰，是谓玄德。（《道德经》）

【释义】精神与肉体合二为一，能不分离吗？聚合精气以致柔顺，能像婴儿那样吗？清除杂念静观心灵，能没有瑕疵吗？爱护百姓治理国家，能自然无为吗？天地动静开合，能保持宁静吗？明白事理通达四方，能不用心机吗？生养万物而不据为己有，助长万物而不自恃己功，这就叫"玄德"。

【解读】道家倡导的智慧以及获得智慧的途径不同于儒家。道家提倡阴阳相谐，天人合一，无为而治，守静玄览。这体现道家敬畏天道、尊重自然的精神。

【原文】希言自然。故飘风不终朝，骤雨不终日。孰为此者？天地。天地尚不能久，而况于人乎？故从事于道者同于道，德者同于德，失者同于失。同于道者，道亦乐得之；同于德者，德亦乐得之；同于失者，失亦乐得之。信不足焉，有不信焉。（《道德经》）

【释义】少言语才合乎自然。所以，狂风不会持续太久，暴雨不会持续一整天。谁造成了这种现象呢？是天地。天地尚不能长久，何况是人呢？所以，求道者，要同于道；修德者，要同于德；失去道和德的人，行为也会有失常理。同于道者，道乐于助之；同于德者，德乐于助之；同于失道、失德者，失败也乐于助之。如果诚信不足，别人自然不会信任他。

【解读】有句俗话，入芝兰之室久而不闻其香，与之化也；入鲍鱼之肆久而不闻其臭，亦与之化也。求道，也是一样。人的生存和发展，都应该明白和适应这种天道规律。

【原文】知其雄，守其雌，为天下谿。为天下谿，常德不离，复归于婴儿。知其白，守其黑，为天下式。为天下式，常德不忒，复归于无极。知其荣，守其辱，为天下谷。为天下谷，常德乃足，复归于朴。朴散则为器，圣人用之则为官长。故大制不割。（《道德经》）

【释义】知道雄强，但要安守雌柔，甘愿做天下的溪涧。甘愿做天下的溪涧，永恒的德性就不会离去，最后复归到婴儿的状态。知道光明，但要安于暗昧，甘愿做天下的范式。甘愿做天下的范式，永恒的德行就不会出差错，最后复归到无极的状态。知道荣耀，但要安守卑辱，甘愿做天下的河谷。甘愿做天下的川谷，永恒的德性就会富足，最后复归本初的状态。本初的道分散形成万事万物，圣人运用它成为百官之首。所以，完善的制度是不可割裂的。

【解读】总认为自己是珍珠，就时刻担心有被埋没的危险；把自己当作泥土，总有一天会成为一条路。这是老话，也是真理。

【原文】匠石之齐，至于曲辕，见栎社树。其大蔽数千牛，絜之百围；其高临山，十仞而后有枝；其可以舟者，旁十数。观者如市，匠伯不顾，遂行不辍。弟子厌观之，走及匠石，曰："自吾执斧斤以随夫子，未尝见材如此其美也。先生不肯视，行不辍，何邪？"曰："已矣，勿言之矣！散木也。以为舟则沉，以为棺椁则速腐，以为器则速毁，以为门户则液樠，以为柱则蠹，是不材之木也。无所可用，故能若是之寿。"（《庄子·人间世》）

【释义】匠人石到齐国去，途径曲辕之地，看到一棵被当作神社的栎树。这棵栎树树冠之大，可遮蔽数千头牛；树干粗壮，足有十几丈；树木高如山，也可用来造十余艘船。观赏这棵栎树的人群，就像赶集市一样，匠人则不瞧一眼地走了。匠人的徒弟，站在栎树旁看了个够，追赶上匠人说："自我跟随您学艺以来，从未见过如此壮美的树木。可您却不看它一眼，这是为何？"匠人石回答："不要再说它了！这棵树一无是处，用它做船只会沉没，用它做棺椁会朽烂，用它做器皿会毁坏，用它做屋门会流脂且不合缝，用它做柱子会被虫蛀。正因为没什么用处，所以才能如此长寿。"

【解读】如何在混乱艰险的人间实现自我保全，庄子提出的办法是"无用为大用"。

【原文】始生之者，天也；养成之者，人也。能养天之所生而勿撄谓之天子。天子之动也，以全天为故者也。此官之所自立也。立官者以全生也。今世之惑主，多官而反以害生，则失所为立之矣。譬之若修兵者，以备寇也，分修兵而反以自攻，则亦失所为修之矣。（《吕氏春秋·孟春纪第一》）

【释义】最初产生生命的是天，而养育生命的则是人。能养天之所生且不加损害的，那是天子。天子的一举一动都以保全天下生命为要务，这正是职官设立的由来。如今世上的昏庸君主，则设立很多冗余的官职妨害生命，这就失去了设立官职的本意了。譬如训练军队是为了防备贼寇，如今训练军队却是为了自相攻伐，那就失去训练军队的本意了。

【解读】天地人被称为"三才""三圣"。天地化育万物，万物在天地之间自由地生长、繁衍，这就是世界上最大的仁慈。人君所要做的不过是不伤害天地的和气，襄助天地化育，让万物能够自然而然地生长发育。然而，历史上却有不少君主通过设置冗官和颁布烦琐的政令妨碍万物的生长，破坏百姓的正常生活。天道蕴含着万物生长的道理，怎么可以不敬畏呢？既然要心怀敬畏，又怎么可以不按照天道去做呢？

【原文】天生阴阳寒暑燥湿，四时之化，万物之变，莫不为利，莫不为害。圣人察阴阳之宜，辨万物之利以便生，故精神安乎形，而年寿得长焉。长者，非短而续之也，毕其数也。毕数之务，在乎去害。何谓去害？大甘、大酸、大苦、大辛、大咸，五者充形则生害矣。大喜、大怒、大忧、大恐、大哀，五者接神则生害矣。大寒、大热、大燥、大湿、大风、大霖、大雾，七者动精则生害矣。故凡养生。莫者知本，知本则疾无由至矣。（《吕氏春秋·季春纪第三》）

【释义】天生出阴阳、寒暑以及四时的更替、万物的变化，没有一样不对人有利。圣人能洞察阴阳变化的合适之处，能辨析万物的有利一面，有利于保全生命，因此精、神安守在形体内，寿命就能够长久。所谓长久，不是说寿命短而使它延续，而是要尽其天年。尽天年的要务，在于避开危害。什么叫避开危害呢？太甜、太酸、太苦、太辛、太咸，这五种东西充满形体，就会产生危害。大喜、大怒、大忧、大恐、大哀，这五种东西和精神交接，也会产生危害。过冷、过热、过燥、过湿、过多的风、过多的雨、过多的雾，这七种东西摇动人的精气，同样会产生危害。所以，大凡养身，没有比了解根本更重要的了，掌握了根本，疾病就无从产生。

【解读】天地有好生之德，寒暑燥湿的变化，四季的更替，风雨雷电的兴起，这些自然现象没有一样不是有利于万物生长的，万物在宇宙中走完自己的生命周期，这就叫作尽天年。人处于宇宙之中，蒙受天地的滋养，若要养生以尽天年，就要敬天；若要成事，也要敬天。顺着天地的规律遵道而行，凡事中和，就像天地的那股和顺之气一样，不致太过，让自己周身精气流畅，神情安定，这样就能够颐养天年了。

【原文】子列子曰："天地无全功，圣人无全能，万物无全用。故天职生覆，地职形载，圣职教化，物职所宜。然则天有所短，地有所长，圣有所否，物有所通。何则？生覆者不能形载，形载者。不能教化，教化者不能违所宜，宜定者不出所位。故天地之道，非阴则阳；圣人之教，非仁则义；万物之宜，非柔则刚：此皆随所宜而不能出所位者也。"（《列子·天瑞》）

【释义】列子说："天地、圣人、万物都是不完备的。天之职在于养育，地之职在于承载，圣人之职在于感化，器物之职在于适用。如此看来，天有所短，地有所长，圣人有所淤塞，器物有所通达。天地的运行，非阴即阳；圣人的教化，非仁即义；万物的本质，非柔即刚；这都是遵循着各自的天性本质的。"

【解读】列子认为，道是自然天地、宇宙万物的本质和本源，它无形无相却又无处不在。

【原文】顺天地者，其治长久；顺四时者，其王日兴。（《太平经·乙部》）

【释义】顺应天地自然的人，他的治理就长久；随顺四季变化规律的人，他主宰的天下就一天比一天兴盛。

【解读】这句话体现了《太平经》主张尊重天地法则治理天下，顺应时令规律安排农时，以自然为师的敬天理念。贤文化提倡保一方碧水蓝天，以不失天地之心，顺四时生，助五行成。这相当于《太平经》"顺天地""顺四时"思想结合新时代所做的继承和发展。

【原文】天道有常运，不以故人也，故顺之则吉昌，逆之则危亡。(《太平经·丙部》)

【释义】天道具有运行的规律，不会因人而改变，所以，顺从天道就吉昌，违逆天道就危亡。

【解读】此句的"天"，意指由日月星辰及山河万物构成的大环境；"天道"就是日月星辰的运行规律以及由此产生的四时变化，亦包括山川连绵起伏的地势、江河湖海水流的涨落、万物的生长节律等一切变化运动。认识到天道运行有其特定规律，人们的生活和行为顺应天道规律就吉祥昌盛，违逆天道规律就会危险衰亡，这体现出《太平经》敬重和顺应天道规律的主张。贤文化结合优秀传统文化思想和现代实际，认识到世间万物乃天生之，地养之，提出人要用仁心顺应天地规律，以利于天地间万物畅茂，资用富足，瑞应常现，天下和乐。故此，贤文化以"敬天"警醒企业人敬畏天道规律。

【原文】今人实恶，不合天心，故天不具出其良药方也，反日使鬼神精物行考、笞击无状之人。(《太平经·卷四十七》)

【释义】如今有一些人内心邪恶，不符合天地之道，所以天地收敛起一些原本适合人生存的资源和条件，相反却出现一些稀奇古怪的灾难瘟疫等折磨不尊天道之人。

【解读】《太平经》提倡扬善去恶以顺天意，认为上天奖赏善良守道之人而惩罚邪恶违道之人。这段话指出，倘若人的内心邪恶，言行不符合天地的规律，就会遭到天地规律的惩罚；天地会降下各种各样的自然灾害及瘟疫劫难，使违逆天道的人遭受惩罚；为避免遭受自然灾害及瘟疫劫难，只有遵从天地自然之道，心存敬畏之情，以善心善行安身立命，这样才能够立于天地之间。

【原文】天之命法，凡扰扰之属，悉当三合相通，并力同心，乃共治成一事，共成一家，共成一体也。乃天使相须而行，不可无一也。(《太平经·卷四十八》)

【释义】上天让一切得以存在的法则，在于只要是纷纷纭纭的众物，就都应当各方面聚合起来，彼此融通，并力同心，共同治理和成就一宗事，共同组合成一个家庭，共同凝结成一个整体。这正是上天让彼此依赖而活动，不能缺少其中的任何一个方面。

【解读】此段话表明：要成就事业、家庭及任何需要合作的事，各个合作要素都应该齐心协力，并且认为这是天意，是上天安排的各个成员之间彼此依赖关系。协调各要素之间的关系，公平公正地对待各个合作成员，这是成事成人之根本，也是对天意的顺应和敬重。贤文化指出，世间万物乃天生之，人当用仁心顺应天地，使天地间万物得以畅茂，资用富足，瑞应常现，这是对传统文化敬天道、顺人事思想的继承和发展。

【原文】故天行者，与四时并力，天行气，四时亦行气，相与同心，故逆四时者，与天为怨。地者与五行同心并力，共养凡物，未当终死而见伤害，与地为大咎。（《太平经·卷四十八》）

【释义】所以，皇天运行，与春夏秋冬一起用力，皇天施布元气，春夏秋冬也施布元气化成不同形态的气流，彼此同心。违逆四时是与皇天构成重怨。大地与五行同心并力，共同养护万物。万物还没生长到晚期却受到伤害，这种做法与大地构成大咎。

【解读】这段话强调了遵循天地规律的重要性，指出春暖夏炎秋凉冬寒的四季变化，以及春生夏长秋收冬藏的生长规律，都是天道运行的体现；认为顺应四时变化才能够顺应天道，违背季节规律的行为是对天道的违逆，必将是不利的。大地运行承载着万物的生长，五行生克制化是地气运行规律的体现。破坏万物生长规律是对大地滋养万物之道的违逆，也不符合五行相生的原则。遵循天地运行规律，以敬畏之心做人做事，是这段话表达的核心思想。贤文化秉承敬天尊道的核心理念，强调要用仁心爱护万物，保碧水蓝天，以不失天地之心，顺四时生，助五行成。

【原文】观天之道，执天之行，尽矣。（《阴符经》）

【释义】看上天运行的轨迹，做上天赋予的使命，万事万物的奥妙尽在其中。

【解读】这句话主张留心天地万物的运行规律，顺应天道规律做人做事，在明明白白中完成人生的使命。在现实生活中，对环境和资源存有爱护和敬畏之心，"恭在外表，敬存内心"，以这种敬畏和爱护的心态做人、做事、做企业，以不失天地之心，顺天承命。

【原文】天性，人也；人心，机也。立天之道，以定人也。(《阴符经》)

【释义】上天之性是人的根本，人心却在生活中变得诈伪。所以要以上天之道来定人心。

【解读】人是环境的产物，天生之，地养之，继承了天地自然淳朴的本性，却在社会生活中因利益、欲望的驱使，产生了狡诈虚伪等心计。这些心机并非人的先天本性，就像身体产生的疾病或机械运行中出现的故障，是后天产生的。只有秉持先天赋予的淳朴本性，放弃后天衍生出来的心计，不以私心恣意取利，才能体现生命本来的样子，保持固有的生机和活力。

【原文】天发杀机，移星易宿；地发杀机，龙蛇起陆；人发杀机，天地反覆；天人合发，万变定基。(《阴符经》)

【释义】上天若出现五行相克，就会使星宿移位；大地若出现五行相克，就会使龙蛇飞腾；人体内若出现五行相克，就能使小天地颠倒。倘若人能顺应自然，就能使各种变化稳定下来。

【解读】古人认为万物的属性可以用五行（金木水火土）来概括，这五种基本属性之间存在生克制化的关系，五行相克会产生矛盾或混乱，五行相生会和谐安定。这段话表明，天然形成的五行生克关系是决定自然及社会现象的内在规律，顺应五行相生的规律是和谐的基础，人们在做人、做事、做决策的时候应该重视天地自然运行规律，顺应天地万物相生相合的关系，有利于营造和谐安定的生活环境。

【原文】天不变其常，地不易其则，春夏秋冬不更其节，古今一也。(《管子·形势》)

【释义】天不改变其常道，地不变易其法则，春夏秋冬不变更其节序，古今都是如此。

【解读】《管子》的"天之常"，一般是指万物生长，寒来暑往，日升月降，星辰列序，都是经久不变的，正因其古今一致，人们才能"治之以理，终而复始"，认识并根据天时地利、四时节气、昼夜寒暑规律进行生产生活。因此，顺天则功多，逆天则必败，"顺天者有其功，逆天者怀其凶，不可复振也"(《管子·形势》)。

【原文】法天合德，象地无亲，参于日月，伍于四时。(《管子·版法》)

【释义】效法于天而普施德惠，取象于地而无有私亲，参验日月，省知四时。

【解读】"法天合德，象地无亲"，因为天地除了有其常道、法则外，"天覆而无外也，其德无所不在地；载而无弃也，安固而不动。故莫不生殖"(《管子·版法解》)，这种自上而下无所不在、承载不弃安固不动正是君主应该效仿的；"参于日月"，是因为日月无私以照，万物莫不得其光明，"圣人法之，以烛万民，故能审察，则无遗善，无隐奸。无遗善，无隐奸，则刑赏信必。刑赏信必，则善劝而奸止"(《管子·版法解》)；"伍于四时"，是因为春夏秋冬先后交替、信而不违，"圣人法之，以事万民，故不失时功"(《管子·版法解》)，所以"天之常"的又一重要内涵是效法天之长久不变之道，发现人类社会的常道，即"和子孙，属亲戚，父母之常也。治之以义，终而复始。敦敬忠信，臣下之常也。以事其主，终而复始。爱亲善养，思敬奉教，子妇之常也。以事其亲，终而复始。故天不失其常，则寒暑得其时，日月星辰得其序。主不失其常，则群臣得其义，百官守其事。父母不失其常，则子孙和顺，亲戚相欢。臣下不失其常，则事无过失，而官职政治。子妇不失其常，则长幼理而亲疏和"(《管子·形势解》)。

【原文】人与天调，然后天地之美生。(《管子·五行》)

【释义】人与天道协调一致，然后天地之间美好的事物便会自然发生。

【解读】敬天理念是先秦思想的主流，《管子》的天人合一思想主要表述为"人与天调"。天、人虽然有所分别，但关键在于人要尊重、遵守天道并尽量与天道相统一，因为作为"常道"的天道，可滋生万物，也是不可违背的，"不务天时则财不生，不务地利则仓廪不盈"(《管子·牧民》)，"其功顺天者天助之，其功逆天者天违之。天之所助，虽小必大；天之所违，虽成必败。顺天者有其功，逆天者怀其凶"(《管子·形势》)。虽然古代哲学有崇天抑人的成分，但《管子》这种人与天协调的思想在今天仍不乏启示，或者更加显示其深刻内涵，即人类要破除自我中心主义，把自己作为自然的一部分，尊重自然，敬畏自然，珍惜环境，和自然共存。

【原文】天有明，不忧人之暗也；地有财，不忧人之贫也；圣人有德，不忧人之危也。天虽不忧人之暗，辟户牖必取已明焉，则天无事也。地虽不忧人之贫，伐木刈草必取已富焉，则地无事也。圣人虽不忧人之危，百姓准上而比于下，其必取已安焉，则圣人无事也。故圣人处上，能无害人，不能使人无己害也，则百姓除其害矣。圣人之有天下也，受之也，非取之也；百姓之于圣人也，养之也，非使圣人养己也，则圣人无事矣。（《慎子·威德》）

【释义】天有其光明，不会担忧人的黑暗；地有其财富，不会担忧人的贫困；圣人有其德行，不会担忧人的危难。天虽然不会担忧人的黑暗，但人们通过开辟门窗就能获取天的光明作为自己的光明，因此天也就没什么事可做了。地虽然不会担忧人的贫困，但人们通过伐木割草就能获取地的财富作为自己的财富，因此地也没什么事可做了。圣人虽然不担忧人的危难，但百姓通过效法于上而类比于下就能学习圣人的德行来安顿自己，因此圣人也就没什么事可做了。所以，圣人位处于上，能够不去损害他人，但不能让人都不去损害自己，而效法的百姓却可以免除灾害。圣人之所以有天下，是接受而非夺取的；百姓对于圣人，应该奉养而不是让圣人奉养自己，这样圣人就没有什么琐事劳烦了。

【解读】"天"是中国思想文化的核心概念，在不同历史时期有着不同的理解，但先秦时期基本奠定了以后的理解方向。"天"在人类对宇宙世界混沌理解之初，带有本能的对于自然界力量的崇拜，因此常常对天怀有感性并附着情感的膜拜，认为天具有某种强大、高高在上的意志、权威和人格，如《诗经·大雅》云："有命自天，命此文王。"春秋时期，老子是将"天"自然化、客观化的认识的代表，认为天对人而言是没有什么喜怒赏罚，而战国时代的法家，乃至儒家的荀子更加把对天的理解客观化，提出"天命有常""天人相分"等重要观念。慎到正是延续老子一派的天道观，天地宇宙有其自己的运行模式，而人可以向天地自然界学习，并适当运用来谋求自身的生存空间、发展条件，正所谓"夫三王五伯之德，参于天地，通于鬼神，周于生物者，其得助博也"（《慎子·威德》）。

【原文】君臣之间犹权衡也，权左轻则右重，右重则左轻。轻重迭相橛，天地之理也。（《慎子·慎子逸文》）

【释义】君臣之间的关系就像秤锤秤杆，左边的秤锤轻就是右边重，右边重了那么左边就轻。轻和重不断交相翘起，也是天地本来的道理。

【解读】慎到对君臣关系比作权衡，体现了对天地之理的观察理解、积极参验和实际运用，所谓"轻重迭相橛"一方面表明君臣关系的反复、复杂性，一方面试图找到一个平衡点——"法"，权衡以"橛"的最后是形成并遵守一定之"法"。于是法纪、规则也获得了天地之道层面的理论支持。

【原文】天道无私，是以恒正；天道常正，是以清明。地道不作，是以常静；地道常静，是以正方。举事为之，乃有恒常之静者，符信受令必行也。（《全上古三代秦汉三国六朝文》卷四）

【释义】天之道大公无私，所以能恒常中正；天道经久中正，所以能够清纯光明。地之道无所作为，所以能经久清静；地道经久清静，所以能够端正省事。兴举诸事，若符合保持恒常清静的，则符契号令必能得到遵行。

【解读】推天道以明人事是中国古人认识宇宙世界和处理社会事物的基本方法。《道德经》中"天地不仁，以万物为刍狗"，认为天地并非像有些人认为的那样有自己的喜怒偏好和善恶意志。申不害从天地无私无为进一步引申出中正、清静的价值观念，作为人的品性修养核心和处理事务的准则。"静"同时也是先秦各家所重视的概念，如《礼记·乐记》所云："人生而静，天之性也。"在很长的历史时期内都被儒家、道家、道教、佛教所重视，宋代周敦颐《太极图说》提出"主静立人极"，明代《菜根谭》化用《礼记·大学》"知止而后有定，定而后能静，静而后能安，安而后能虑，虑而后能得"写道："每临大事有静气。静而后能安，安而后能虑，虑而后能得。"对现代社会生活而言，社会的浮躁和浮躁表面下的空虚反映现代社会的物质繁荣和精神空虚，往往在繁华落尽之时，人们更能体会到静水流深的真谛与智慧。懂得敬畏天地、尊重自然及人生规律，这既是中国传统文化的主张，也是贤文化的重要理念。

【原文】谨修所事，待命于天。（《韩非子·扬权》）

【释义】谨慎处理自己的职事，等待上天的命令。

【解读】《韩非子》思想受到老子思想的影响，认为天没有过多的神性、意志性和人格性，而主要表示客观存在、客观规律。"待命于天"并非表面上听从天的命令，而是遵从天的规律、自然法则。第一，人的行为必须符合自然规律，其曰，"明君之所以立功成名者四：一曰天时，二曰人心，三曰技能，四曰势位。非天时，虽十尧不能冬生一穗"（《韩非子·功名》），"随自然，则臧获有余"(《韩非子·喻老》)。第二,韩非承认客观规律,但仍然强调发挥人的主观能动作用,学会利用自然条件,正所谓"揆之以地,谋之以天,验之以物,参之以人"(《韩非子·八经》);第三,韩非反对迷信鬼神、龟卜等,他在《饰邪》中,以越王勾践的故事为例说:"越王勾践恃大朋之龟,与吴战而不胜,身臣入宦于吴,反国弃龟,明法亲民报吴,则夫差为擒。故恃鬼神者慢于法,恃诸侯者危其国。"

【原文】故古圣王以审以尚贤使能为政,而取法于天。虽天亦不辩贫富、贵贱、远迩、亲疏,贤者举而尚之,不肖者抑而废之。(《墨子·尚贤中》)

【释义】所以古时的圣王能审慎地以尚贤使能为原则来治理政事,是根据上天的法则来的。只有上天不分辨贫富贵贱,远近亲疏,凡是贤才就举荐他且尊重他,不肖的人就抑制他且废弃他。

【解读】墨子把尚贤思想提升到了上天的视域,认为古圣王尚贤是依照上天的法则办事,是墨子"天志"思想在选人用人领域的体现,尚贤既是对上天意志的承接敬重,亦是对古圣王之道的沿袭,这就为尚贤思想赋予了无可置疑的形而上之源和形而下基础。相反,不尚贤既是对天志的违背,也是不敬上天的表现。

【原文】然则富贵为贤以得其赏者谁也?曰:若昔者三代圣王尧舜禹汤文武者是也。(《墨子·尚贤中》)

【释义】既然这样,那些富贵的贤人,得到上天赏赐的都有哪些人呢?回答说:像从前三代的圣王尧、舜、禹、汤、文王、武王等都是。

【解读】墨子以三代圣王为例,论述了尚贤的结果:那就是三代圣王都得到上天的奖赏。其因有二:一是这些圣王本身就是贤能人才;二是他们懂得敬天、顺天,按照天的意志行事,不仅自己是贤能人才,还特别注重选举和任用贤能人才,因此得到了富贵、美誉等善果。

【原文】然则富贵为暴以得其罚者谁也?曰:若昔者三代暴王桀纣幽厉者是也。(《墨子·尚贤中》)

【释义】既然如何,那些富贵却残暴的人,得到上天惩罚的人都有谁呢?回答说:像从前三代的暴君桀、纣、幽王、厉王等都是。

【解读】墨子以三代暴君为例,论述了不尚贤的结果:那就是三代暴君都得到上天的惩罚。其因有二：一是这些暴君本身就非贤非才；二是他们不懂得敬天、顺天，按照天的意志行事，自己不是贤能人才，也不选举和任用贤能人才，因此得到了上天绝后、毁誉等惩罚。

【原文】然则天亦何欲何恶？天欲义而恶不义。然则率天下之百姓，以从事于义，则我乃为天之所欲也。我为天之所欲，天亦为我所欲。然则我何欲何恶？我欲福禄而恶祸祟。若我不为天之所欲，而为天之所不欲，然则我率天下之百姓，以从事于祸祟中也。（《墨子·天志上》）

【释义】既然如此，那上天又是喜爱什么而厌恶什么呢？上天喜好义而憎恶不义。既然如此，那么率领天下的百姓，去做符合义的事情，那我们做的就是上天所喜好的事情。我们做上天所喜好的事情，上天也会做我们所喜好的事情。那么我们又喜好什么、憎恶什么呢？我们喜欢福禄而厌恶祸患，如果我们不做上天所喜欢的事，而去做上天不喜欢的事，那么我们就是率领天下的百姓，做使其陷于祸患灾殃中的事情了。

【解读】墨子敬天思想的第一层逻辑是"义出于天"。上天喜欢义而不喜欢不义，是因为有义才有生命的存活、生活的富足、社会的安宁，无义则就会面临死亡、生活贫穷、社会秩序混乱。敬天、顺天意就是要以"义"匡正天下人的言行举止，使其符合上天的喜好，这样才能避免灾殃祸害。

【原文】顺天意者，兼相爱，交相利，必得赏；反天意者，别相恶，交相贼，必得罚。然则是谁顺天意而得赏者？谁反天意而得罚者？子墨子言曰：昔三代圣王禹、汤、文、武，此顺天意而得赏也；昔三代之暴王桀、纣、幽、厉，此反天意而得罚者也。（《墨子·天志上》）

【释义】顺从天意的人，能无差别地相爱，彼此相交互利，必定会得到上天的赏赐；违反天意的人，有分别地相恶，彼此相互残害，必定会得到上天的惩罚。那么谁顺从天意而得到赏赐呢？又是谁违反天意而得到惩罚了呢？墨子说："从前三代圣王禹、汤、文王、武王，这些都是顺从天意而得到赏赐的；从前三代的暴王桀、纣、幽王、厉王，这些都是违反天意而得到惩罚的。"

【解读】墨子敬天思想的第二层逻辑是"天管赏罚"。他通过对禹、汤、文王、武王等三代圣王和桀、纣、幽王、厉王等昏君的事例做对比，从理论上阐述了三点内容：一是就具体方法而言，敬天、顺天意的方法是"兼相爱，交相利"，违背天意的做法是"别相恶，交相贼"；二是就顺天意和违反天意的结果而言，敬天、顺天意者必然受到上天的奖赏实现富贵和美誉，违背天意者将受到上天的惩罚使其短命且留下恶名；三是给出了衡量判断的标准和原则，即"上利于天，中利于鬼神，下利于人"的三利原则，圣王的言行符合"三利"，昏君的言行不符合"三利"。

【原文】顺天意者，义政也；反天意者，力政也。然义政将奈何哉？子墨子言曰：处大国不攻小国，处大家不篡小家，强者不劫弱，贵者不傲贱，多诈者不欺愚。此必上利于天，中利于鬼，下利于人。（《墨子·天志上》）

【释义】顺从天意的，就是仁义的政治；违反天意的，就是暴力政治。那么义政该如何做呢？墨子说：居于大国地位的不攻打小国，居于大家族地位的不掠夺小家族，强者不胁迫弱者，地位高的人不傲视地位低的人，狡诈的人不欺压老实人。这样做必然对上有利于天，中间有利于鬼神，对下有利于人民。

【解读】此处墨子承接上文，从政治实践和施政手段中来进一步阐述敬天、顺天意的具体措施，做到这几点符合"三利"即为拥有"天德"之圣王，反之则为"天贼""暴王"。

【原文】然则孰为贵？孰为知？曰：天为贵、天为知而已矣。然则义果自天出矣。（《墨子·天志中》）

【释义】既然如此，那么谁是尊贵的？谁是聪明的？回答说：天是尊贵的，天是聪明的，如此而已。那么，义果然是从上天产生出来的了。

【解读】墨子敬天思想的第三层逻辑是"天贵于天子"。墨子从如下几个方面论述了天贵于天子的观点。一是上天可以赏罚天子；二是天子有求于上天，上天则无求于天子；三是天子拥有一国的财富和子民，上天制四时寒暑，山川日用，滋养万民，拥有全天下的财富和子民。因此，上天当然是比天子更加尊贵，比天子知道得更多，义必然是出于更加尊贵更加聪明的上天。对于比天子更尊贵更先知的天，应该秉持比天子更大的敬意和顺从。

【原文】是故子墨子之有天志，辟人无以异乎轮人之有规，匠人之有矩也。……故子墨子之有天之意也，上将以度天下之王公大人为刑政也，下将以量天下之万民为文学、出言谈也。（《墨子·天志中》）

【释义】所以墨子认为有天志，就像制轮的人有圆规，木匠有方尺一样。……所以墨子认为天有意志，上至用以考量天下的王公大人施行政事，下至用来考察天下民众发表的文字和言论。

【解读】墨子敬天的第四层逻辑是把天的意志看作是衡量上至王公大人、下至黎民百姓言行举止的标准，敬天、顺从天意即为善，反之则为不善。

【原文】天者，阴阳、寒暑、时制也。地者，远近、险易、广狭、死生也。（《孙子兵法·始计篇》）

【释义】"天"，指昼夜、阴晴、四季、时令节气等自然气象的更替。"地"，指路程的远近、地势的险峻、平坦，广袤、狭窄，利于存活还是易于赴死等地理因素。

【解读】孙子把"天""地"等自然条件作为仅次于民心而决定战争胜负的因素，体现了孙子对天地自然规律之敬畏思想。

【原文】今日得与使君官僚僧尼道俗同此一会，莫非累劫之缘，亦是过去生中，供养诸佛，同种善根，方始得闻如上顿教，得法之因。（《坛经·行由品第一》）

【释义】今天能够跟刺史大人还有各位官僚、僧尼、道俗相会在此，是我们历经众多劫数积累下来的因缘，也是过去世中共同供养诸佛，一起种下了善根，才有了今天听闻禅宗顿教法门和我获得这些教法的因由。

【解读】这句话蕴含着佛学的天命观，它使人们明白，只有时常敬畏天命敬天爱人，不断长养善根积累善行，才能在生命旅程中经常获得幸运。

【原文】天龙下雨于阎浮提，城邑聚落，悉皆漂流，如漂枣叶。若雨大海，不增不减。（《坛经·般若品第二》）

【释义】龙从天上降雨到阎浮提，城市和村庄都会被大水冲垮，随水漂流，就如同枣叶在水中漂流一样。但是如果雨降落到大海里，海水则不增加也不减少。

【解读】此句使人明白，与天道、自然相比，人类是相当渺小的。因而人类应该尊重自然，努力开发广博如海的智慧，积极与自然和谐相处。

【原文】如天常清，日月常明，为浮云盖覆，上明下暗。忽遇风吹云散，上下俱明，万象皆现。世人性常浮游，如彼天云。（《坛经·忏悔品第六》）

【释义】如同天常是清朗，日月常是明照。但因为虚空中有浮云，将太阳光覆盖，所以就上边明朗，下边黑暗。若忽然遇到一股风将云吹散，使得上下都明彻，那万事万物都会朗然俱现。人性常浮游，就像天上云彩似的。

【解读】这句话蕴含了佛学的心性思想，它以天地间的自然现象为例，对世人心性的变化予以解析。它使人明白，如同浮云能蔽日，世间的烦恼也会遮蔽人的心性，因此，人们要善自护念、经常努力净化心意。

第二章　尊道

　　企业运行，必有其道，遵道而行方能长久。道也者，不可须臾离也，可离非道也。万物乃道生之，德蓄之，尊道贵德为应然之理。尊道之要在于进德，进德之要在于修身。故治企之大者，在尊道贵德，因循相习，自然天成，无为而治，臻于化境。

　　【原文】乾，元亨利贞。初九，潜龙勿用。九二，见龙在田，利见大人。九三，君子终日乾乾，夕惕若，厉无咎。九四，或跃在渊，无咎。九五，飞龙在天，利见大人。上九，亢龙有悔。（《周易·乾》）

　　【释义】乾卦：元始，亨通，利物，贞固。初九，龙潜藏，不可随意彰显它的能力。九二，龙出现在地表，利于遇见引导自己的大人。九三，君子白天勤勉行事，晚上谨慎自守，虽然有危险，但终究没有咎过。九四，可以往上飞跃，也可以停留在原处，没有咎过。九五，龙飞翔于高空，利于遇见辅助自己的贤达之人。上九，龙阳刚过亢，当有悔惧之意。

　　【解读】乾卦卦爻辞，概括说明了事物发展之始终，体现了事物发展之道，由此也是劝诫人们要懂得事物发展变化的道理，希望人们能够尊道贵德。六爻说明了事物在不同阶段时的不同状态，因状态的不同，自然也有相应的注意事项。"龙"于此处是一种象征符号，并非指示具体的实物。这也说明了中国文化的符号化特点，具有一定的模糊性。就像《周易》中"易"的概念，主要有"简易""不易"和"变易"三种内涵，"变易"即意味着一种不确定性，意味着一种模糊性。而这种模糊性是一种本源上的模糊性，古圣先贤对本源问题通常是一种悬搁判断的态度，若《道德经》所谓"道可道，非常道"。而当落实到具体事务时，则是相对确切的，即要结合具体的主体以及具体的时空，从而做出判断并制定计划。乾卦的六爻便是一个典型体现，表现了人对自然之道、生命之道的一种遵从。

初九，代表着事物的最初阶段，此时的"龙"是潜藏在地底下的，就像种子在土地中一样，这个时候要懂得隐藏自我，不要将自己显露出来。以年龄来说，则相当于一个人出生到二十岁这一阶段。到了第二爻（九二），相当于二十岁到三十岁这个阶段。这一爻说的是龙已经到地面了，预示着经过第一阶段的积累，个体已经积蓄了一定的力量，并且这些力量开始发挥作用了，利于去找到与自己心投意合的大人（多指自己将要工作地方的主事者，当然，也可以指自我）。到了第三爻（即九三），相当于三十岁到四十岁。爻辞大意是君子白天一定要小心谨慎，慎之又慎，不可丝毫懈怠。到了晚上，也要保持警惕之心（廖名春教授把这句话解释为晚上就安详休息，他认为这句话之大意是要让人懂得守时，动则动，止则止），这样即使有危险，也会及时反省，不造成过咎。这个阶段是人生中极为艰难的过渡阶段，事业也是在起步阶段，占有的社会资源不多但心理上又很想获取更多社会资源。矛盾极其尖锐，身心分离现象严重。因此，爻辞强调要终日乾乾，乾代表健，就是要健而又健，慎之又慎。这个阶段，要努力把自己的事情做好，脚踏实地，不要对自己位置和能力以外的东西浮想联翩。到了晚上还要继续小心谨慎，防止在晚上出错（在古时候，"夕惕若"有一层含义是特别针对天文学者而言的，他们需要负责夜观星象，以确定农时）。由于人类社会演化，现在很多人习惯活动到深夜，所以这句话在当下就更具有警示意义。到了第四爻（即九四），相当于四十岁到五十岁这个阶段。爻辞有言：或跃在渊，无咎。意思是说到了这个阶段，或者跳跃前进，或者停留在原处，都没有什么过错。个体通过努力，这个时候已经有足够的能力和资源，于是他（她）便有了选择的权利。可以前进也可以保持原状，这种选择的自由是个体之前努力的结果。到了第五爻（即九五）相当于五十岁到六十岁这个阶段。爻辞说：飞龙在天，利见大人。这说明生命到达了鼎盛，就像龙高高飞在天空中一样。但同时又警示说利见大人，这时候的大人指九二，即那条来到地面之上的龙。这说明九五要懂得礼贤下士，虽身居高位但要明了时间的流逝与位置的轮转，切不可刚愎自用。当然，其他位置的人都要敬重这条飞龙，不可随意与之产生矛盾，因为九五手握大权，他想做的事情，基本上都会天时地利人和，很难阻止。但同时这股势力对于九五而言也是一种潜在的危险，九五也需要小心谨慎，否则就会被这种势力所左右。最后到了第六爻（即上九），相当于六十岁之后。爻辞言：亢龙有悔。说明龙已经到了最后阶段。这个时候要警戒的就是不可过亢，要有悔惧之心，明了自身已经进入最后阶段，凡事都柔顺处之，若孔子言"六十而耳顺"。个体把重心回归到自己的生命本身当中，从外在的事功中返回到自我中来（当然，在之前的阶段也需要关注这个问题，并不是到了这个阶段才如此，而是说进入这个阶段后，这个问题尤为迫切），从而明确面对生命的运动过程，返回本初的自我。

由此可知，生命是一个动态过程，在不同阶段都有其主要特征和主要任务。乾卦很形象地说明了这个过程以及不同阶段所应注意的重要事项。虽然时代在不断变化，但一些结构性框架是相对稳定的。可以说，这是六十四卦体现出来的对尊道这一概念最为形象生动的解释。

【原文】《象》曰：天地交，泰。后以财成天地之道，辅相天地之宜，以左右民。（《周易·泰》）

【释义】《象传》说：天地相交便能够"通泰"。国君以其智慧财力成就天地之大道，并与天地之道相适宜，从而祐护其百姓。

【解读】天地之间需要相交才能出文采、有变化、有活力。这是天地的自然运行之道。如果天地不交则万物不通，万物不通则否闭凋零。所以要遵守天地运行之道，并将所遵守的天地之道与现实的人、事相结合，从而使得人事也符合天地之道。这告诉我们当遵道而行，在平日的工作中，要及时地与同事沟通；在家庭中，要与亲人沟通，不可闭门造车。

【原文】惟天监下民，典厥义。降年有永有不永，非天夭民，民中绝命。民有不若德，不听罪。天既孚命正厥德，乃曰其如台。（《尚书·高宗肜日》）

【释义】上天监督百姓，掌握着相应的规律。上天给每个人不同的寿命，有的长寿，有的短命，并非上天故意使得人短命，主要是他命中注定如此。老百姓不遵守德行，不听从上天的命令。上天已经发出命令，以使人们身正言和，可是有人竟然说能把我怎么样。

【解读】经文说上天赋予人不同的寿命，并认为短寿的乃是咎由自取，是不遵守天道而造成的。因此，每个人在行事之时，都要注意自己的言行是否得当，是否是根据时势而为之。比如春生、夏长、秋收、冬藏，一年四季有四季变化相应的规律。人不能在寒冷的冬天还穿得很少，因为冬天要藏起来，这样到了春天阳气才能更好地升腾起来。这就是要遵守天道规律，如果违背了自然规律就会受到损害。当日积月累之后，便会影响到一个人的身心健康，甚至直接影响生命。所以，个体都应当遵道而行，不能没有敬畏之心。

【原文】箕子乃言曰："我闻在昔，鲧堙洪水，汩（音'古'，乱之意）陈其五行。帝乃震怒，不畀（音'必'，赐予之意）洪范九畴，彝伦攸斁（音'度'，败坏之意）。鲧则殛死，禹乃嗣兴，天乃锡禹洪范九畴，彝伦攸叙。"（《尚书·洪范》）

【释义】箕子说："我听说，过去鲧用土去堵塞洪水，把五行搞乱了，天帝震怒，于是便没有传授给他治理国家的九种方法，于是法度人伦遭到破坏。鲧因此而被诛杀。鲧死后，大禹便代替了他来治水，并用疏通的方法来治水，上天就把洪范九畴传授给了禹。禹运用其中的方法治理天下，天下由此井然有序，百姓和睦而居。"

【解读】经文中说到鲧违反了水的特性，采用堵塞的方法来治水，乱了五行之道，最后治水失败。大禹继承了天地的九章大法，利用了水的特性，采用疏通的方法，最终成功治水，并把天下治理得井井有条。这里说的就是做事情的方法。"堵塞"和"疏通"都是一种方法，在不同的时空中有不同的效应。五行生克中，虽然土克水，即我们常说的水来土掩。但是此时的水是洪水，那么土是无法克制的。如果强行一定要用土去克水则终将以失败告终。所以大禹便采用了疏通的方法而获得成功。这里便要明白，在日常生活工作中要因时、因地而为之，遵道而行，不可固化自己的思维，不可墨守成规，要在动态中培养自己的思考能力和选择能力。

【原文】八，庶征：曰雨，曰晹，曰燠（音"遇"，暖热之意），曰寒，曰风。曰时五者来备，各以其叙，庶草蕃庑（音"五"，丰之意）。一极备，凶；一极无，凶。……岁月日时无易，百谷用成，乂用民，俊民用章，家用平康。（《尚书·洪范》）

【释义】第八章，各种征象：下雨、晴朗、温暖、寒冷、刮风。五种自然现象皆备，兵器相互和谐，那么就会草木繁盛，庄稼丰收。如果不和谐，其中某个格外多或者格外少，就会有凶险。……岁、月、日、时要井然有序，百谷草木才能健康生长，百姓才会安居乐业，贤能之人才会彰显，国家长治久安。

【解读】自然现象有其本来的样子，但也会因为人为破坏而出现异常的情况。比如当前汽车尾气、工业废气排放等导致全球气温升高，这使得原有的阴阳状态在一定程度上失去了平衡，由此而引起相应的环境问题，这些环境问题又进一步影响人的生存状态。因此，这也告诉我们要遵守自然运行之道，保持冷热阴晴之间的平衡。人们可以通过对自然的观察而反省自身行为的合适与否。比如 2020 年新冠肺炎的流行，人们在研究病毒抗击疫情的时候，也需要不断反省人类自身的行为。

【原文】王应保殷民，亦惟助王宅天命，作新民。（《尚书·康诰》）

【释义】（周王朝）当保佑商朝子民，你们也要帮助周朝来安守天命，希望你们都能做一个新民，接受新的局面。

【解读】经文说要遵守天命之道，把百姓改造成符合时势发展的新民。这里要注意的就是这个"新"字，《说文解字注》："取木者，新之本义。引申之为凡始基之称。"这里强调的就是一种新的开始，对于人们而言，每时每刻都是崭新的。因此，要抓住当下，不可过多地沉溺于过往，也不应总是幻想未来，恰恰就是要把握好现在，让自己不断朝着更好的方向前进，此可谓"新"也。这也可以说是尊道的一种重要表现。

【原文】七月流火，九月授衣。一之日觱发，二之日栗烈。无衣无褐，何以卒岁。三之日于耜，四之日举趾。同我妇子，馌彼南亩，田畯至喜。（《诗经·国风·豳风》）

【释义】七月大火星向西走，天气转凉，九月就要添加衣服。十一月北风呼啸，十二月严寒清冷。如果没有衣服，如何能够过冬？三月在家修整农事用具，四月下田从事农事。和我们的家人孩子，到田里耕种，按时做事，全家人其乐融融。

【解读】一个季节便有一个季节的特点。一个时空便有一个时空的格局。在不同的季节，不同的格局中，人们需要遵守相应的规律，遵道而行，符合时势，如此才能与外界和谐。此段话表明，在不同的季节，人们遵道行之，做每个时间该做的事情，这样便能使得生存环境更好，人与环境和谐共处。

【原文】天保定尔，亦孔之固。俾尔单厚，何福不除？俾尔多益，以莫不庶。（《诗经·小雅》）

【释义】上天保佑你，使你的统治稳固。使你的实力增厚，使你的福分增加。使你的财富增加，使你不断富庶。

【解读】经文认为要达到一个好的结果，其前提是需要遵道而行。遵道而行的前提则是首先要对"道"形成理性认知，于是，问题就转移为如何才能对"道"形成理性认知。这个问题的解决在于两个方面：一方面要进行知识方面的学习，学习"道"的相关理论；一方面要在具体的行动中体会"道"。这样问题就转化成如何学习以及如何实践的问题。如何学习和如何实践的关键在于自我要对学习和实践有一个自己的认知，或者说自己要对这一时期的自我有一个明确的定位。由这个基本点出发再不断往下推，这样一层一层都会清晰起来。这个过程中要格外注意的是，时空都在变化，起初的定位便需要随着时空变化而适当调整。当然，每一次定位都具有一定的稳定性和阶段性，调整也不是随随便便进行的，需要遵守特定规律，否则就很难说是定位了。沿着这样的逻辑思路，将有助于我们更好地遵道而行，使自我与外界环境保持一种相对平衡的状态。

【原文】鹤鸣于九皋，声闻于野。鱼潜在渊，或在于渚。乐彼之园，爰有树檀，其下维萚。它山之石，可以为错。鹤鸣于九皋，声闻于天。鱼在于渚，或潜在渊。乐彼之园，爰有树檀，其下维榖。它山之石，可以攻玉。（《诗经·小雅》）

【释义】鹤在沼泽中鸣叫，声音传于四方。鱼潜行在深渊中，有时浮游到小渚边。在那乐园中，有高高的檀树，其下灌木，叶落依时。它山之石，可以打磨玉器。鹤在沼泽中鸣叫，声音响彻天地。鱼悠游在小渚边，或者潜行在深渊中。在那乐园中，有高高的檀树，其下楮树，悠然自得。他山之石，可以打磨玉器。

【解读】经文为我们描述了一幅悠然自得的景象。从鹤鸣起兴，继而写到了鱼在水中悠游的景象。接着由鱼又写到树木自然成长，最后以"它山之石，可以攻玉"作为总结，由物及人，告诉人们要保持一种包容的心态，乐于学习别人的长处，遵守天地之间的自然之道。由此可以反观自我的生活及工作状态。经文所描述的是一片和谐的情景，各个事物在各自的位置，自得其乐，并行不悖。人们生活中也需要将自己进行适当的定位，让自己处于合适的岗位上，在工作中为自己营造和谐的环境，从而更好地发挥所长，为自己、为集体创造更多的价值。

【原文】东风解冻，蛰虫始振。鱼上冰，獭祭鱼，鸿雁来。天子居青阳左个，乘鸾路，驾仓龙，载青旂，衣青衣，服仓玉，食麦与羊，其器疏以达。（《礼记·月令》）

【释义】孟春之月东风让冰雪解冻，地下蛰伏的虫子开始活动。鱼在水面跳跃，水獭把抓捕的鱼整齐地摆放，鸿雁南归。天子居住在明堂东边左侧，乘坐有铜铃的车子，车子由青色的高大骏马拉着，车上插着青色的旗子，穿青色的衣服，佩戴青玉，食用麦子和羊肉，装这些食物的器具直而通达，以符合春天的气息。

【解读】经文描述了春天的自然环境，接着由物到人，进一步说明了天子所要做的事情。这里主要体现了天子遵照自然规律来规范自己的言行举止。春天，五行属木，五色属青，五味属酸，五方属东，五音属角，五脏属肝。于是天子就按照这些特点来决定自己的住处、佩戴的饰品、穿着服装等等，从而与外在的大环境相适应。由此告诉人们当遵道而行，要根据外界的环境形势来做事情。

【原文】天气上腾，地气下降，天地不通，闭塞而成冬。命百官谨盖藏。（《礼记·月令》）

【释义】孟冬之月（农历十月），天的气体上腾，地的气体下降，天地此时无法通畅，否闭而成冬季。这个时候，国君命令百官都要谨慎地收藏好自己。

【解读】冬天之时，天地不交，万物否闭，于是要收敛自我，这样到了春天，阳气才能更好地生发出来。这也就是春生夏长秋收冬藏。冬天要收藏自己，这是大自然的规律，人们遵守自然之道，也当效法自然的规律来规范自己的行为。

【原文】福者，备也，备者，百顺之名也。无所不顺者之谓"备"，言内尽于己而外顺于道也。（《礼记·祭统》）

【释义】福，就是完备的意思，完备，就是诸事顺遂之意。无所不顺就成为"备"，这说的就是自己内在方面能够尽心尽力，外在方面能够恭顺尊道。

【解读】经文解释了尊道与尽心、尊道与福德的关系。要做到尽心尊道，福德兼备，其关键就在于"顺"。这里的"顺"，首先就是顺于道，其次要顺于心，再次要顺于事。顺在《周易》里面属于坤德，即经文说的乾健坤顺。

所以说要做到顺，就要做到厚德载物。只有做到了厚德载物，才可能真正做到顺。这需要个体在具体的言行举止中不断地反思琢磨，方能有所得，不能只是在概念中理解"顺"。"顺"一定是在实践当中完成的，这就是传统文化中常说的"心性工夫"，需要踏踏实实地修行实践。

【原文】好恶无节于内，知诱于外，不能反躬，天理灭矣。夫物之感人无穷，而人之好恶无节，则是物至而人化物也。人化物也者，灭天理而穷人欲者也。（《礼记·乐记》）

【释义】好恶没有得到节制，心智又受到外界的诱惑，个体便不能够反身躬行，这样天理就被泯灭了。外物对人的影响是无穷无尽的，人对自己的好恶又没有节制，于是人便逐渐被物化。人一旦被物化，则天理泯灭而人欲猖獗。

【解读】人生于天地之间，便要尊重天地自然运行之道，对于人而言，经文强调要存天理、灭人欲。存天理便是好恶要有所节制，从而达到一种和谐的身心状态；灭人欲便是不可放纵自我，不能只是单纯地向外求而被外物牵着走。这里的灭人欲并非指消除人的欲望，灭人欲在于对欲望有一个理性的审视，从而将欲望控制在合理的范围内。实现身心的一种平衡，并非是一种非此即彼的状态。一个人就要尊此人性发展之道，在此基础上进一步审视自我，合理节制，踏踏实实，反求诸己。

【原文】是故，先王本之情性，稽之度数，制之礼义，合生气之和，道五常之行，使之阳而不散，阴而不密，刚气不怒，柔气不慑。四畅交于中而发作于外，皆安其位而不相夺也。（《礼记·乐记》）

【释义】所以，先王作乐是以百姓的性情为依据，稽考音乐本有的度数，制定礼制，融合阴阳二气，引导五行运行，使得阴阳和合，刚柔适宜。阴阳刚柔四气交融于内而发作于外，各安其位而不相侵夺。

【解读】先王制礼作乐乃是遵照阴阳刚柔本有的规律，从而使得礼乐符合阴阳运行之道，符合百姓的性情和当地的风俗习惯。我们在具体的生活实践中也要从"道"的层面进行认知，但是这个"道"并非高高在上、抽象空洞。我们可以在自己从事的工作生活中切切实实去感受它，比如生产有生产之道，服务有服务之道，吃饭有吃饭之道，洗碗有洗碗之道……万事皆然，也就是我们要把"道"落实在具体的事件之中。尊重这些事情的发展规律，这样我们才能够更好地把握自我的生存状态。

【原文】子曰："君子食无求饱，居无求安，敏于事而慎于言，就有道而正焉。可谓好学也已。"（《论语·学而》）

【释义】孔子说："君子，食不求饱足，居住不求安逸，对工作勤奋敏捷，说话却谨慎少言，接近有道的人并匡正自己。这样，可以称得上是好学了。"

【解读】孔子认为，君子要能够抵制过多的物欲，把精力用于追求"有道"之上。作为一个君子，不应当过多地讲究自己的饮食起居，而应该敏于事而慎于言，就有道而正焉。这是孔子对学生的教诲，也是孔子一生对"道"的追求。

【原文】子曰："吾十有五而志于学，三十而立，四十而不惑，五十而知天命，六十而耳顺，七十而从心所欲，不逾矩。"（《论语·为政》）

【释义】孔子说："我十五岁立志学习，三十岁能够自立，四十岁心中不致迷惑，五十岁得知天命，六十岁听到别人说话就能分辨是非真假，七十岁能够随心所欲，又不会逾越规矩。"

【解读】道德的修养和生命的完善，不是一朝一夕就能完成的，必定伴随人的一生。孔子用自己一生的经历，传达出一个无限接近"道德生命"的个体修养过程。

【原文】子曰："朝闻道，夕死可矣。"（《论语·里仁》）

【释义】孔子说："早晨能够得知真理，即使当晚死去，也没有遗憾。"

【解读】"求道求仁"，是君子孜孜以求的价值所在，哪怕要付出生命的代价。领悟了"道"，纵然朝闻夕死，亦会觉得心满意足，不虚此生，否则，纵然高寿百年，不得闻道，亦枉然为人。

【原文】子曰："士志于道，而耻恶衣恶食者，未足与议也。"（《论语·里仁》）

【释义】孔子说："读书人有志于真理，但又以吃粗粮穿破衣为耻辱，这种人，不值得同他商议。"

【解读】世上立志求道的人少，而贪图享受、渴望锦衣玉食的人多。把"道"作为自己坚定信念的人，就不会过分在意衣食方面的享受，而是淡泊名利，进德修身。

【原文】子曰："参乎！吾道一以贯之。"曾子曰："唯。"子出，门人问曰："何谓也？"曾子曰："夫子之道，忠恕而已矣。"(《论语·里仁》)

【释义】孔子说："曾参啊！我的学说贯穿着一个基本思想。"曾子说："是。"孔子出去以后，学生们问曾子："老师的话是什么意思呢？"曾子说："他老人家的学说，概括起来就是'忠恕'两个字罢了。"

【解读】在本段话中，曾子将孔子的仁学思想归结为"忠恕之道"，在孔子的思想体系中，忠恕之道占有极为重要的地位，是个人对人对事对己的根本道理。"忠"强调的是内心的真诚，是一个人对他者和社会应尽的基本责任和义务；"恕"，就是将心比心，是"己所不欲，勿施于人"。将这两者相结合，运用到实际的人际交往之中，就是对他人真诚、善待、包容和宽恕。"吾道一以贯之"，孔子是这么说的，也是这么做的。

【原文】子谓子产："有君子之道四焉：其行己也恭，其事上也敬，其养民也惠，其使民也义。"(《论语·公冶长》)

【释义】孔子评价子产说："子产有四方面符合君子之道。他的行为举止庄严恭敬，他侍奉君上认真负责，他教养人民给予恩惠，他役使人民符合道义。"

【解读】在本章中，孔子给予子产很高的评价，称其"行己恭、事上敬、予民惠、使民义"。子产有如此君子之素养，所以才能上辅佐君主，下庇佑子民，成为春秋之时郑国的贤相。

【原文】子曰："人能弘道，非道弘人。"(《论语·卫灵公》)

【释义】人能将道发扬光大，而不是道将人发扬光大。

【解读】孔子之所谓道，是指向道德理想的终极意义，由这种意义来提升人生的价值，使人真正成为一个人，亦即《论语》中的所谓"大人""君子"也。在"道"与"人"的关系上，"道"是第一位的，而"人"是第二位的。但与此同时，"道"是被动的，"人"是主动的，人必须首先提高自身的修养，才可以把道发扬光大，而不能用道来装点门面，标榜自己。

【原文】子曰："君子谋道不谋食。耕也，馁在其中；学也，禄在其中矣。

君子忧道不忧贫。"(《论语·卫灵公》)

【释义】君子谋求的是仁道，而不是衣食。耕种，也免不了饥饿；习道，也能得到俸禄。君子忧虑的是道之不行，而不是衣食无着。

【解读】在现实的利益诱惑与普遍的道德准则面前，谋道还是谋食，这是许多人都无法回避的现实问题。孔子主张的是"道"，他曾说过："朝闻道，夕死可矣。"他还有一句话，"不义而富且贵，于我如浮云"。在孔子看来，人生在世，应该追求的是道。道是个体最崇高的生命意义与价值，而食物和其他物质资料只能满足人们的基本生理需求。

当然，孔子只是为了让人们认识到谋道的重要性，而不是说君子就不用吃饭了。人在这个世界上，首先就是活着，因而吃饭穿衣之类的生理需求是最基础的需求。同时，坚持道义，也可以获得俸禄，达到"达则兼济天下"的地位。因而，对"君子谋道不谋食"的最佳理解是：首先要坚持道，在坚持道的前提下谋食。当两者发生冲突时，即使身处贫困也要坚持大道。这也是儒家一以贯之的"安贫乐道思想"。

【原文】子曰："道不同，不相为谋。"(《论语·卫灵公》)

【释义】志向主张不同的人，不在一起谋划共事。

【解读】孔子认为，人生志向不一样的人、价值观有分歧的人，不适合在一起共同谋划事务。唯有志向相投的人，才能患难与共，惺惺相惜。这里的"道"，是大道，是人生的大方向、大志向，是仁义之道。事实上，孔子乐于见到众人各抒己见、互相学习，所以他说："三人行，必有我师焉。"

【原文】子曰："德之不修，学之不讲，闻义不能徙，不善不能改，是吾忧也。"(《论语·述而》)

【释义】孔子说，不去培养品德，不去讲习学问，听到义在那里，却不能追随，有缺点不能改正，这正是我所忧虑的。

【解读】道与德是紧密相连的，尊道而重德也。面对"礼崩乐坏"的现实，孔子在这里提出了他的四个忧虑，即"德之不修，学之不讲，闻义不能徙，不善不能改"。当然我们也可以说，孔子给出了德性修养的四个方法，即"修德、讲学、闻义而徙、过则能改"，这四方面在今天的社会仍然非常实用，可以帮助人们不断完善自我。

【原文】子曰："天生德于予，桓魋其如予何？"（《论语·述而》）

【释义】孔子说："我的品德是上天所赋予的，桓魋能把我怎样呢！"

【解读】《史记·孔子世家》有一段这样的记载："孔子去曹，适宋，与弟子习礼大树下。宋司马桓魋欲杀孔子，拔其树。孔子去，弟子曰：'可以速矣！'孔子曰：'天生德于予，桓魋其如予何？'"桓魋是宋国的司马。孔子离开卫国去陈国，经过宋国，和弟子们在大树下演习礼仪，桓魋想杀孔子，砍掉大树，孔子于是离去。弟子催他快跑，孔子便说了这句话。

面对危险，孔子非常从容，无所畏惧。他认为，自己心怀仁德，自有上天护佑，坏人对自己是无可奈何的。所谓"仁者无畏""勇者不惧"也。

【原文】景春曰："公孙衍、张仪岂不诚大丈夫哉？一怒而诸侯惧，安居而天下熄。"

孟子曰："是焉得为大丈夫乎？子未学礼乎？丈夫之冠也，父命之；女子之嫁也，母命之，往送之门，戒之曰：'往之女家，必敬必戒，无违夫子！'以顺为正者，妾妇之道也。居天下之广居，立天下之正位，行天下之大道；得志，与民由之；不得志，独行其道。富贵不能淫，贫贱不能移，威武不能屈，此之谓大丈夫。"（《孟子·滕文公章句下》）

【释义】景春说："公孙衍和张仪难道不是真正的大丈夫吗？他们一生气，诸侯便心惊胆战；安静下来，天下便平安无事。"

孟子说："这怎么能叫作大丈夫呢？你没有学过礼吗？男子行加冠礼时，父亲要叮嘱他；女子出嫁时，母亲要叮嘱她，把她送到门口，告诫她说：'到了夫家，一定要恭敬他人，一定要警诫自己，不要违背丈夫！'以顺从为原则的，是为妇之道。至于大丈夫，则应该居住在天下最宽广的住宅'仁'里，站在天下最正确的位置'礼'上，走着天下最光明的道路'义'中；得志之时，带领百姓一同前进；不得志之时，一个人也要坚持自己的原则。富贵不能使之骄奢淫逸，贫贱不能使之改移节操，威武不能使之屈服意志，这才叫大丈夫。"

【解读】孟子在此驳斥了景春关于"大丈夫"的言论。公孙衍曾佩五国相印，张仪创"连横"外交策略，他们能够左右诸侯，"一怒而诸侯惧，安居而天下熄"，掌控天下时局。景春认为，这样的人物，自然是"大丈夫"也。

孟子针锋相对地提出真正的大丈夫之道。这就是他那流传千古的名言："富贵不能淫，贫贱不能移，威武不能屈。"怎么才能做到呢？那就得"居天下之广居，立天下之正位，行天下之大道"。天下之广居，莫过于"仁"；天下之正位，莫过于"义"；天下之大道，莫过于"礼"。行"仁、义、礼"之道，那就能够成为真正堂堂正正的大丈夫了。

因此，真正的"大丈夫"不应以权势高低来评价，而是内心有道义，在面对不同人生境遇时，都能坚持"仁、义、礼"的原则。

【原文】彭更问曰："后车数十乘，从者数百人，以传食于诸侯，不以泰乎？"

孟子曰："非其道，则一箪食不可受于人；如其道，则舜受尧之天下，不以为泰——子以为泰乎？"（《孟子·滕文公章句下》）

【释义】彭更责问孟子："跟随的车几十辆，跟从的人几百个，从这一国吃到那一国，（您这样做）不也太过分了吗？"

孟子答道："如果不符合道义，就是一筐饭也不可以接受；如果符合道义，舜接受了尧的天下，也不觉得过分——你以为过分了吗？"

【解读】在弟子彭更看来，带着弟子们周游列国，接受诸侯的衣食馈赠，是有辱斯文的事情。然而孟子却认为，读书弘道也是社会分工的一部分，求利有正道，应该坦然接受。孔子也曾经说过："富与贵，是人之所欲也，不以其道得之，不处也。"

【原文】当尧之时，水逆行，氾滥于中国，蛇龙居之，民无所定；下者为巢，上者为营窟。《书》曰："洚水警余。"洚水者，洪水也。使禹治之。禹掘地而注之海，驱蛇龙而放之菹；水由地中行，江、淮、河、汉是也。险阻既远，鸟兽之害人者消，然后人得平土而居之。（《孟子·滕文公章句下》）

【释义】唐尧的时候，水势倒流，到处泛滥，大地上成为蛇和龙的居处，人们无处安身；低地的人在树上搭巢，高地的人便打相连的洞穴。《尚书》说："洚水警诫我们。"洚水是什么呢？就是洪水。尧派禹来治水。禹疏通河道，使水都流到大海里，又驱逐龙蛇，把它们赶到荒草丛生的沼泽，水顺着地间的河道流动，长江、淮河、黄河、汉水就形成了。危险既已消除，害人的鸟兽也没有了，人才能够在平地上居住。

【解读】大禹治水、周公辅佐武王、孔子作《春秋》，是孟子梳理的战国以前的三大圣王出现时代。大禹治水而天下太平，周公把少数民族、落后民族统一起来，又驱赶了野兽，而天下安宁。孔子作了《春秋》，乱臣贼子都害怕了起来。最后，孟子对自我提出期许，认为自己的责任，就在于在当今杨墨横行之时，距扬墨，辟淫辞，以接圣人之道。孟子有过对儒家圣王思想的梳理，对儒家道统的判定，对接续儒家道统的自我期许。

【原文】万章问曰："人有言，'伊尹以割烹要汤，'有诸？"

孟子曰"否，不然；伊尹耕于有莘之野，而乐尧舜之道焉。非其义也，非其道也，禄之以天下，弗顾也；系马千驷，弗视也。非其义也，非其道也，一介不以与人，一介不以取诸人。"（《孟子·万章章句上》）

【释义】万章问道："有人说，'伊尹使自己做厨子切肉做菜，来求得汤的任用'，有这么回事吗？"

孟子答道："不，不是这样的；伊尹在莘国的郊野耕种，而以尧舜之道为乐。如果不符合道义，即使以天下的财富作为他的俸禄，他都不回头望一下；即使有四千匹马拴在那里，他也不看一眼。如果不合道义，一点也不给予别人，一点也不取于别人。"

【解读】孟子对伊尹非常赞同，如果不是尧、舜的行为方式，不是尧、舜所走的道路，他一点小东西也不会拿给别人，也不会向别人要一点小东西。

如果是违背正义的、违背道德的，即使是微末之物也不给予别人，即使是微末之物也不取自别人，这就是儒者的道义所在。

【原文】孟子曰："鱼，我所欲也，熊掌亦我所欲也；二者不可得兼，舍鱼而取熊掌者也。生亦我所欲也，义亦我所欲也；二者不可得兼，舍生而取义者也。生亦我所欲，所欲有甚于生者，故不为苟得也；死亦我所恶，所恶有甚于死者，故患有所不辟也。如使人之所欲莫甚于生，则凡可以得生者，何不用也？使人之所恶莫甚于死者，则凡可以辟患者，何不为也？由是则生而有不用也，由是则可以辟患而有不为也，是故所欲有甚于生者，所恶有甚于死者。非独贤者有是心也，人皆有之，贤者能勿丧耳。一箪食，一豆羹，得之则生，弗得则死，呼尔而与之，行道之人弗受；蹴尔而与之，乞人不屑也。万钟则不辩礼义而受之。万钟于我何加焉？为宫室之美、妻妾之奉、所识穷乏者得我与？乡为身死而不受，今为宫室之美为之；乡为身死而不受，今为妻妾之奉为之；乡为身死而不受，今为所识穷乏者得我而为之，是亦不可以已乎？此之谓失其本心。"（《孟子·告子章句上》）

【释义】鱼是我所喜欢的，熊掌也是我所喜欢的，如果这两种东西不能同时得到，那么就只好放弃鱼而选取熊掌了。生命是我所想要的，道义也是我所想要的，如果这两样东西不能同时都具有的话，那么就只好牺牲生命而选取道义了。生命是我所想要的，但我所想要的还有比生命更重要的东西，所以我不做苟且偷生的事。死亡是我所厌恶的，但我所厌恶的还有超过死亡的事，因此有灾祸我不躲避。如果人们所想要的东西没有能比生命更重要的，那么凡是能够用来求得生存的手段，哪一样不可以采用呢？如果人们所厌恶的事情没有超过死亡的，那么凡是可以躲避祸患的办法，哪一样不可以做呢？采用某种手段就能够活命，可是有的人却不肯采用；采用某种办法就能够躲避灾祸，可是有的人也不肯采用。由此可见，他们所想要的，有比生命更宝贵的东西，那就是"义"；他们所厌恶的，有比死亡更严重的事，那就是"不义"。这种心人人都有，不仅贤人有，只不过贤人不丧失罢了。一筐饭，一碗汤，得到它就能活下去，得不到它就会饿死。呼喝着给他吃，即使饥饿的行人也不愿接受；用脚踢着给别人，即使乞丐也不肯接受。万钟的俸禄却不辨是否合乎礼义，就欣然接受。万钟俸禄对我有什么好处呢？是为了住宅的华丽、妻妾的侍奉和认识的穷人感激我吗？过去为了大义宁死也不愿接受，现在却为了住宅的华丽接受了它；过去为了大义宁死也不愿接受，现在却为了妻妾的侍奉接受了它；过去为了大义宁死也不愿接受，现在为了认识的穷人感激自己却接受了它。这种行为难道不可以停止吗？这就叫作丧失了人的本性。

【解读】孟子以性善论为依据，对人的生死观进行深入讨论。他从人应如何对待自己的欲望入手，在生与死、利与义、守义与失义等方面，层层深入、正反对比地论证了义重于生，当义和生不能两全时，则必须舍生取义。孟子认为，非独贤者有舍生取义之心，人皆有之，只不过贤者能勿丧耳。当然，人如果经不住万钟、宫室、妻妾、施恩的诱惑，必然会"失其本心"。在这里，"尊道"思想体现为对道义的追求与坚持。

【原文】孟子谓宋勾践曰："子好游乎？吾语子游。人知之，亦嚣嚣；人不知，亦嚣嚣。"

曰："何如斯可以嚣嚣矣？"

曰："尊德乐义，则可以嚣嚣矣。故士穷不失义，达不离道。穷不失义，故士得己焉；达不离道，故民不失望焉。古之人，得志，泽加于民；不得志，修身见于世。穷则独善其身，达则兼善天下。"（《孟子·尽心章句上》）

【释义】孟子对宋勾践说："你喜欢游说各国的君主吗？我告诉你游说的态度：别人知道你，你自得其乐；别人不知道你，你也自得其乐。"

宋勾践说："怎样才能做到自得其乐呢？"

孟子说："尊崇道德，喜爱仁义，就可以自得其乐了。所以，士人穷困落魄时，不失掉义；人生显达时，不离开道。穷困时不失掉义，士人就能自得其乐；显达时不离开道，民众就不会失其所望。古代的人，显达之时，惠泽普施于百姓；失意之时，修养个人品德，以显现于世。穷困便独善其身，显达则兼善天下。"

【解读】穷达只是人生所处的状态，只有道义才是人生的根本。因此读书人要努力做到"穷不失义，达不离道"。至于"穷则独善其身，达则兼善天下"一句，则是中国历代读书人"内圣外王"思想之根本。

【原文】孟子曰："天下有道，以道殉身；天下无道，以身殉道；未闻以道殉乎人者也。"（《孟子·尽心章句上》）

【释义】孟子说："天下有道的话，政治清明，'道'因之得到施行；天下无道，政治黑暗，君子不惜为'道'而殉身；没有听说过牺牲'道'来屈从于世俗的王权的。"

【解读】孔子说："志士仁人，无求生以害仁，有杀身以成仁。"杀身成仁便是以身殉道，孟子在此亦提出儒者以生命代价对道义的坚守。

【原文】学恶乎始？恶乎终？曰：其数则始乎诵经，终乎读礼；其义则始乎为士，终乎为圣人。真积力久则入，学至乎没而后止也。故学数有终，若其义则不可须臾舍也。为之，人也；舍之，禽兽也。故《书》者，政事之纪也；《诗》者，中声之所止也；《礼》者，法之大分、类之纲纪也，故学至乎《礼》而止矣，夫是之谓道德之极。《礼》之敬文也，《乐》之中和也，《诗》《书》之博也，《春秋》之微也，在天地之间者毕矣。（《荀子·劝学》）

【释义】学习应该从何入手？又在哪里结束呢？答：就其方法而言，应从诵读经文开始，到研究《礼记》结束；就其意义而言，则从做有志之士开始，到成为圣贤结束。果真能持久努力，就能深入进去，至死方休。所以学习的方法虽有尽头，但成为圣人的追求，却不可以有片刻的懈怠。毕生好学，才成其为人；丢弃了学习，又与禽兽何异？《尚书》，是政事的记录；《诗经》，中和之声的极致；《礼记》，是法制的前提、万事万物的纲要，所以学习到了

《礼》。才算达到了道德之顶峰。《礼》敬重文明礼仪，《乐经》讲述中和之声，《诗经》《尚书》博大广阔，《春秋》微言大义，将天地之间的大道理都囊括其中了。

【解读】荀子以"隆礼"而著称，在本段中，他表达了两层含义，第一，在学习的方法上，始乎诵经，终乎读《礼》。《诗经》《尚书》《春秋》《乐记》等之外，还有《礼》。《礼记》是经书之大成者，是万事万物之总纲，也是为学的终点所在。第二，为学方法有终，但为学追求无限，时时刻刻都应该处于对知识和大道的渴求之中，不可有须臾松懈。

【原文】问楛者勿告也；告楛者勿问也；说楛者勿听也；有争气者勿与辩也。故必由其道至，然后接之，非其道则避之。故礼恭而后可与言道之方，辞顺而后可与言道之理，色从而后可与言道之致。故未可与言而言谓之傲，可与言而不言谓之隐，不观气色而言谓之瞽。故君子不傲，不隐，不瞽，谨顺其身。诗曰："匪交匪舒，天子所予。"此之谓也。（《荀子·劝学》）

【释义】凡是所问与礼无关的，不必告诉他；所告不符合礼的，不必要去理会；态度野蛮好争意气的，不要与他争辩。所以，一定要是合乎礼义之道的，才能与之交往；不合乎礼义之道的，就回避他；恭敬有礼的，才可与之谈达道的方法；言辞和顺的，才可与之谈道的内容；态度诚恳的，才可与之论及道的精深意蕴。所以，跟不可与之交谈的交谈，那叫作浮躁；跟可与之交谈的不谈那叫隐瞒；不看对方脸色而随便谈话的叫盲目。因此，君子不可浮躁，也不可隐瞒，更不可盲目，要谨慎地言说。《诗经》说："不浮躁不怠慢，才能得到天子的赐予。"说的就是这个道理。

【解读】荀子在这里表达了两层含义：

第一，"道"的作用是什么？道是判断可与之谈、不可与之谈的标准。一定要是合乎礼义之道的，才能与之交往；不合乎礼义之道的，就回避他。

第二，"道"的内涵是什么？是"礼之道"，恭敬有礼的，可与之谈达道的方法；言辞和顺的，可与之谈道的内容；态度诚恳的，可与之论及道的精深意蕴。

【原文】志意修则骄富贵，道义重则轻王公，内省而外物轻矣。传曰："君子役物，小人役于物。"此之谓矣。身劳而心安，为之；利少而义多，为之。事乱君而通，不如事穷君而顺焉。故良农不为水旱不耕，良贾不为折阅不市，

士君子不为贫穷怠乎道。(《荀子·修身》)

【释义】志向美好就能傲视富贵，崇尚道义就能藐视王侯；自视无所愧疚就不会为外物所动。古书上说："君子役使外物，小人被外物所役使。"就是说的这个道理啊。身体劳累而心安理得的事，就做它；利益少而道义多的事，就做它；侍奉昏乱的君主而显贵，不如侍奉陷于困境的君主而顺行道义。所以优秀的农夫不因为遭到水灾旱灾就不耕种，优秀的商人不因为亏损而不做买卖，有志操和学问的人不因为贫穷困厄而懈怠于道义。

【解读】荀子认为，良好的品德修养，可以使人轻视名利富贵。反过来而言，君子也不会因为贫穷困顿就放弃对道义的坚守。这就是《论语》所谓的"君子穷且益坚，小人穷斯滥矣"。

【原文】夫骥一日而千里，驽马十驾则亦及之矣。将以穷无穷逐无极与？其折骨绝筋，终身不可以相及也。将有所止之，则千里虽远，亦或迟或速，或先或后，胡为乎其不可以相及也？不识步道者，将以穷无穷逐无极与？意亦有所止之与？夫"坚白""同异""有厚无厚"之察，非不察也，然而君子不辩，止之也。倚魁之行，非不难也，然而君子不行，止之也。故学曰："迟彼止而待我，我行而就之，则亦或迟，或速，或先，或后，胡为乎其不可以同至也？"故跬步而不休，跛鳖千里；累土而不辍，丘山崇成。厌其源，开其渎，江河可竭；一进一退，一左一右，六骥不致。彼人之才性之相县也，岂若跛鳖之与六骥足哉？然而跛鳖致之，六骥不致，是无它故焉，或为之，或不为尔！道虽迩，不行不至；事虽小，不为不成。其为人也多暇日者，其出人不远矣。(《荀子·修身》)

【释义】骏马一天能跑千里，劣马走十天也能到达。想要走完无穷之路，追逐没有终点的所在吗？这样即使走到骨折筋断，一辈子也无法到达。如果有止境有目标，那么千里虽远，也只是快慢的问题，一步步就能到达，怎么可能走不到呢？不认识道路的人，是去走那无穷之路，追逐没有终点的所在，还是有所止境呢？"坚白""同异""有厚无厚"这些说法，不能说不精察，然而君子不去争论，因为君子有自己追求的目标；怪诞骇俗的行为，不是不难做，但是君子不做，因为君子有自己追求的目标。如同古语所言，学习好比行路。得道识路之人，在前面等我，我便努力追上去，那么或早或晚，或先或后，怎么会不到达同一个地方呢？所以一步一步不停地走，即使是跛足的鳖，也可以抵达千里；一层一层不停地累积，平地最终也能变山丘。塞住那水源，开通那沟渠，就是长江黄河也会枯竭；一会儿前进一会儿后退，一会儿向左一会儿向右，就是六匹骏马拉车也不能到达目的地。各人的资质悬殊，哪会像跛足的鳖和六匹骏马之间那样大呢？然而，跛足的鳖能够到达，六匹骏马却不能到达，这没有其他的缘故啊，有的去做、有的不去做罢了！路程即使很近，但不走就不能到达；事情即使很小，但不做就不能成功。那些整日游手好闲的人，他们的成就，不可能超出常人多远的。

【解读】日行千里的良驹，人人都会喜爱，一匹羸劣的马，虽然步伐迟慢，只要它不懈不怠地行走十天，亦能致千里之远。换句话说，资质愚钝的人，也可以由努力而成大事，所谓"骐骥一跃，不能十步。驽马十驾，功在不舍""不积跬步，无以至千里"也。荀子还举例说，一步一步不停地走，即使是跛足的鳖，也可以抵达千里，然而如果没方向，六匹骏马也无法到达目的地。无他，一是有明确的"道"，有目标有方向；二是"知行合一"，只有言行一致，说到做到，才能够达成目标，尊道而致远。

【原文】先王之道，仁之隆也，比中而行之。曷谓中？曰：礼义是也。道者，非天之道，非地之道，人之所以道也，君子之所道也。君子之所谓贤者，非能遍能人之所能之谓也；君子之所谓知者，非能遍知人之所知之谓也；君子之所谓辩者，非能遍辩人之所辩之谓也；君子之所谓察者，非能遍察人之所察之谓也：有所正矣。相高下，视硗肥，序五种，君子不如农人；通货财，相美恶，辩贵贱，君子不如贾人；设规矩，陈绳墨，便备用，君子不如工人。不恤是非然不然之情，以相荐撙，以相耻作，君子不若惠施、邓析。若夫谪德而定次，量能而授官，使贤不肖皆得其位，能不能皆得其官，万物得其宜，事变得其应，慎、墨不得进其谈，惠施、邓析不敢窜其察，言必当理，事必当务，是然后君子之所长也。（《荀子·儒效》）

【释义】古代先王之道，是仁德的最高体现，因为他们秉持着中正之道来实行的。什么叫作中正之道呢？礼义就是这种中正之道。所谓的道，不是指上天的运转之道，也不是指大地的变化之道，而是指人类所要遵行的道，是君子所遵循的原则。

君子的所谓贤能，并不是能够做到别人所能做到的一切；君子的所谓智慧，并不是能够知道别人所知道的一切；君子的所谓善辩，并不是能够辩明别人所辩论的一切；君子的所谓明察，并不是能够观察到别人所观察的一切；君子的能力也是有一定的限度。观察地势的高低，识别土质的肥沃与否，安排各种庄稼的种植，君子不如农民；使财物流通，鉴别货物的好坏，区别货物的贵贱，君子不如商人；使用圆规和矩尺，弹划墨线，完善各种器具，君子不如木工。不顾是与非、对与不对的实际情况，互相贬抑，互相污辱，君子不如惠施、邓析。至于评估德行来确定等级，衡量才能来授予官职，使有德与无德的人都得到应有的地位，有才能与没有才能的人都得到应有的职事，使各种事物都得到适宜的处置，突发的事变都得到相应的处理，使慎到、墨翟不能散布他们的言论，惠施、邓析不敢推销他们的诡辩，说话一定符合道理，做事一定符合要求，这些才是君子所擅长的。

【解读】荀子在这里回答了一个问题："曷谓中"，也就是"什么叫作恰当"？荀子认为，礼仪最恰当地体现了"先王之道"，为世间所奉行。君子依礼仪而行事，从而使一切都各得其所。

荀子还进一步论证了，君子如何依礼而行，不在于无所不能，而在于辨别是非，衡量德行，以正道辟"邪道"，匡扶正义。言必当理，事必当务，这正是君子所为也，也是君子所应当为也。

【原文】井井兮其有理也，严严兮其能敬己也，分分兮其有终始也，猒猒兮其能长久也，乐乐兮其执道不殆也，炤炤兮其用知之明也，修修兮其用统类之行也，绥绥兮其有文章也，熙熙兮其乐人之臧也，隐隐兮其恐人之不当也，如是，则可谓圣人矣。此其道出乎一。曷谓一？曰：执神而固。曷谓神？曰：尽善挟治之谓神，万物莫足以倾之之谓固，神固之谓圣人。圣人也者，道之管也。天下之道管是矣，百王之道一是矣，故《诗》《书》《礼》《乐》之归是矣。《诗》言是，其志也；《书》言是，其事也；《礼》言是，其行也；《乐》言是，其和也；《春秋》言是，其微也。故《风》之所以为不逐者，取是以节之也；《小雅》之所以为《小雅》者，取是而文之也；《大雅》之所以为《大雅》者，取是而光之也；《颂》之所以为至者，取是而通之也。天下之道毕是矣。乡是者臧，倍是者亡。乡是如不臧、倍是如不亡者，自古及今，未尝有也。（《荀子·儒效》）

【释义】整整齐齐啊，他做事有条不紊。威风凛凛啊，他是那样受尊敬。坚定不移啊，他是那样始终如一不变更。安安稳稳啊，他凡事都能长久保持。痛痛快快啊，他是坚守道义不怠慢。昭昭耀耀啊，他是那样清楚地运用智慧。勤勤恳恳啊，他的行为多么合乎礼义法度。安安泰泰啊，他是多么的文采洋溢。和和乐乐啊，他是那么地喜爱别人的善美。兢兢业业啊，他是那样地担心别人做错事——做到这样，就可以称为圣人了，这是因为他的道产生于专一。

什么叫作专一？就是保持神明与稳固。什么是神明与稳固？以完备的方法治理国家就叫神明。保持世间万物都不颠覆就叫作稳固。做到了神明又牢固，就可以叫作圣人。所谓圣人，就是道的枢纽，天下的道都集中在他这里了，历代圣王的道也都统一在这里。所以《诗经》《尚书》《礼经》《乐经》的道也都归属在这里了。《诗经》中说的是圣人的意志；《书经》说的是圣人的政事；《礼经》说的是圣人的行为；《乐经》说的是圣人的和谐心情；《春秋》说的是圣人的微言大义。所以，《国风》之所以不是放荡的作品，是因为以此节制它；《小雅》之所以为小雅，是因为以此去修饰它；《大雅》之所以为大雅，是因为以此去光大它；《颂》之所以达到了诗的最高峰，是因为以此去贯通它。天下之道全都集中在这里，顺着它去做，就会得到昌盛，违背它去做，就会遭到灭亡，顺着它去做而得不到好结果，违背它去做而不被灭亡的，从古到今，还没有过这样的事情。

【解读】在荀子眼中，圣人就是神圣坚定的大道载体，就是儒家经典的灵魂化身，也将是天下万民的最终归宿。荀子认为，圣人不是高不可攀的，也不论财产多寡、地位高低，只要品德好，只要为人井井兮、严严兮、分分兮、猒猒兮、乐乐兮、照照兮、隐隐兮，严于律己，宽以待人，就是圣人。

荀子进一步对圣人的特征进行提炼，那就是圣人是"道"的汇集、道的代表、道的体现。《诗》《书》《礼》《乐》这样的经典，也是圣人尊道、体道、行道的表现。

【原文】大学之道在明明德，在亲民，在止于至善。（《大学》）

【释义】大学的道理，在于彰明人本身所具有的光明德性，再推己及人，让人人都能去除污染而自新，如此精益求精，从而到达最完善的境界。

【解读】此是为学的纲领，大人为学之道有三件事。第一件事为明明德。所谓明德是指人心虚灵不昧以具众理而应万事。因为人出生之后，会受到世俗、物欲以及个人禀赋的约束与污染，陷入不明而昏的境地，所以要以学问功夫冲开气禀之拘，克制物欲之蔽，使心灵依旧光明。第二件事在于新民。大人明己德之后，还要推己及人，让天下之人也要改过自新，澄净风俗，不可苟且便了，到了极好的去处，方才停住了。第三件事在于止于至善。为学当尊此道。

【原文】为人君，止于仁；为人臣，止于敬；为人子，止于孝；为人父，止于慈；与国人交，止于信。（《大学》）

【释义】为人君的道理，在于仁慈，为人臣的道理在于敬；为人子的道理在于孝；为人父的道理在于慈爱；与他国交往的道理在于信用。

【解读】人们一生中都有多个身份，每一种身份都有不同的责任和伦理规范。我们的每一个身份都要做好，恪尽职守，不可以有一丝懈怠。正如为君则无一毫之不仁，为臣则无一毫之不敬，为人子则满怀敬爱、竭尽全力侍奉父母，为人父则对子女淳淳教育，与国交往则无不信。所谓"止于"是指无一时一刻不是如此，无一丝一毫之松懈，时刻遵守大道。

【原文】《诗》云："瞻彼淇澳，绿竹猗猗。有斐君子，如切如磋，如琢如磨。瑟兮僴兮，赫兮喧兮。有斐君子，终不可喧兮！"如切如磋者，道学也；如琢如磨者，自修也；瑟兮僴兮者，恂栗也；赫兮喧兮者，威仪也；有斐君子终不可喧兮者，道盛德至善，民之不能忘也。（《大学》）

【释义】《诗经》说："看那淇水的河湾，绿竹婀娜郁郁葱葱。斐然文雅的君子啊，像切磋过的象牙，如琢磨过的美玉般纯美无瑕。庄严而又刚毅，显赫而又坦荡。斐然文雅的君子啊，让人始终难以忘怀！"像切磋过的象牙，指勤于学问，励耘大道；如琢磨过的美玉，指修身养性，追求日臻完美；庄严而又刚毅，指敬心常存，态度谨慎；显赫而又坦荡，指尽善尽美，民众景仰爱戴他，始终难以忘怀，遵循此道而不改变。

【解读】这里的《诗》取自《卫风·淇澳》，君子是指卫武公，此诗赞美卫武公的德行和自修行为。君子明道求学，用工致密，如治骨角一样如切如磋，如治玉石一样如琢如磨。所谓打磨功夫，必要精益求精，见得分明，不可一丝一毫的含糊。我们为人处事亦当如此，常存敬畏之心，战战兢兢，无一时懈怠，无一时苟且，遵此道而不改变。

【原文】道也者，不可须臾离也，可离非道也。是故君子戒慎乎其所不睹，恐惧乎其所不闻。莫见乎隐，莫显乎微，故君子慎其独也。（《中庸》）

【释义】道是片刻不能离开的，可离开的就不是道。因此，君子在无人看见的地方也要小心谨慎，在无人听得到的地方也要恐惧敬畏。隐蔽时也会被人发现，细微处也会昭著，因此君子在独处时要慎重。

【解读】《中庸》所说的"道"，表现在人及人类社会中就是"德"，依照先天赋予的德性，也就是依照"良心""良知"，就是做人做事之道。这段话告诫人们要依照良知做事，即使在没有人监督的时候或任何细小的事情上，也一刻不能违背人的良心，这样就是遵道而为。贤文化吸纳了中国传统文化尊道贵德思想，认为现代企业必须遵道运行才能长久，在经营管理及任何决策中都必须考虑"德"的因素，治企之大在尊道贵德，遵循道德规律治理企业，无为而治，才能够自然天成，臻于化境。

【原文】道之不行也，我知之矣：知者过之，愚者不及也。（《中庸》）

【释义】中庸之道不能被实行，其中的原因我是知晓的：聪明的人认识过了头，认为中庸之道不够尽善尽美，不值得采用；愚钝的人对中庸之道理解不了，故此在实践中做不到。

【解读】这句话是孔子看到中庸之道不能够被世人践行而发出的感叹。孔子希望世人能够正确理解中庸之道，既不要过之，也不可不及，要放下成见，放弃极端和懈怠思想，在正确理解的基础上践行中庸之道。这句话体现出古圣先贤的尊道主张，以及对世人遵道而行的期待。贤文化认识到万物运行必有其道，提倡遵道而行，以建立起长久基业。

【原文】素隐行怪，后世有述焉，吾弗为之矣。君子遵道而行，半途而废，吾弗能已矣。君子依乎中庸，遁世不见知而不悔，唯圣者能之。（《中庸》）

【释义】求索隐秘暗藏的道理，行为怪异，有些书上也有记载这些内容的，但我不会做这种事。君子依循中庸之道做事，但有的人半途而废，而我是不会停止坚守中庸之道的。君子遵循中庸之道，默默无闻、不被人知也不怨悔，遵循大道的圣人就是这样的。

【解读】道，是指规律及人们走过的路。这段话意在倡导遵循大道规律，践行中庸之道，做人做事不要偏离大道，要坚守中庸之道而避免半途而废，不偏离方向，即使在过程中默默无闻，成就圣贤人格也只是迟早的事。贤文化继承"尊道"思想，提出道不可须臾偏离，要坚守伦理道德，修身养性，并且指出企业运行，必有其道，尊道贵德，因循相习，无为而治，方能长久，臻于化境。

【原文】道不远人，人之为道而远人，不可以为道。（《中庸》）

【释义】中庸之道不远离人，修道却远离了人，就不是在实行中庸之道了。

【解读】这段话指出道就在日常生活中，个人的思想和言行、企业的经营和管理，这一切都是道的载体。遵循中庸之道，是保障思想、言行、经营、管理恰到好处的基本条件，也是时刻不可偏离的准则。每一事物的发展，都应该遵道而行，不可偏离中庸之道。贤文化融合了"尊道"思想，指出企业运行，必有其道，遵道而行方能长久。道也者，不可须臾离也，可离非道也。

【原文】故大德必得其位，必得其禄，必得其名，必得其寿。故天之生物，必因其材而笃焉。（《中庸》）

【释义】因此，有崇高德行的人必然会获得应有的地位，必然会获得应有的俸禄，必然会获得应有的名望，必然会获得应有的寿命。因此，上天生育的万物，必然会因为它们的资质而公平地得到应有的待遇。

【解读】这段话指出人们的生活待遇与自身道德水平之间的对应关系，突出了修身养性、提升道德素养对于人生及事业的重要意义，鼓励人们在生活中修身立德，把道德追求作为人生的目标和前进的动力，在道德素养的不断提升中实现人生的价值。《中庸》关于修身立德的倡导，呼唤着中华民族在历史发展中围绕着道德追求不懈努力，为社会进步和美好生活建设提供源源不断的精神动力。贤文化继承和弘扬中国传统文化关于修身立德的思想，指出万物乃道生之、德蓄之，尊道贵德为应然之理。尊道之要在于进德，进德之要在于修身。故治企之大者，在尊道贵德，因循相习，自然天成，无为而治，臻于化境。

【原文】故君子尊德性而道问学；致广大而尽精微；极高明而道中庸；温故而知新，敦厚以崇礼。（《中庸》）

【释义】所以，君子应当尊奉德行，把道德修养和知识技能作为一生的追求；达到宽广博大的境界，同时又深入到细微之处进行钻研和探索；追求至诚至明同时遵循中庸之道；对学过的知识不断体悟而获得新的认识，积累道德资本，使自我敦厚淳朴而且尊奉礼节。

【解读】这段话鼓励人们把人生追求与道德修养结合起来，在探索未知、追求学问及日常生活中奉行中庸之道，在具体事务的磨炼中不断提升自身素养，做人做事中以积累道德资本为根本原则和最高目标，也就是在"德"的提升中实现对"道"的坚守。中国传统文化认为"德"就是"道"在日常生活中的体现。"德"与"道"的这种辩证关系在贤文化中得以继承发展，提倡把尊道贵德理念不仅贯穿于个人的日常生活中，而且融合在企业的经营管理之中，指出尊道之要在于进德，进德之要在于修身。

【原文】性即理也。天下之理，原其所自，未有不善。"喜怒哀乐未发"，何尝不善？"发而中节"，则无往而不善。凡言善恶，皆先善而后恶。言吉凶，皆先吉而后凶。言是非，皆先是而后非。（《近思录·道体》）

【释义】性就是理，天下的理，考察其来源，没有不善的。喜怒哀乐还没表现出来时，哪有什么不善？表现出来如果全都适度，则处处皆善。大凡人说善恶，都是先说善再说恶；说吉凶，都是先说吉再说凶；说是非，都是先说是后说非。

【解读】人性本善，却因人的七情六欲蒙蔽了人之本性。道若不明，就无从尊道。要明道，就是要回归人的本性，回到那善的境地，则必须去人欲。欲望若不能完全去除，也应表现出处处适度，这样也能够无往而不善。

【原文】圣人之道入乎耳，存乎心，蕴之为德行，行之为事业。彼以文辞而已者，陋矣。（《近思录·为学大要》）

【释义】圣人的学说从耳朵里听进去，记在心里，蕴含于自身则成为德行，实行起来就是事业。那些认为学习圣人之道仅仅是学习圣人的文辞而已，也太浅陋了！

【解读】尊道在于身体力行。聆听圣人的道理，要时时铭记在心，一一用到行动上去。所谓存乎心，不只是记得而已，而是念念在心，如时时端在手上一般。道既然充盈于身体，无一刻不存，所以每一举动都有德行。有德行的举动，无论大小，都是事业。

【原文】或问："圣人之门，其徒三千，独称颜子为好学。夫《诗》《书》六艺，三千子非不习而通也，然则颜子所独好者何学也？"伊川先生曰："学以至圣人之道也。""圣人可学而至与欤？"曰："然。""学之道何如？"曰："天地储精，得五行之秀者为人。其本也真而静，其未发也五性具焉，曰仁、义、礼、智、信。形既生矣，外物触其形而动其中矣。其中动而七情出焉，曰喜、怒、哀、乐、爱、恶、欲。情既炽而益荡，其性凿矣。是故觉者约其情使合于中，正其心，养其性。愚者则不知制之，纵其情而至于邪僻，梏其性而亡之。然学之道，必先明诸心，知所往，然后力行以求至，所谓'自明而诚'也。诚之之道，在乎信道笃；信道笃，则行之果；行之果，则守之固。仁义忠信不离乎心，造次必于是，颠沛必于是，出处语默必于是。久而弗失，则居之安。动容周旋中礼，而邪僻之心无自生矣。故颜子所事，则曰：'非礼勿视，非礼勿听，非礼勿言，非礼勿动。'仲尼称之，则曰：'得一善，则拳拳服膺而弗失之矣。'又曰：'不迁怒，不贰过。''有不善未尝不知，知之未尝复行也'，此其好之笃，学之道也。然圣人则不思而得，不勉而中，颜子则必思而后得，必勉而后中。其与圣人相去一息。所未至者，守之也，非化之也。以其好学之心，假之以年，则不日而化矣。后人不达，以谓圣本生知，非学可至，而为学之道遂失。不求诸己而求诸外，以博闻强记、巧文丽辞为工，荣华其言，鲜有至于道者。则今之学，与颜子所好异矣。"(《近思录·为学大要》)

【释义】 有人问："孔子的门下，有弟子三千，但人们只称道颜渊好学。《诗》《书》六艺，孔子的三千弟子并不是不学习不通晓，然而颜渊所独好的学问到底是什么呢？"程颐回答说："通过学习而达到圣人的境界。"又问："圣人可以通过学习而成吗？"回答说："可以。"又问："那么为学的道理是什么呢？"回答说："天地之间储藏了精气，禀赋了五行之秀气而生的是人。人的天性是真而静的，当未表现于情感时，本性中具备了仁义礼智信所有的善性。当人的身体形成后，外物刺激身体而形成喜、怒、哀、乐、爱、恶、欲这七情。情感炙热，内心愈发摇动，人的本性就受到了伤害。所以明智的人控制情感使之合于中，以正其心，养其性。愚昧的人则不知道控制，放纵情感陷入邪僻，束缚了本性竟然使之消亡。然而为学的方法，一定要先做到内心明白，知道方向，然后付诸行动，竭力求之。这就是前人所说的由明到诚。诚之道，在于守信要笃，守信笃才能行必果，行必果才能让诚信更牢固。仁、义、忠、信，时刻存乎于心。哪怕是遇到突发情况，哪怕是在颠沛流离之时，都不违背。无论出仕或隐退时、说话或沉默时，都不忘仁义忠信。到了自己的举止礼仪全部都符合礼了，那邪僻之心也就无立身之地。所以颜渊所实践的，就称之为'非礼勿视，非礼勿听，非礼勿言，非礼勿动'。孔子称赞他，说：'学到一种善行，就谨慎地奉持到自己心上而不让它丢失。'又说他：'不把怒气迁移到别人身上，同样的错误不犯两次。''有了不好的行为都清楚明白，认识到自己错误后就不再去犯了。'这就是他爱好圣人之道的笃诚，并从而学习的方法呀。圣人，无须思虑心中自然明白，不用努力自然从容中道，颜回却需要经过思考才能有所收获，要通过努力才能做到适中，与圣人相比还差那么一点，他没有达到圣人那种境界，只能谨守圣人之道，还没达到化的地步。以颜回好学之心，假以时日，是可以达到化境的。后人不明白，认为圣人是天生的，不是通过学习能够达到的，故为学之道就丧失了。今天的人学习不去从自己身上找原因，而去从外部寻原因，以为博闻强记、巧文丽辞才是要旨，把言辞修饰得富丽堂皇，这样的人很少能够学得圣人之道。那么今日的学问，与颜回所喜爱的学问是完全不同了。"

【解读】这一大段文字说出了尊道的方法。首先要知道这道从哪里来，道是什么，然后要知道明道的方法。程朱关于道为何物，已经说得明白，此道乃天道，是天地运行、化育万物之道，只是后来人们被喜、怒、哀、乐、欲等情感摇动，才离道越来越远。要重新回到道，就要内心明白，从万物自然之理上去感应道的真谛。弄明白道是什么还不够，譬如，人们总是说我已经懂得这个道理了，这是不够的，谁都不会否认仁、义、礼、智、信这类价值观的正确性，但真正要做到才是"明"。所谓"明"，就是要把这道理时时奉持在心，念念在兹，就像每一分钟都捧着一颗珍宝在手一样，担心有须臾坠落。道理充盈在全身，贯通于上下，就会无一时一刻不奉道而行。明白自己的错误，及时改正，以后就不会再犯第二次。所以尊道的关键在于"笃信"，而不只是"懂得"而已。

【原文】非明则动无所之，非动则明无所用。(《近思录·为学大要》)

【释义】心中不明白则行动起来就会盲目，没有行动而仅仅心里清楚则没有用处。

【解读】尊道在于践行，践行的前提在于明道。如果知道了道理，而不能做到身体力行，那又有什么用呢？那也不能叫作尊道。

【原文】伊川先生曰：志道恳切，固是诚意。若迫切不中理，则反为不诚。盖实理中自有缓急，不容如是之迫。观天地之化乃可知。(《近思录·为学大要》)

【释义】程颐说：有志于学道并态度恳切，固然是诚意。但如果急迫到不合情理，反倒成了不诚。因为理中有缓急，不容人如此急迫，这只要看看天地化育万物就可以明白了。

【解读】天地化育万物，从容而不紧迫。尊道在于对道要笃信笃行，充满诚意，但不能急躁。为学的道理，亦应循序渐进。凡明白一理，便要透彻，反复在心,不断实行。不能一理未行又去明一理,这样不过空费力气罢了。

【原文】明道先生曰:且省外事,但明乎善,惟进诚心。其文章虽不中,不远矣。所守不约,泛滥无功。(《近思录·为学大要》)

【释义】程颢告诉吕大临说:"不必太拘泥于外在的文章和知识学习,而要用内心去体认什么是善,只要增进自己的志诚之心。文章虽然写得不合法度,离道也不远了,如果内心守持不集中,那么学习得再多也没什么用处。"

【解读】尊道在于用心去体认,而不在于把道理讲得如何天花乱坠,也不在于文章辞藻如何华丽。所谓体认,不过是用诚意去笃信笃行而已。所以古代有朴实的君子,即便不懂写文章,但在德行上依然可为他人垂范。

【原文】学者识得仁体,实有诸己,只要义理栽培。如求经义,皆栽培之意。(《近思录·为学大要》)

【释义】学道的人要懂得仁的基本意思,要使自己具备仁,只要从义理上去栽培。例如寻求经书之含义,都是培养的意思。

【解读】要明白仁的道理,就要从事事上去讲求,在事事上去体认。栽培的含义,乃是栽种培育,既然有一点仁心,就应该小心呵护,使之壮大。

【原文】中者天下之大本,天地之间,亭亭当当,直上直下之正理。出则不是。惟"敬而无失"最尽。(《近思录·为学大要》)

【释义】"中"是天下的根本,是天地之间不偏不倚的正理。人的喜怒哀乐之情一旦出来就不是中了,只有谨慎约束自己的感情,才能接近中。

【解读】天下的道理,本就是中正无所偏倚的,所谓明道不过守中而已,人一旦被喜怒哀乐之情摇动,则会受到蒙蔽,离开道越来越远。守中就是要约束情感,保持情感的适中,这样才能在道理上见得明白,在行动上与道相合。

【原文】明道先生曰:天地之间,只有一个感与应而已,更有甚事?(《近思录·道体》)

【释义】程颢说:天地之间,只有一个感和应的关系,除此之外还有什么呢?

【解读】道充溢于宇宙之间,无所不在。若要尊道,就要在人事物情上细细探究。一切道理与自然之理皆能对应，无一物而非道，故我们常日与物交接，都可以从万物去感应，由物而推之于人。

【原文】心，生道也。有是心，斯具是形以生。恻隐之心，人之生道也。（《近思录·道体》）

【释义】人心，是道的载体。有了这个心，人才具备了形体而生成，而人的恻隐之心，则是人的生物之心。

【解读】道终究要体现在人心上。正如天地化育万物之功，是莫大的仁慈。故上天有好生之德，体现的就是这恻隐之心，人若有恻隐之心，则仁慈就不是虚情假意装作出来的，而是真诚的。

【原文】爱问："至善只求诸心。恐于天下事理，有不能尽。"先生曰："心即理也。天下又有心外之事，心外之理乎？"爱曰："如事父之孝，事君之忠，交友之信，治民之仁，其间有许多理在。恐亦不可不察。"先生叹曰："此说之蔽久矣。岂一语所能悟？今姑就所问者言之。且如事父，不成去父上求个孝的理？事君，不成去君上求个忠的理？交友、治民，不成去友上民上求个信与仁的理？都只在此心。心即理也。此心无私欲之蔽，即是天理。不须外面添一分。以此纯乎天理之心，发之事父便是孝，发之事君便是忠，发之交友、治民便是信与仁。只在此心去人欲、存天理上用功便是。"（《传习录·徐爱录》）

【释义】弟子徐爱问："如果至善的境界只是在人的心里去求，恐怕不能穷尽天下事理吧？"先生（王阳明）说："心就是理。天底下哪里有心外之事，心外之理呢？"徐爱又问："侍奉父母要孝，侍奉君主要忠，交友要信，治理百姓要仁，这些都有很多理在，恐怕不可不察吧？"先生叹道："这种说法的弊端流传已久，哪里是一句话就能点醒的呢？今天我姑且就你所问的来谈一谈，比如侍奉父亲，难不成要从父亲本身上去求一个关于'孝'的道理？侍奉君王，难不成要去君主身上求一个'忠'的道理？交友和治理百姓，难不成要去朋友和百姓身上求一个'信'和'仁'的道理？这'孝''忠''信''仁'的道理只在自己心中，可见心就是理。如果自己的心没有被私欲蒙蔽，就是天理，没有必要再增加丝毫。凭着这天理之心，表现在对待父亲上就是孝，表现在侍奉国君上就是忠，表现在交朋友上就是信，表现在治理百姓上就是仁。只要在心里革去人欲，存养天理就可以了。"

【解读】如果把道视作理的话，尊道，就是尊理。心便是理，只有一个心，所以只有一个理，这理叫作天理，是没有被私欲蒙蔽的，一旦被私欲蒙蔽，就不叫天理了。这理只能从自己身上去求，而不能从其他人身上去求，这理在不同的事物之上就有不同的表现，所以可以体现为仁、义、礼、智、信。所谓尊道，就是遵循天理而已。

【原文】先生曰："若只是温清之节，奉养之宜，可一日二日讲之而尽。用得甚学问思辨？惟于温清时，也只要此心纯乎天理之极；奉养时，也只要此心纯乎天理之极。此则非有学问思辨之功，将不免于毫厘千里之缪。所以虽在圣人，犹加'精一'之训。若只是那些仪节求得是当，便谓至善，即如今扮戏子扮得许多温清奉养得仪节是当，亦可谓之至善矣。"（《传习录·徐爱录》）

【释义】先生说："如果侍奉父母只是让其冬天温暖、夏天清凉以及那些外在的礼节而已，那么一两天就能讲清楚，哪用得着什么学问思辨呢？唯有在冬温夏清的礼节上，让自己的心纯然存天理。在奉养时，让自己的心纯然存天理，这就非要学问思辨不可，不然，就可能差之毫厘，谬以千里。所以，即便是圣人，都还要提倡'惟精惟一'。如果只是在那些繁文礼节上做得恰当，就称为至善，这就好比今天那些演戏的只是表演了很多温清奉养的正确套路，就认为他们是至善的一样了。"

【解读】侍奉父母的那套礼节固然重要，但还不是根本的。如果没有一颗纯然存天理的诚心，即便这套礼节被表演得多么像模像样，也只是虚伪的。如果有了这颗纯然存天理的诚心，无论是侍奉父母还是侍奉君王，自然都恰当了。所以古人说"惟精惟一"，就是要在根本处——即心体上下工夫！

【原文】爱曰："如今人尽有知得父当孝、兄当弟者，却不能孝，不能弟，便是知与行分明是两件。"先生曰："此已被私欲隔断，不是知行的本体了。未有知而不行者。知而不行，只是未知。圣贤教人知行，正是要复那本体。不是着你只恁的便罢。故《大学》指个真知行与人看，说'如好好色，如恶恶臭'。见好色属知，好好色属行。只见那好色时已自好了，不是见了后又立个心去好。闻恶臭属知，恶恶臭属行。只闻那恶臭时已自恶了，不是闻了后别立个心去恶。如鼻塞人虽见恶臭在前，鼻中不曾闻得，便亦不甚恶，亦只是不曾知臭。就如称某人知孝、某人知弟，必是其人已曾行孝行弟，方可称他知孝知弟。不成只是明白说些孝弟的话，便可称为知孝弟。又如知痛，必已自痛了，方知痛。知寒，必已自寒了。知饥，必已自饥了。知行如何分得开？此便是知行的本体，不曾有私意隔断的。圣人教人，必要是如此，方可谓之知。不然，只是不曾知。此却是何等紧切着实的功夫！如今苦苦定要说知行做两个，是甚么意？某要说做一个，是甚么意？若不知立言宗旨，只管说一个两个，亦有甚用？"（《传习录·徐爱录》）

【释义】弟子徐爱问："如今世人都知道对待父母要孝，对待哥哥当悌，却不能做到孝悌，这便是把知和行分成两件事了。"先生说："这种人的知、行被私欲隔断了，但这并不是知行的本体。世上没有真正的知而不行者。知而不行，就不算真知，圣贤教人知行，就是要回归到那个本体之上，不是要你具体地知什么行什么就算完了。所以《大学》指出真的知和行给人看，就说如同'喜欢好看的颜色，厌恶难闻的气味'一样。见到好看的颜色属于知的范畴，喜爱好看的颜色属于行的范畴。只要见到那好看的颜色时，心中就已经喜爱了。不是看见了后，要另立一个心去喜爱。闻到那难闻的气味属于知的范畴，厌恶那难闻的气味则属于行的范畴。只要闻到那难闻的气味，心中就已经厌恶了，不是要闻了之后，另外再立一个心去厌恶。比如鼻塞的人，即便恶臭在前面，也闻不到，自然也不会去厌恶，这是因为他不曾知道这恶臭罢了。又比如我们说某人知道孝，某人知道悌，必定是因为这个人曾经行过孝、行过悌。方才可以称他知道孝和悌，并不是因为他明白说孝、悌这些话，就称他知道孝、悌了。又比如知道痛，必定是因为自己已经痛了，才知道痛。知道寒，必定是因为自己已经受到寒冷了。知道饥，必定是因为自己已经饥饿了。知和行怎么能分得开呢？这便是知行的本体，不曾被私欲隔断。圣人教导人，必是如此，才可以称之为知，不然的话，就不是知。这是何等紧要切实的工夫啊。如今苦苦定要说知行是两回事，这是何居心？我要把知行说成是一回事，是何居心？倘若不懂得我立言的主旨，只顾说一回事两回事，又管什么用呢？"

【解读】知是行的主意，行是知的工夫，知是行之始，行是知之成。如果是凭空去思索，而不去身体力行，那就只是捕风捉影罢了。知与行本来就不能截然分开，知要从行中去知，行要从知中去行，不是说凭空说了那些道理，就明白道理了。要明白这道理，一定是因为行了才明白，所以说"知而不行，不算真知"。一个人懂得孝、忠这些道理，一定是因为他已经在孝和忠上付出了实际的行动。尊道，一定是知行合一，在行动中去明白、体认道理。

【原文】先生曰："道无方体，不可执著。却拘滞于文义上求道，远矣。如今人只说天，其实何尝见天？谓日、月、风、雷即天，不可；谓人、物、草、木不是天，亦不可。道即是天。若识得时，何莫而非道？人但各以其一隅之见，认定。以为道止如此，所以不同。若解向里寻求，见得自己心体，即无时无处不是此道。亘古亘今，无终无始，更有甚同异？心即道，道即天。知心则知道、知天。"又曰："诸君要实见此道，须从自己心上体认，不假外求，始得。"（《传习录·陆澄录》）

【释义】先生说："道没有方向和形体，不能执着。人们却拘泥于文义上去求道，这就离道远了。现今的人都说天，其实何尝见过天。说日、月、风、雷就是天，不行；说人、物、草、木不是天，也不行；道就是天。若明白这一点，则明白道无处不在。人们仅凭自己的一隅之见，认定道不过如此，所以说法不同。如果懂得向内去求，明白自己的心这一本体，那就无处不是道了。从古至今，无始无终，又有什么异同？心即道，道即天，懂得心就是懂得道，也就是懂得天。"他又说："诸君若真要领会这'道'，只可去自己的心上求，不必借助于外物，这才行。"

【解读】心即道，道即天，懂得心就是懂得道，也就是懂得天。遵道而行，只须从心上去考究，求道不必从外物上去求，而应该从自己的心上去求。如果能有一颗纯然存天理的心，则何物不能见道呢？

【原文】有物混成，先天地生。寂兮寥兮，独立不改，周行而不殆，可以为天下母。吾不知其名，强字之曰道。强为之名曰大。大曰逝，逝曰远，远曰反。故道大、天大、地大、人亦大。域中有四大，而人居其一焉。人法地，地法天，天法道，道法自然。（《道德经》）

【释义】有一个东西混然而成，在天地之前就已存在。寂静无声，寂寥无形，独立长存，永不停息，循环运行，永不衰竭，可以为万物之母。我不知道它的名字，勉强称之为"道"，再勉强取名为"大"。它广大无边，运行不息，无限遥远，又返回本原。所以说道大、天大、地大、人也大。宇宙中有四大，人居其一。人取法地，地取法天，天取法道，道法自然。

【解读】佛家说"四大皆空"，指的是地、水、火、风；道家说"宇宙四大"，指的是道、天、地、人；继而又曰，人法地，地法天，天法道，道法自然。人类是如此渺小，人类却又如此伟大，只有遵循大道规律，才能够顺利吉祥。

【原文】以道佐人主者，不以兵强天下，其事好还。师之所处，荆棘生焉。大军之后，必有凶年。善有果而已，不敢以取强。果而勿矜，果而勿伐，果而勿骄，果而不得已，果而勿强。物壮则老，是谓不道，不道早已。（《道德经》）

【释义】用"道"来辅佐君主的人，不靠兵力逞强天下。穷兵黩武必得报应。军队所到之地，荆棘横生，大战之后，定会荒年。善于用兵者，达到用兵的目的，不敢逞强于天下。达到目的而不自大，达到目的而不炫耀，达到目的而不骄矜，达到目的却是出于不得已，达到目的却不逞强。强大的事物终会走向衰亡，这说明它不符合于"道"，不符合于"道"的，就会早早灭亡。

【解读】老子是坚决的反战主义者。这段关于战争的讨论言辞激烈、态度鲜明。"果而勿矜，果而勿伐，果而勿骄，果而不得已，果而勿强"的原则，同样适用两千多年以后的今天。

【原文】道常无名，朴虽小，天下莫能臣也。侯王若能守之，万物将自宾。天地相合以降甘露，民莫之令而自均。始制有名，名亦既有，夫亦将知止。知止可以不殆。譬道之在天下，犹川谷之于江海。（《道德经》）

【释义】"道"永远是无名而质朴的，虽小到不可见，但天下无人能使之臣服。王侯如能守"道"，百姓将会归从。天地阴阳交汇，就会降下甘露，人们不需要发号指令，就会自然和谐。万物兴起，便有了名称；名称既有了，就要适可而止；知道适可而止，就不会有危险。"道"存在于天下，就像河溪归流入海。

【解读】整部《道德经》都是在谈"道"，老子对"道"的描述，除了视之不可见、听之不可闻、搏之不可得，还有不可名状。万物运行皆有其道，尊道而行方能长久。

【原文】道常无为，而无不为。侯王若能守之，万物将自化。化而欲作，吾将镇之以无名之朴。无名之朴，夫亦将无欲。不欲以静，天下将自定。（《道德经》）

【释义】道永远是不妄为而又无所不为的。王侯如能遵循道、坚守道，万事万物就会自我化育，充分发展。自我化育而产生贪欲时，就要用"道"的质朴来臣服它。万事万物没有贪欲，天下就自然安宁了。

【解读】将"无为"应用于管理，不是不作为，而是不妄为、不随意干涉，给予被管理者充分的自由，大家都享有安宁清静，都能最大限度发挥自己的才智。

【原文】天下之至柔，驰骋天下之至坚，无有入无间，吾是以知无为之有益。不言之教，无为之益，天下希及之。（《道德经》）

【释义】天下最柔弱的东西，能穿行驾驭最坚硬的东西；无形的东西能穿透没有间隙的东西。我因此知道"无为"的益处。"不言"之教，"无为"之益，天下很少有人能做到。

【解读】水滴是柔弱的，石头是坚硬的，但最终水滴石穿。蚂蚁是柔弱的，骨头是坚硬的，但最终蚂蚁啃掉了骨头。柔弱的生命之中，往往蕴含着巨大的力量。

【原文】吾生也有涯，而知也无涯。以有涯随无涯，殆已！已而为知者，殆而已矣！为善无近名，为恶无近刑；缘督以为经，可以保身，可以全生，可以养亲，可以尽年。（《庄子内篇·养生主》）

【释义】生命是有限的，知识是无限的。用有限的生命追求无限的知识，危险了！已经身处危险之中，却仍然汲汲以求的人，更危险了。做了善事而不贪图名声，做了恶事而不面对刑戮，把顺应自然当作养生之道，可以保养身体，可以保全天性，可以修炼精神，可以享尽天年。

【解读】循乎天理，顺乎自然，游于无有，取消主客对立，使精神不为外物所伤，才能实现养生。这道理，不仅仅适用于养生！

【原文】先王之教，莫荣于孝，莫显于忠。忠孝，人君人亲之所甚欲也；显荣，人子人臣之所甚愿也。然而人君人亲不得其所欲，人子人臣不得其所愿，此生于不知理义。不知理义，生于不学。（《吕氏春秋·孟夏纪第四》）

【释义】在先王的政教中，没有比孝更荣耀的了，没有比忠更显达的了。忠孝是为人君和父母最希望得到的，显荣也是为人臣和子女最想要的。然而君臣父母子女都得不到他们想要的，这是因为他们不知道义理的缘故。不知道义理，是由于不学习的缘故。

【解读】在古代君王的政教中，孝与忠是治国理政最基本的道。然而，何谓忠孝？如何忠孝？这基本准则的背后有一定的义理，比如说忠孝不过是遵从自然宇宙的大道而行，要遵道而行根本还在于要正心诚意，为学者应该从根本上去学，自然言行举止都能符合忠孝的准则。

【原文】学者师达而有材，吾未知其不为圣人。圣人之所在，则天下理焉。在右则右重，在左则左重，是故古之圣王未有不尊师者也。尊师则不论其贵贱贫富矣。若此则名号显矣，德行彰矣。（《吕氏春秋·孟夏纪第四》）

【释义】为学者，如果老师通达，自己又有才华，我没听说过这样的人成不了圣人的。有圣人存在的地方，天下就政治清明安定。圣人在哪里，哪里就受到尊重。因此古代圣王没有不尊重老师的，尊重老师就不会计较他们的贵贱、贫富了。若果能这样，名号就显耀了，德行就彰明了。

【解读】明道在于尊师。若无老师的教诲，只是自己胡思乱想，如何明道呢？古人以圣贤为师，对圣贤极为尊重。若不尊重老师，对老师看得轻了，又如何能真心聆听老师的教诲呢？又如何按照老师的志愿去行事呢？所以古代的君子，或恭敬地立于一旁，或端正地坐在下面，老师传教时，就竖着耳朵仔细聆听，还害怕遗漏掉一个字。对于老师讲的道理，一定细细揣摩，持守在心，一定要对那道理磨得透彻了，奉行得没有半点差错了，才肯罢休。

【原文】天下有常胜之道，有不常胜之道。常胜之道曰柔，常不胜之道曰强。二者亦知。而人未之知。故上古之言：强，先不己若者；柔，先出于己者。先不己若者，至于若己，则殆矣。先出于己者，亡所殆矣。以此胜一身若徒，以此任天下若徒，谓不胜而自胜，不任而自任也。鬻子曰："欲刚，必以柔守之；欲强，必以弱保之。积于柔必刚，积于弱必强。观其所积，以知祸福之乡。强胜不若己，至于若己者刚；柔胜出于己者，其力不可量。"老聃曰："兵强则灭。木强则折。柔弱者生之徒，坚强者死之徒。"（《列子·黄帝》）

【释义】世上有常胜之法，有不常胜之法。常取胜之法即是柔弱，常不取胜之法即是刚强。道理容易明白，但人们却不懂。所以，上古人说：刚强可以战胜力量不如自己的人，柔弱可以战胜力量超过自己的人。可以战胜力量不如自己的，一旦碰到力量与自己相当的人，很危险。可以战胜力量超过自己的，没有危险。以柔弱取得胜利，轻而易举；以柔弱统治天下，亦轻而易举。这就是不胜而胜，不治而治。鬻子说："要想刚强，必须处柔；要想强大，必须守弱。柔软积聚为刚强，弱小积聚成强大。刚强能战胜力量不如自己的人，碰到与自己相当的人就会受挫；柔弱能战胜力量超过自己的人，其力量不可估量。"老聃说："太刚强的军队会被消灭，太刚强的树木会被折断。柔弱属于生存，坚强属于死亡。"

【解读】宇宙天地之间存在"至道"。摒弃机心、反复实践、和同于物是尊道、得道的正确途径。

【原文】道无奇辞，一阴一阳，为其用也。得其治者昌，失其治者乱；得其治者神且明，失其治者道不可行。详思此意，与道合同。(《太平经·乙部》)

【释义】大道并没有什么稀奇古怪的，只不过是一阴一阳，构成它那施用的具体形态。获取这种治国奥妙的人就昌盛，丧失掉这种治国奥妙的人就大乱；获取这种治国奥妙的人就神妙并圣明，丧失掉这种治国奥妙的人，大道在他那里就不能行得通。仔细考虑这一要意，就与大道吻合一致了。

【解读】这句话指出，万物运行皆有其道，道之运行体现于阴阳变化，兴衰成败皆是道之阴阳相互作用的结果。阴阳结合，万物化生；顺道则兴，逆道则衰；生死循环，乃阴阳变化的过程。把握阴阳变化，顺应大道规律，遵道而行，乃立身处世之法则。贤文化继承了传统尊道理念，用于指导企业经营管理，提出企业运行，必有其道，遵道而行方能长久。道也者，不可须臾离也，可离非道也。

【原文】夫道何等也？万物之元首，不可得名者。六极之中，无道不能变化。元气行道，以生万物，天地大小，无不由道而生也。……不行道，不能包裹天地各得其所，能使高者不知危。(《太平经·乙部》)

【释义】道究竟是什么呢？它是万物的基元和首脑，根本没办法叫出具体的名称来。六极之中，没有道就不能够变化。元气运行，真道化生万物。天地等一切大小万物，没有不是经由真道才出现的。……不遵道而行，就不能使天地万物各得其所，还会让高高挺立的东西不知道危险。

【解读】这段话认为，道是天地万物得以存在和发展的根基，也是天地万物生存状态的决定因素。不需要具体描述道的样子或名称，或者说道无形无相。但是，上下四方之内，道是一切变化的根本依据，是一切事物得以产生的根本动力。宇宙间的一切，都是大道运化的结果。如果不遵循道的规律，就无法使万物处在应该的位置和状态，也无法正确认识和处理面临的各种危险。

【原文】道者，乃天所案行也。……故古者上君，以道服人，大得天心，其治若神，而不愁者，以真道服人也；中君以德服人；下君以仁服人；乱君以文服人；凶败之君将以刑杀伤服人。是以古者上君，以道、德、仁、治服人也，不以文刑杀伤服人也，所以然者，乃鄙用之也。（《太平经·卷三十五》）

【释义】道，是上天所遵行的东西。……因而，古代第一等君主，凭借真道使人心悦诚服，大得天心，他那治理就如同神灵而不愁苦，原因是凭借真道使人心悦诚服。中等君主凭借真德使人服从，下等君主凭借仁慈使人服从，昏乱的君主凭借文饰使人服从，凶败的君主更打算凭借刑罚、杀害和伤残使人服从。所以，古代第一等君主，凭借道治、德治、仁治来使人归服，不倚仗文饰、刑罚、杀害、伤残来使人顺从。之所以如此，是鄙视使用那些虚假、残暴的手段。

【解读】《太平经》指出，天地自然的运行都遵循道的规律，道是万事万物运行的最根本法则，能够使天下人心悦诚服的君主，必定遵循道的法则治理天下而大得天心。道在人类社会中衍生出德，依靠道的衍生物对待世人，使人服从的君主是中等智慧的君主。德在人类社会中表现为仁慈，凭借仁慈使人服从的君主是下等的君主。昏乱的君主脱离了道，依靠虚浮的文饰使人服从。凶败的君主背道而驰，依靠残酷的刑罚及杀害使人因畏惧而服从。这段话把以道服人的君主称为第一等君主，置于各类统治者中最高的位置，体现了《太平经》提倡尊道、重道的思想。

【原文】天生天杀，道之理也。（《阴符经》）

【释义】生死循环，是道的规律产生作用的结果。

【解读】这句话指出，生死循环是天地万物之道作用的结果，顺道则生，逆道则死；万物兴衰成败，取决于是否顺应大道运行的规律，顺道则兴，合道则成，违逆道的规律就会衰败。由此可见，万物运行，必有其道，遵道而行，方能长久。

【原文】人知其神而神，不知其不神之所以神。（《阴符经》）

【释义】人们觉得不容易被察觉的狡诈及欺人耳目的奇技是神妙的，却不知顺天地万物之规律为神妙。

【解读】不遵循自然规律的恣意妄为以及违背伦理道德的阴险狡诈，看似精明，实则不然，只有遵循天地自然之道及社会人伦之道才是最高的智慧和最大的富有。万物乃道生之、德蓄之，尊道贵德为应然之理。尊道之要在于进德，进德之要在于修身。

【原文】是故圣人知自然之道不可违，因而制之。(《阴符经》)

【释义】所以，圣人懂得自然之道不可违背，因而制定了各种顺应大道的法则。

【解读】大自然是生命的源头，生命是自然的产物，自然之道不可违背。明白了这种道理的人制定出遵循大道规律的行为法则，以引导众人遵道而行。尊道贵德，因循相习，自然天成，无为而治，臻于化境。

【原文】道者，成人之生也，非在人也，而圣王明君，善知而道之者也。是故治民有常道，而生财有常法。道也者，万物之要也。(《管子·君臣上》)

【释义】道，成就人之所生，不是由人而生，而那些圣王明君正是善于认知和运用大道的人。所以治理民众有经久不变的道，而生产财富有经久不变的法。这个道，就是万物的枢要。

【解读】道是人类进行生产生活的枢机、关要，不受人的意志转移，并且被伟大的君主用来管理民众、指导生产，"事督乎法，法出乎权，权出乎道"(《管子·心术》)。《管子》所谓的道，既有天道，又包含人道，其云："道之在天者，日也；其在人者，心也。"(《管子·枢言》)甚至更倾向于人能够认知道、掌握道、利用道，充分重视道的关键地位，以及人能弘道的重要作用，"夫道者虚设，其人在则通，其人亡则塞者也"。(《管子·君臣上》)

【原文】夫道者，所以充形也，而人不能固。其往不复，其来不舍。谋乎莫闻其音，卒乎乃在于心；冥冥乎不见其形，淫淫乎与我具生。不见其形，不闻其声，而序其成，谓之道。凡道无所，善心安爱。心静气理，道乃可止。彼道不远，民得以产；彼道不离，民因以知。是故卒乎其如可与索，眇眇乎其如穷无所。彼道之情，恶音与声，修心静音，道乃可得。道也者，口之所不能言也，目之所不能视也，耳之所不能听也，所以修心而正形也；人之所失以死，所得以生也；事之所失以败，所得以成也。凡道，无根无茎，无叶无荣，万物以生，万物以成，命之曰道。(《管子·内业》)

【释义】道，可以用来充实身体，而人并不能固守。它离开了就不复返，来了也不能留住。静默得不能听到它的声音，却又萃集在人的内心；虚无得不能看到它的形状，却又时时与我同在。看不到形状，听不到声音，但又渐续成长，这就是道。道没有固定所在，良善之心可以安存。心静气和，道才可以停留。道并不遥远，民众方得以生；道并不离开，民众因以觉知。所以道萃集在心好像可以求索，微渺无形好像难究所在。道的情性不喜欢声音扰乱。修心静意，才可以得道。这个道，语言无法传达，眼睛无法看见，耳朵不能听到，但可以用来修养心灵、端正形体；人们失去道就会死，得道就能生；事物失去道就会败，得道就能成。道，无根无茎，无叶无花，万物因它而生，万物因它而成，所以命名为道。

【解读】《管子》思想深受老子一派的自然哲学和道论的影响。道在老子那里是遍在的、本根的，又是无形无色、恍惚幽冥的。《管子》继承并丰富了老子对道体的理解并进一步发挥，认为人可以通过修心守静来体道存道，"敬除其舍，精将自来。道满天下，普在民所"（《管子·内业》），"道不远而难极也，与人并处而难得也。虚其欲，神将入舍"（《管子·心术上》）。外正其形，内修其心，意气安定，"形不正者，德不来；中不精者，心不治。正形饰德，万物毕得。翼然自来，神莫知其极。昭知天下，通于四极。是故曰：无以物乱官，毋以官乱心，此之谓内德。是故意气定，然后反正。气者身之充也，行者正之义也。充不美则心不得，行不正则民不服。是故圣人若天然，无私覆也；若地然，无私载也。私者，乱天下者也"（《管子·心术下》），这里的意思是，形体不端正的人，因为德行没有养成；内里不专精的人，因为内心没有治好。端正形体，整饬德行，万物皆备。万事万物自然化成，神妙而无法穷知。便可明察天下，通达四方。所以说：不让外物扰乱五官，不让五官扰乱心智，这就叫内德。所以意气安定，然后形体端正。气能够充实身体，行为反映持正状态。充而未实则心不定，行而不正则民不服。所以，圣人像天一样，无私地包容万物；像地一样，无私地承载万物。私，便会扰乱天下。梳理《管子》对道、气、心、身、行等论述，其主旨和思路是以人法天，自然无私；以道充气，静心节欲；正形饰德，内圣外王。贤文化提倡"尊道"，这是对传统尊道思想的继承，也是结合现代实际而做出的发展。

【原文】道之所言者一也，而用之者异。有闻道而好为家者，一家之人也。有闻道而好为乡者，一乡之人也。有闻道而好为国者，一国之人也。有闻道而好为天下者，天下之人也。有闻道而好定万物者，天地之配也。道往者其人莫来，道来者其人莫往。道之所设，身之化也。持满者与天，安危者与人。

失天之度，虽满必涸；上下不和，虽安必危。欲王天下而失天之道，天下不可得而王也。得天之道，其事若自然；失天之道，虽立不安。其道既得，莫知其为之；其功既成，莫知其泽之。藏之无形，天之道也。疑今者察之古，不知来者视之往。万事之生也，异趣而同归，古今一也。(《管子·形势》)

【释义】道所讲的内容是一样的，而运用却各不相同。有人知道而能治家，就是治家的人才。有人知道而能治乡，就是治乡的人才。有人知道而能治国，就是治国的人才。有人知道而能治天下，就是治天下的人才。有人知道而能正定万物，就能和天地媲美了。失道则人不前来，得道则人不离去。道之所在，人便会与之和同俱化。保持丰盈就要因顺天道，安度危急就要顺应人心。违背上天的法度，虽然满盈必定枯竭，上下不和，虽然安定必将危亡。想要称王天下而又违失天道，天下不可获得并能称王。符合天道，其事自然可成；违背天道，即便登位也不安稳。得道时，不知道其如何作为的；功成时，不知其如何相助的。隐藏而不着形迹，这就是天道。当下拿不准的可以考察过去，不知未来的可以检视过往。万事万物发生，表面相异而道理相同，古往今来都是如此。

【解读】道的一贯性、根本性，在于"扶持众物，使得生育，而各终其性命"，其客观性、恒久性，在于"天，覆万物而制之；地，载万物而养之；四时，生长万物而收藏之。古以至今，不更其道"(《管子·形势解》)。人们可以用其来齐家、治国、生财、平天下等等，"小取焉则小得福，大取焉则大得福，尽行之而天下服"(《管子·白心》)。另一方面，得道多助，失道寡助，违道必亡，"天之道，满而不溢，盛而不衰。明主法象天道，故贵而不骄，富而不奢，行理而不惰。故能长守贵富，久有天下而不失也"(《管子·形势解》)。

【原文】心无他图，正心在中，万物得度。道满天下，普在民所，民不能知也。一言之解，上察于天，下极于地，蟠满九州。何谓解之？在于心治。我心治，官乃治；我心安，官乃安。治之者心也，安之者心也。(《管子·内业》)

【释义】心别无他图，平正之心安放其中，万物方可测度。道满天下，普在民所，而民众却不能自知。只要了解道之一言，便可以上察知于天，下可以尽极于地，遍通九州。什么叫做了解？在于心能得治。我的心能治，五官才能治；我心安定，五官才能安定。治在于心，安也在于心。

【解读】《管子》曾有《修身》篇,后来亡佚,但仅从《内业》《心术》《白心》等篇,可以发现其已形成较为细致、成熟、系统的心性论、修养论、工夫论。道贯穿天道和人道,道不远人,"道者,所以变化身而之正理者也。故道在身则言自顺,行自正,事君自忠,事父自孝,遇人自理。故曰:'道之所设,身之化也'"(《管子·形势解》)。但是民不自知说明对道的觉知与践行并不是先天的,需要切实体察道,《管子》建立了以形而上的道、天、气、精等为基础的具有较强解释力的自然哲学,并下延、统摄、通贯到人生、政治、管理、社会等各个方面,几乎为后世提供了整套方案。所言"凡人之生也,天出其精,地出其形,合此以为人",是谓人本天地所生,为天地精华;掌握好道又能与天地相配,意味着人类不是神的奴仆、不是天地的玩物、不是统治者的奴隶,具有自本自根的独立性,不过在现实的枷锁下需要心怀可能的希望去追寻最后的现实;而实现的基础,是人心,是心的修炼,即"正心在中,万物得度";在《管子》这里,五官、器官、身体等都是心为主导、互为联系的,安治的方法主要有静心存精,思索生知,正形摄德,耳目不淫,节制五欲,不喜不怒,食莫求饱等等,就精神、身体、欲望、生活等多个方面提出了针对性的办法,皆为遵守规律、尊重大道的表现。

【原文】圣人治国也,易知而难行也。是故圣人不必加,凡主不必废。杀人不为暴,赏人不为仁者,国法明也。圣人以功授官予爵,故贤者不忧。圣人不宥过,不赦刑,故奸无起。圣人治国也,审一而已矣。(《商君书·赏刑》)

【释义】圣人治理国家,道理不难理解却难以真正践行。因而圣人不必加增什么,一般的君主也不必废除什么。杀人不算残暴,赏人也不算仁爱,因为国家的法纪修明。圣人按照功劳授予官职爵位,故而贤人无须担忧。圣人也不宽恕罪过,不赦免刑罚,故而作奸犯科无从产生。圣人治理国家,就是审思统一赏赐、刑罚和教育而已。

【解读】《商君书》呈现的以法家治国走称霸路线的思路,是商鞅迎合秦孝公的政治诉求,他本人曾向秦孝公陈述了王道、帝道、霸道三种治国模式。商鞅时期的法家在政治理论和实践上已经比较成熟,或者说战国诸国治理国家的法家程式及其政治实践比较丰富。这里以圣人治国之道为典范,实际阐述的是赤裸的法家政治理性下的一系列严刑峻治做法。商鞅看到了组织机器的强势作用,区分公私两种领域,任何社会资源都围绕国家事务和政治意图服务,"圣人治国也,审一而已矣",就是通过赏赐、刑罚、教化把整个社会统一起来，"圣人之为国也，一赏，一刑，一教。一赏则兵无敌。一刑则令行。一教则下听上"（《商君书·赏刑》）。商鞅代圣人立言，所阐述的治国之道，将社会和个体的意志、道德、感受、是非尽可能摒除，可谓简单、粗暴、高效，将政治威权和组织理性推向极端。

【原文】治世不一道。便国不必法古。汤、武之王也，不循古而兴。殷、夏之灭也，不易礼而亡。然则反古者未可必非，循礼者未足多是也。（《商君书·更法》）

【释义】治理世人并非只有一种方法。谋利于国不必效法古人。商汤、周武王之兴起，就是不遵循古制而兴盛。殷纣王、夏桀之灭亡，就是不变易旧礼才亡国。因此，违背古法的人未必可以否定，遵循古礼的人也不足以多加肯定。

【解读】后期法家大都好像激进的政治人物，商鞅面对保守大臣的诘难，提出"治世不一道，便国不必法古"和"反古者未可必非，循礼者未足多是"。显示出法家为实现政治抱负几乎不顾一切的胆识和狡黠，尽管时常仍要祭出圣人的幌子，"是以圣人不期修古，不法常可"（《韩非子·五蠹》）。商鞅的治理原则、历史观念和政策实施极富现实功利色彩，这和慎到、申不害等早期法家已经大有不同了，他所尊奉的"道"，几乎完全摒弃了天地自然之道、人伦俗常，彻底滑向激进、功利、目的化的极端政治，为国家机器和君主霸权竭尽所能。

【原文】天道，因则大，化则细。因也者，因人之情也。人莫不自为也，化而使之为我，则莫可得而用矣。是故先王见不受禄者不臣，禄不厚者不与入难。人不得其所以自为也，则上不取用焉。故用人之自为，不用人之为我，则莫不可得而用矣。此之谓因。（《慎子·因循》）

【释义】天道，因循则广大，改变就缩小。所谓因循，就是因顺人的性情。人没有不为自己的，要改变让他为他人，是不可能也不会达到的。所以古代的帝王不会让不愿接受俸禄的人作为自己的臣子，俸禄不丰厚就不让他担任艰巨的责任。如果人达不到他为自己打算的条件，君王就不要任用他。所以，利用他的自为，不用他来为我，就没有不可以任用的人了。这就称之为因循。

【解读】稷下学派普遍持有"因循"的观点，本义并不是因循守旧，而是因顺天地之理，因顺自然之性，因顺万物之性，故而司马谈《论六家要旨》

概括说"道家无为，又曰无不为，其实易行，其辞难知。其术以虚无为本，以因循为用，无成势，无常形，故能究万物之情。不为物先，不为物后，故能为万物主"（《史记·太公自序》）。因循之道，换句话说，就是自然无为、顺性而为。慎到看到了人性中固定且难以改变的一面，尤其是"为我"的本性，就可以发挥人的能动性。当然，慎到对此作为的弊端也很清楚，提出用法来节制人的私欲。虽然不得不说慎到对人性的洞察比较深刻，但我们很少看到他和其他法家从文明教化上提出对人进行积极教化的思考，这方面正是儒家思想之所长。

【原文】镜设精，无为而美恶自备；衡设平，无为而轻重自得。凡因之道，身与公无事，无事而天下自极也。（《全上古三代秦汉三国六朝文》卷四《申子·大体》）

【释义】镜设明净，无所作为却将美和丑都各显其形；衡器平准，无所作为却将轻和重各得其当。因循（自然）的道理，就是公与私都无须盲目作为，这样天下可以达到最好的状态了。

【解读】天地万物都有其自身的规律，不以人的主观意志为转移，因此无论是个人事务、集体活动、国家政务都要遵循和善于利用客观规律。申不害所言"因循"即强调人要像天地无私无为一样，讲究清静自然，不妄为和胡乱作为，要遵循大道自然的规律，凡事因势利导、顺水推舟，就可以获得比较好的结果。

【原文】道者，万物之始，是非之纪也。是以明君守始以知万物之源，治纪以知善败之端。故虚静以待令，令名自命也，令事自定也。（《韩非子·主道》）

【释义】道，是万物的本始，是非的准则。所以明智的君主把握开端来认识万物的根源，研究是非的准则可以认识成功、失败的原委。

【解读】"道"是韩非哲学思想的最高范畴。韩非进一步对老子的"道"客观化、理论化，不仅将之作为客观的生成性本原，更是作为抽象的原发性根据。他说："道者，万物之所然也，万理之所稽也"，即认为道是天地万物发生、发展的根据，体现在万事万物之中，又制约着自然与人事。《韩非子》对"道"的讨论是多方面的，其一，道不具形，永恒遍在，通贯万物。如其所云："夫道者弘大而无形，德者核理而普至。至于群生，斟酌用之，万物皆盛，而不与其宁。道者下周于事，因稽而命，与时生死。参名异事，通一同情。"（《韩非子·扬权》）其二，道超越于感知，"以为近乎，游于四极；以为远乎，常在吾侧；以为暗乎，其光昭昭；以为明乎，其物冥冥"（《韩非子·解老》），但也不是不能认识，"人也者，乘于天明以视，寄于天聪以听，托于天智以思虑"，人可以根据感觉器官和思维器官来认识事物、反映客观对象。其三，道柔弱无为，"凡道之情，不制不形，柔弱随时，与理相应"（《韩非子·解老》）。其四，道是唯一的，也是主宰的，"道无双，故曰一。是故明君贵独道之容"（《韩非子·扬权》）。韩非的道论，是对老子道论的进一步阐述，但与韩非"道"相匹配的概念是统摄人世的"法"。

【原文】道者，万物之所然也，万理之所稽也。理者，成物之文也；道者，万物之所以成也。故曰：道，理之者也。（《韩非子·解老》）

【释义】道，万物产生之本然，万理汇聚之源头。理，构成事物的文理；道，万物之所以产生的根本。所以说，道条理万物。

【解读】韩非道论的另一个重要方面是引入了概念：理。道是万事万物的本原，同时也是其背后所以然之理的根基。理是万物的条理，是道的具体展开，理在道之中。"理"具有以下特性，第一，道无形无象，而理可知可感，具有形状、大小、存亡等客观特征，"凡理者，方圆、短长、粗靡、坚脆之分也，故理定而后可得道也。故定理有存亡，有死生，有盛衰"。第二，道是普遍的，但万物各不相同是因为本源于道而又独立存在的理，使得万物具有特殊性、个性，"物有理不可以相薄。物有理不可以相薄，故理之为物之制。万物各异理。万物各异理，而道尽稽万物之理，故不得不化；不得不化，故无常操。无常操，是以死生气禀焉，万智斟酌焉，万事废兴焉"。第三，道是绝对的，理是不确定的，所以万物皆非恒常，"夫物之一存一亡，乍死乍生，初盛而后衰者，不可谓常。唯夫与天地之剖判也俱生，至天地之消散也不死不衰者谓'常'。而常者，无攸易，无定理。无定理，非在于常所，是以不可道也"。第四，对道和理的认识，目的在于解释和解决人类社会中的问题，尤其是政治活动，"夫缘道理以从事者，无不能成。无不能成者，大能成天子之势尊，而小易得卿相将军之赏禄"（《韩非子·解老》）。

【原文】知治人者，其思虑静；知事天者，其孔窍虚。思虑静，故德不去；孔窍虚，则和气日入。故曰：重积德。（《韩非子·解老》）

【释义】知道如何治理人的人，他的思虑清静；知道如何奉事上天的人，他的五官虚空。思虑清净，存有的德便不离去；五官虚空，则和气不断进入。所以说要注重积德。

【解读】韩非子发挥了老子关于"德"的理论。第一，"德"是事物内在属性，"德者，内也。神不淫于外，则身全。身全之谓德。德者，得身也"（《韩非子·解老》）。事物内在的精神性是德，赋予物身以生命。在一定程度上，德与道具有同等的含义。第二，由内在的精神性之"德"，引申出具有良善属性的道德（德性）和恩德两种内涵，"上德不厚而行武，非道也"（《韩非子·五蠹》），"内有德泽于人民者，其治人事也务本"（《韩非子·解老》）。第三，"德"既会失去，也可以累积、获得。德是道汇聚之结果，"道有积而积有功。德者，道之功"，那么德同样可以汇聚积累而成，只不过也要向道那样通过虚静无为的方法。总之，德在韩非那里具有多方面的含义，但侧重于内在精神、美德、恩德，并能够为人所（积极）干预，故云："身以积精为德，家以资财为德，乡国天下皆以民为德。今治身而外物不能乱其精神，故曰：修之身，其德乃真。真者，慎之固也。治家，无用之物不能动其计，则资有余，故曰：修之家，其德有余。治乡者行此节，则家之有余者益众，故曰：修之乡，其德乃长。治邦者行此节，则乡之有德者益众，故曰：修之邦，其德乃丰。莅天下者行此节，则民之生莫不受其泽，故曰：修之天下，其德乃普。"（《韩非子·解老》）

【原文】是故子墨子言曰：今天下之君子，忠实欲天下之富而恶其贫，欲天下之治而恶其乱，当兼相爱，交相利。此圣王之法，天下之治道也，不可不务为也。（《墨子·兼爱中》）

【释义】所以墨子说："现如今天下的君子们，如果内心确实想要天下富足，而不喜欢天下贫穷；希望天下治理好，而不喜欢天下混乱，那就应该互爱互利。这是圣王经世治国的法则，治理天下的基本原则，不可以不努力去做啊。"

【解读】墨子所言之道多为古圣人之道。墨子把他自己倡导的尚贤、尚同、兼爱、非攻、节用、节葬、天志、明鬼、非乐、非命等十大主张皆上升为经世致用的基本原则、固国安邦的办法。兼相爱、交相利是其逻辑起点，其他主张皆以此为基础展开论述。

【原文】且今天下之士君子，中实将欲为仁义，求为上士，上欲中圣王之道，下欲中国家百姓之利者，当天之志，而不可不察也。天之志者，义之经

也。(《墨子·天志下》)

【释义】所以现如今天下的士君子们，如果心中确实希望实行仁义，力求成为高尚之士，希望对上符合圣王之道，对下符合国家百姓的利益，对天的意志就不可不详细考察。天的意志就是义的基本原则。

【解读】墨子所言之"道"大多是指古时的圣王之道，亦即仁义之道。只是墨子更加强调"义"的重要性，并从兼相爱、别相恶、尚贤、非攻、天志等理论视角对圣王之道进行了补充和再阐释。

【原文】兵者，国之大事，死生之地，存亡之道，不可不察也。(《孙子兵法·始计篇》)

【释义】战争，是国家的头等大事，它关乎人的生死、国家的存亡，不能不认真细致地考察。

【解读】孙子在开始便将战争定位于关系人民生死、国家存亡之"道"的高度对待，"不可不察"，一是警示世人不可轻易发动战争，二是在战争不可避免的情况下需认真研究，不可为战而战，充分体现了孙子"慎战"的态度和对生民、国运之关怀。

【原文】故经之以五事，校之以计，而索其情：一曰道，二曰天，三曰地，四曰将，五曰法。道者，令民与上同意也，故可以与之死，可以与之生，而不畏危。(《孙子兵法·始计篇》)

【释义】应通过如下五个方面的比较分析，来探讨决定战争胜负的情形：一是"道"，二是"天"，三是"地"，四是"将"，五是"法"。所谓"道"，就是使民众与君主保持同一的思想和意志，这样，民众就能与君主同生共死而毫无畏惧。

【解读】孙子从"道""天""地""将""法"五个方面来预测和分析战争的胜负，同时表明战争要想取得胜利应从这五个方面着手准备，缺一不可。此处之"道"是从政治意义上阐述君主为王之道，使民与君同心同德。孙子将"道"置于首位，可见其对人民、民心之重视，也反衬了人民和民心在战争中的重要意义。

【原文】故知胜有五：知可以战与不可以战者胜，识众寡之用者胜，上下同欲者胜，以虞待不虞者胜，将能而君不御者胜。此五者，知胜之道也。

（《孙子兵法·谋攻篇》）

【释义】因此，预测胜负有五个方面，一是懂得什么情况下可以交战、什么情况不可以交战的一方会胜；二是懂得兵力多少并能灵活运用的一方会胜；三是全军上下同心同德面对敌人的一方会胜；四是有准备应对无准备一方的胜；五是将领有指挥作战的才能且国君不横加干预的一方会胜。以上五个方面是判断胜负的途径。

【解读】此处的"道"为方法之意，"知胜之道"即判断胜负的五种方法。孙子在《计篇》中提出"道""天""地""将""法"为决定战争胜负的五大因素，此处又提出判断战争胜负的五个方面。二者并不冲突，《计篇》从宏观战略上提出，《谋攻篇》从微观具体战事中总结出五个方面因素，且主要集中于人的因素上。

【原文】善用兵者，修道而保法，故能为胜败之政。（《孙子兵法·形篇》）

【释义】善于用兵打仗的人，需研修兵家之道并确保治军的法度，所以能成为战争胜败的主宰。

【解读】善于用兵打仗，且能主宰战争胜负的人，一定通达用兵的基本原则。此处"道"亦有注者解释为政治一说，然依据上下文来看，"善用兵者"应具备的素质和品格已经超越了单一的政治因素，说"上知天文、下知地理"，中间亦能"知人"一点不为过。可见，此"道"意义应更为宽广，即作为"用兵之本"的宏观范畴和基本原则。

【原文】地形有通者，有挂者，有支者，有隘者，有险者，有远者。……凡此六者，地之道也，将之至任，不可不察也。（《孙子兵法·地形篇》）

【释义】地形有通、挂、支、隘、险、远等六类。以上六点，是利用地形的基本原则，是将帅最重要的责任，必须认真考察研究。

【解读】孙子在《行军篇》中对行军驻军过程中遇到的地形地势做了详尽分析和应对原则的探讨。《地形篇》则从实地作战、排兵布阵的角度对各种地形地势进行研究，提出了依据不同地形条件巧妙应用不同战略战术的重要性。孙子将此看作是"地之道"，是关系战争胜负的重要因素，其后亦提及"地行者，兵之助也，知此而用战者必胜，不知此而用战者必败"。因此，将帅的重要责任就是要通晓这些军事地理知识并能认真研究，灵活应用。

【原文】知彼知己，胜乃不殆；知天知地，胜乃不穷。(《孙子兵法·地形篇》)

【释义】既了解对方，也了解自己，就可以获胜而不被打败；懂得天时地利，就会不断获取胜利。

【解读】知彼知己、知天知地实质是要懂得"天""地""人"三才相合的道理，知己知彼是就主观人事而言，知天知地是就客观自然条件、地理环境而言，天时、地利、人和才能获取最终胜利。

【原文】祖潜至碓坊，见能腰石春米，语曰："求道之人，为法忘躯，当如是乎？"(《坛经·行由品第一》)

【释义】五祖悄悄来到碓坊，看见惠能正弯腰拴着一块大石头费力地春米，说道："求佛道的人，为了佛法忘却自身，应当像这样啊。"

【解读】此句使人明白，对事理、规律要心存尊重和敬畏之情。尤其是在探求宇宙人生大道的过程中，更是要有不怕苦累的精神，最好是能做到为法忘躯、勇猛精进。

【原文】世人若修道，一切尽不妨，常自见己过，与道即相当。色类自有道，各不相妨恼，离道别觅道，终身不见道。……欲得见真道，行正即是道。自若无道心，暗行不见道。(《坛经·般若品第二》)

【释义】世间的人，如果想要修学佛道，一切法门都不妨，重要的是自己要时常自我反省，看看有没有什么过失？这样就契合了佛教的义理。如果连这个基本道理都不能遵循，世人可能终生都难以实现修身进德以成道。总之，若想修道成道，须谨记守好道心，并努力确保行正，否则将难以见道。

【解读】这句话概括了修道功夫论，建议人们遵循基本规律，学着从自我反省做起，逐渐改善自身的心性修养。这段话使人明白，人生修养中最基本的道理是多从自身找原因，只要坚持这样去做，就有望积德近道。

第三章 明本

　　员工为企业之本，本立则企业固；科技为兴盐之方，方举则企业强。人文科技，二者不偏。若此必会通中西，融贯古今，明本达用，人成则事成，事成则业兴。

　　【原文】善不积不足以成名，恶不积不足以灭身。小人以小善为无益而弗为也，以小恶为无伤而弗去也。故恶积而不可掩，罪大而不可解。（《周易·系辞》）

　　【释义】善行不积累就不足以成就名声，恶行不积累就不足以毁灭己身。普通人以为小的善行没有多少益处便不去实践它，以为小的恶行没有多少伤害而不去远离它。于是最终恶行积累而导致无法掩盖，罪孽深重而不可消解。

　　【解读】德行是一个人的立身之本。因此，首先要辨别善恶，然后为善去恶。为善去恶需要落实在切切实实的行动之中，不能空谈，不能幻想，当脚踏实地。比如，人们在某个岗位上，就要把自己的本职工作做好，这就是积善，否则就是积恶。不能耍小聪明偷懒，并以为自己得了便宜，而事实上这样的行为属于拣了芝麻丢了西瓜。如果这芝麻捡多了，最后就会出现"恶积而不可掩，罪大而不可解"的局面，故不可不慎。因此，要明本而行，脚踏实地。

　　【原文】君子终日乾乾，夕惕若，厉，无咎。何谓也？子曰："君子进德修业。忠信，所以进德也；修辞立其诚，所以居业也。知至至之，可与言几也；知终终之，可与存义也。"（《周易·乾》）

　　【释义】君子从日出到日落到健而又健，勤勉处事，到了晚上还是小心谨慎的样子，虽然有危险，也没有咎害。上述这段爻辞说的是什么呢？孔子说：
"君子增进德行，修行功业。忠诚笃信，所以能够增进德行；修饰言辞从而树
立自己的真诚行为，所以能够修行功业。知道自己的去处，并且努力到达，
这样就可以和他说几微之理。知道自己的终点，并且坚持到底，这样就可以
与他共存道义。"

【解读】明本的目的在于指导行为，于是经文告知我们进德修业的实现途
径。首先是要忠信，其次是修辞立其诚。前者是内在的，属于养心的范畴；
后者是外在的，属于养身的范畴。身心二者都能够提高后，便可以提高自我
对外界的感知能力，同时明确自己的自我定位。这里要强调"诚"和"几"。
"诚"就是真实地面对自我，不要自欺欺人的意思。"几"则指一个事物微微
一动。这里强调一个人不可以掉以轻心，要以真诚的态度来面对心灵中微微
一动的状态，要努力提高自己心灵的敏锐度，提高自己生活与学习的主动性，
这样才能在事物刚生发之时便能感知它，并对之进行合理判断，从而在具体
的实际行为中明达生命的根本。

【原文】履，德之基也。谦，德之柄也。复，德之本也。恒，德之固也。
损，德之修也。益，德之裕也。困，德之辨也。井，德之地也。巽，德之制
也。(《周易·系辞》)

【释义】履卦，是德行的基础。谦卦，是德行的权柄。复卦，是德行的根
本。恒卦，是德行的固蒂。损卦，是德行的修炼。益卦，是德行的富足。困
卦，是德行的明辨。井卦，是德行的依归。巽卦，是德行的制度。

【解读】这是"三陈九卦"，引文是三次陈述中的一个方面。"九卦"指的
是履卦、谦卦、复卦、恒卦、损卦、益卦、困卦、井卦、巽卦这九个卦。第
一次陈述说明的是九个卦在德性中不同的角色扮演；第二次陈述说明的是九
个卦的具体特征，第三次陈述说明的是九个卦的具体作用。总而言之，三陈
九卦的目的主要有两个方面：第一是要人们树立起好的思想观念，即做事情
要有一个好的指导思想；第二是告知人们在具体实践中应该注意的事项。需
要说明的是，虽然九个卦是针对德性而言的，但是在理解和运用的时候可以
不用将之仅仅限于德性方面，可以将之类比于其他事情之中，从而形成一个
具有弹性的理解。汉字具有很强的弹性，所以常常一个概念都有多层意思。
人们在理解和应用汉字的时候也要根据具体的时空背景和自身特点来把握。
总而言之，这九个卦的目的就在于使得人们对德行有一个根本的认知，从而

进一步指导实践。

【原文】曰若稽古帝尧，曰放勋，钦、明、文、思、安安。(《尚书·尧典》)

【释义】查考先时而知有个皇帝叫作尧，又名放勋。他神态庄重、明理达事、文质彬彬、精思详虑，使得人们各安其位，井然有序。

【解读】这段话主要说了帝尧的品质，恭敬、明达、文雅、思辨、心安等特点都是他明本的体现。这些特征都是在他对自我有深刻认知后而产生的自然而然的结果。尤其需要注意的就是"安安"。《说文解字》中解释"安"为：静、宁。从字形上看有女子在屋子底下的形象。引申出来就是万事万物在各自的轨道上、在各自的位置上，相互独立又相互联系的并行不悖的状态。使得万物相安这是明本的重要表现，我们在自己的生活中，要尤为关注这个"安"：身体的平安以及内心的安定。

【原文】皋陶曰："宽而栗，柔而立，愿而恭，乱而敬，扰而毅，直而温，简而廉，刚而塞，强而义。"(《尚书·皋陶谟》)

【释义】皋陶说："宽大而又庄重，善柔而又坚固，志向高远而能恭敬，治乱而有敬畏之心，有所行动而又坚毅，直率而又温和，简朴而又廉洁，刚毅而又灵活，强大而又仁义。"

【解读】这里说的是人的九种德行。需要注意的是，九种德行都是阴阳两种特性配对出现的。宽时约之以礼，扰而约之以毅，等等。这就告诉我们每一种德行都有它的弱点，那么我们在认知一种德行的时候，也要对它的不足有所认知，从而对之进行约束，这样这种德行才能更好地为我所用。不能单纯地强调德行，而要对之进行理性观察，这是我们提高自主性和独立思考能力的重要途径。

【原文】王若曰："格汝众，予告汝训汝，由黜乃心：无傲从康。"(《尚书·盘庚》)

【释义】王这样说："我告诫大家、训导大家，应当去除你们心中的私欲，不要傲慢放逸，不要沉迷于玩乐。"

【解读】经文强调了这个"心"字，这里主要指的是内心的私欲。内心的私欲是人人常有的，所以商王要反复告诫百官去除私心。私心是一种本能，因此，对于这种私心，需要客观地去审视和辨析，从而采取一种理性的方式去面对它便可。无论采取什么具体方法，都会有一个循序渐进的过程，《论语》中说的"吾日三省吾身"也是这个道理。"三省"说的便是一种反复的过程。这需要自己不断努力方可。

【原文】二，五事：一曰貌，二曰言，三曰视，四曰听，五曰思。貌曰恭，言曰从，视曰明，听曰聪，思曰睿。恭作肃，从作乂，明作哲，聪作谋，睿作圣。（《尚书·洪范》）

【释义】第二章，君王自身的五事：一是态度，二是言语，三是观察，四是闻听，五是思考。态度要虔敬，语言要和顺，观察要透彻，听取意见要清晰，思考问题要睿智。态度虔敬，而伴之以严肃庄重；说话和顺，就能解决很多问题；观察透彻，便可以知人知己；闻听清晰，就能够有勇有谋；思考睿智，就能够达贤通圣。

【解读】经文表述了君王能够管理好国家、管理好自己的言行举止。这段经文不仅仅是针对君王而言，它同时也适用于每一个人。态度，表现为一种肢体语言，即"身"，语言则对应"口"，观察则对应"眼"，闻听则对应"耳"，思考则对应"心"。因此，我们就可以把这段经文看作是对身、口、眼、耳、心的一种规范。《论语》提到"非礼勿视，非礼勿听，非礼勿言，非礼勿动"，两者可谓异曲同工。因此，经文中的"五事"可以统归于"礼"。"礼"说的便是一种秩序。所以，经文对我们的一个重要启示便是在生活中要保持身心秩序的内在平衡。

【原文】用康乃心，顾乃德，远乃猷（音"yóu"，谋略之意），裕乃以；民宁，不汝瑕殄（音"tiǎn"，绝之意）。（《尚书·康诰》）

【释义】平和你的思想，观照你的品德，使你的谋略深远，给予百姓富足。百姓安宁，国运才会持续不断。

【解读】这段话强调了德行是一个人的立身之本，因此要对德行的重要性有明确的认识。明本的内涵之一就是要明晓品德为立身之本。"德"表现在人的言行举止中就是能够理性对待事物，不被私欲蒙蔽良心，知道分享利益和承担责任。人们在工作中和家庭中，都需要以德为本。

【原文】采薇采薇，薇亦刚止。曰归曰归，岁亦阳止。王事靡盬，不遑启处。忧心孔疚，我行不来！……昔我往矣，杨柳依依。今我来思，雨雪霏霏。行道迟迟，载渴载饥。我心伤悲，莫知我哀！（《诗经·小雅》）

【释义】薇菜采啊采，薇菜的茎叶变老了。回归吧回归，年已至末又复一年。战事没有尽头，何处可以安身？内心焦虑难安，不知归家何时。……彼时去的时候，杨柳依依。今日回来了，雨雪纷纷。山高路远，又饥又渴。我的内心伤悲，无人可以理解。

【解读】对这段话，可以做如下解读。第一，从生命的角度而言，"本"指的是一种回归，一种生命的回归，如经文中说的"曰归曰归"。经文中的归，一方面可以指回到家乡，另一方面也可以进一步指生命的回归。第二，从统治者统治的角度而言，"本"可以理解为百姓，百姓是国家之本。因此要明本，从国家的角度而言，要让百姓安居乐业；从生命的角度而言，要让不同层面的人内心有所依归，各有着落。

【原文】蟋蟀在堂，岁聿其莫。今我不乐，日月其除。无已大康，职思其居。好乐无荒，良士瞿瞿。（《诗经·唐风》）

【释义】天气寒冷蟋蟀跑进了屋内，一年即将匆匆而过。我是否应该及时行乐，日月是这样匆匆而过啊。可是如何能够过度行乐，自己身居其位如何可以懈怠。行乐而又不荒废事业，良士如何可以平衡，还是谨慎为要。

【解读】经文说到了工作和娱乐之间的一种关系。工作和娱乐是人们生命中面对的两件大事，要明晓这两者之间的关系，以及如何对待二者之间的关系。处理好工作和娱乐之间的关系，要在工作中找到乐趣，或者将工作本身看作一种乐趣。要从观念上建立起对工作与娱乐二者关系的正确态度，这样将有利于人们明白自我生命之本。

【原文】夏之日，冬之夜。百岁之后，归于其居。冬之夜，夏之日。百岁之后，归于其室。（《诗经·唐风》）

【释义】冬夏交替，岁月流转。百年之后，人们将归于自我本来的居所。春秋变换，时光消逝。百年之后，人们将归于自我本来的所在。

【解读】经文说到了时间流逝，人们归于故乡的问题。故乡既是一个地理上的概念，指的是人出生的地方，也是一个精神上的概念，指人精神所依归的地方。这是每个个体都需要面对的问题。人们在工作生活中，需要找到这样的一个立足点，如此才更有利于稳步前行，心安理得。尤其是在当前这种经济迅速发展的时代，很多人常常会被时代裹挟着前行，慢慢地便忘了自己将要何去何从。然而这个问题一直存在。或早或晚，人们都需要面对这个问题。这就是关于自我生命的思考。在思考和实践的过程中，不一定能够轻易将这个问题弄清楚，但是人们首先要有这个问题意识，要在相应的阶段回过头来好好思考一下这个问题，将这个问题思考清晰后再前行。当然还要注意的是，这个问题不能总是挂在嘴边，盘旋、停留在脑中。这是一个战略性的问题，认真思考，想清楚后，就要搁置起来，将之化成行动，要用实实在在的行动来执行它。孔子说的"学而不思则罔，思而不学则殆"讲的就是这个道理，思和学要并行，也就是知和行要合一。

【原文】礼尚往来。往而不来，非礼也；来而不往，亦非礼也。人有礼则安，无礼则危。故曰：礼者不可不学也。夫礼者，自卑而尊人。(《礼记·曲礼上》)

【释义】礼贵在有来有往，形成彼此之间的交流。馈赠他人，却得不到反馈，这是非礼的；别人馈赠于我，我却无动于衷，这也是非礼的。人有了礼才会身心两安，缺乏礼则会使自我处于危险的境地。所以说，礼数是不可不学的内容。所谓礼，其中的一个方面就是要尊重别人而降低自我。

【解读】这段经文主要强调两点，第一个是沟通交流，即所谓的礼尚往来，《周易·泰卦》亦言"天地交泰"，便是强调要有交流；第二个是要尊人而自卑，即抬高别人，降低自我。这两点总结起来便是一种设身处地的心理，即我们要常常站在对方的角度来考虑问题，不能只是从自我角度出发来理解和考虑问题。这种情况下的往来才会是一种健康的往来状态，符合礼的规范。

【原文】先王之立礼也，有本有文。忠信，礼之本也；义理，礼之文也。无本不立，无文不行。(《礼记·礼器》)

【释义】先王订立礼制，有本根有文饰。忠信，这是礼的根本；义理，这是礼的文饰。没有根本，礼就无法立定；没有文饰，礼就很难施行。

【解读】经文强调了礼制之本就在于忠信。所以明本就是要做到忠信，没有忠信，则礼便无以立。但是有本还不行，还要配合以文，文就是文饰。所以我们说话就需要注意修饰、需要措辞。例如在正式场合便需要注意着装、修饰言辞，这些都是"文"的表现。"本"是内在的，而"文"是外在的。"文"靠"本"才能够挺立，"本"通过"文"才能够被认知。所以我们两个方面都需要兼顾，不可偏废。

【原文】凡治人之道，莫急于礼；礼有五经，莫重于祭。夫祭者，非物自外至者也，自中出，生于心也。(《礼记·祭统》)

【释义】所有治理人群的方法中，没有比礼更重要的；礼包含吉、凶、宾、军、嘉五种，没有重于祭礼的。祭祀之礼，并非由于外力使然，乃是由"中"的概念而引申出来的，是自然而然地发自于内心的。

【解读】这里强调了三个"本"：第一个是治道之本，礼也；第二个是礼之本，祭祀也；第三，祭礼之本，心也。三者的范围不断缩小，程度不断递进。由此，我们也可以看出明本在于明此心，自我的本心是最为根本的。无论我们做什么事情，进行什么选择，都要有自我的本心参与进来方可，否则便只是一种外在的、被动的、出于习惯的行为。一个人要真正成长，那就是要在生活中感受到自我的本意真心，如此才有可能做到心安理得。

【原文】故礼以道其志，乐以和其声，政以一其行，刑以防其奸。礼、乐、刑、政，其极一也，所以同民心而出治道也。(《礼记·乐记》)

【释义】所以礼是用来引导人们的志向，音乐是用来谐和人们的心声，政治的目的在于统一人们的行为，刑罚的目的在于防患人们的奸佞。礼、乐、刑、政的最终目的是一致的，都是为了使民心和同、社会安定。

【解读】礼、乐、刑、政，各有其本。统治者需要明本而行，了解事物的特点，按照其内在规律来使用它，从而更好地发挥其作用。礼要遵照礼的规律，乐要遵照乐的规律，刑要遵照刑的规律，政要遵照政的规律。它们共同的作用都是和同民心，使得社会长治久安。因此，对于领导者来说首先要了解事物的内涵，如此才能事半功倍。人们在生活工作中，同样面对各种对象和关系，不可急于行动，最先需要做的乃是先把对象的特点、属性搞清楚。搞清楚事物的特性就可以称之为明本。在此前提下，行动才能有针对性，根据不同的对象采取不同的策略。

【原文】凡音者，生于人心者也。乐者，通伦理者也。是故知声而不知音者，禽兽是也。知音而不知乐者，众庶是也。唯君子为能知乐。(《礼记·乐记》)

【释义】音，是由人心感于物而产生的。乐，则是通达伦理的。所以只知道"声"而不知道"音"的，是禽兽；知道"音"而不知道"乐"的是普通百姓。只有君子通晓"乐"。

【解读】经文告诉我们当通晓"乐"之本，而"乐"是通达伦理的，所以关键便落在了我们当对伦理有自己的思考和见解。孔颖达认为"伦"有类的意思，"理"则有分的意思。伦理的意思便是有区别地进行分类，既要注意一致性，又要注意差异性。我们可以通过对伦理的理解而加深对"乐"的理解；同时亦可以通过对"乐"的体悟而对伦理有更加深刻的认知。它们的共同点都是要在差别和反复中实现一种和谐。由此可知，"乐"是人们生活中的重要工具。对"乐"的本质有所体悟，将会有利于人们对自我本性的理解。

【原文】乐也者，施也；礼也者，报也。乐，乐其所自生，而礼反其所自始。乐章德，礼报情反始也。（《礼记·乐记》）

【释义】乐，是给予；礼，是报答。乐，以自我生成为乐，礼则返回先祖，感念先祖之德。乐是彰美德行，礼是报答恩情返回初心。

【解读】经文对礼乐的概念、特点、作用做了探讨。乐是主动的概念，礼是被动的概念。乐自内生，礼自外起。这样便对礼乐之本有了明晰的认知。我们由明礼乐之本而进一步观照自我生命之本。由礼乐的内外关系来看，我们在工作生活中也要有一种内外的界限，这样在面对不同的问题时，便懂得采取不同的应对方式。

【原文】君子务本，本立而道生。孝弟也者，其为仁之本与！（《论语·学而》）

【释义】君子专心致力于一件事情的根本，只有专注于根本，才能产生仁道。孝敬父母、敬爱兄长，大概便是仁道的根本吧！

【解读】在孔子的学说里，"仁者爱人"是最根本的"道"，是孔子学说的核心思想和终极追求。在这句话中，曾子明确指出，求"仁"应该从孝悌做起，从"孝敬父母、敬爱兄长"这个根本点出发，推而广之，方能成就仁义之道。

【原文】厩焚。子退朝，曰："伤人乎？"不问马。（《论语·乡党》）

【释义】马厩失火了。孔子退朝回来，问："有人受伤了吗？"并没问马怎么样了。

【解读】孔子家里的马棚失火了。当他听到消息之后，只问人有没有受伤，并没有问马的情况。孔子只问人，不问马，是他"以人为本"思想的体现，代表了儒家"仁者爱人"的"人学"。

【原文】夫仁者，己欲立而立人，己欲达而达人。能近取譬，可谓仁之方也己。（《论语·卫灵公》）

【释义】仁是什么？一个有仁德的人，自己想站得住，也要让别人站得住；自己要事事通达，也要使别人事事通达。凡事能够推己及人，可以说是践行仁德的方法了。

【解读】子贡问孔子，怎么样才能称得上"仁"？孔子在这里，以"己欲立而立人，己欲达而达人"来答复子贡。从身边做起，从自己能力范围内做起，凡事能够推己及人，设身处地为他人着想，那么也就做到仁了。

【原文】子贡问曰："有一言而可以终身行之乎？"子曰："其恕乎！己所不欲，勿施于人。"（《论语·卫灵公》）

【释义】子贡问："有一个字可以终身奉行吗？"孔子说："大概是'恕'吧。自己不想要的，不要强加给别人。"

【解读】君子应该有"仁者爱人"之心，表现在待人接物上，最重要的就是"己所不欲，勿施于人"，"己欲立而立人，己欲达而达人"。

【原文】樊迟问仁。子曰："爱人。"（《论语·颜渊》）

【释义】樊迟问孔子什么是仁，孔子说："爱人。"

【解读】孔子的"仁者爱人"的思想，是儒家哲学的核心与基础。他提出的"仁者爱人"，是建立在以人为本、人的生命价值高于一切的基础之上的。后来儒家的"五伦思想"即"仁、义、礼、智、信"思想，都是建立在此基础之上。

【原文】孟子见梁惠王。王曰："叟！不远千里而来，亦将有以利吾国乎？"

孟子对曰："王！何必曰利？亦有仁义而已矣。王曰，'何以利吾国？'大夫曰，'何以利吾家？'士庶人曰，'何以利吾身？'上下交征利而国危矣。万乘之国，弑其君者，必千乘之家；千乘之国，弑其君者，必百乘之家。

万取千焉，千取百焉，不为不多矣。苟为后义而先利，不夺不餍。未有仁而遗其亲者也，未有义而后其君者也。王亦曰仁义而已矣，何必曰利？"（《孟子·梁惠王章句上》）

【释义】孟子拜见梁惠王。梁惠王说："老先生，你不远千里而来，一定是有什么对我的国家有利的吧。"孟子回答说："大王！何必一开口说利呢 只要说仁义就行了。王说'怎样使我的国家有利？'大夫说，'怎样使我的家庭有利？'士人和老百姓说，'怎样使我自己有利？'结果是上上下下互相追逐利益，国家就危险了！在一个拥有一万辆兵车的国家里，杀害国君的人，一定是拥有一千辆兵车的大夫；在一个拥有一千辆兵车的国家里，杀害国君的人，一定是拥有一百辆兵车的大夫。在一万辆兵车的国家中，大夫就拥有一千辆，在一千辆兵车的国家中，大夫就拥有一百辆，他们的拥有不算不多。可是，如果把义放在后而把利摆在前，他们不夺得国君的地位是永远不会满足的。反过来说，从来没有讲'仁'的人却遗弃父母的，也从来没有讲'义'的人却对君主有所怠慢的。所以，大王只说仁义就行了，何必说利呢？"

【解读】在孟子看来，只追求利益，会使人忽视对于道德的培养和完善。孟子认为，"义在利先"，君主只有践行"仁义"，才能使得上下相安、举国一心，否则会以下犯上，分崩离析，国家危矣。

在这里，"仁义"是为君之本。

【原文】王欲行之，则盍反其本矣：五亩之宅，树之以桑，五十者可以衣帛矣。鸡豚狗彘之畜，无失其时，七十者可以食肉矣。百亩之田，勿夺其时，八口之家可以无饥矣。谨庠序之教，申之以孝悌之义，颁白者不负戴于道路矣。老者衣帛食肉，黎民不饥不寒，然而不王者，未之有也。（《孟子·梁惠王章句上》）

【释义】大王如果想施行仁政，为什么不从根本上着手呢？每家给五亩地的住宅，在周围种上桑树，五十岁以上的老人都可以穿上丝绵衣服了。鸡狗猪等家禽家畜，按照时节去饲养、繁殖，七十岁以上的老人都可以有肉吃了。百亩的耕地，不要去妨碍生产，八口之家都可以吃得饱饱的了。认真地兴办学校，用孝顺父母、敬爱兄长的道理反复开导学生，头发斑白的人也就不至于在路上负重行走了。老年人个个穿棉吃肉，一般老百姓吃得饱，穿得暖，这样还不能使天下归服，是从来没有过的。

【解读】孟子认为，齐宣王未实行王道，不是不能，而是不为。于是孟子游说齐宣王施行仁政，通过"制民之产"和"谨庠序之教"，首先使百姓有恒产，足以饱身养家，然后再对他们施以礼义道德的教育。只要做到这一点，老百姓归附，自然犹如万条江河归大海，形成"孰能御之"之势。

一句话，王道之始，以民为本也。

【原文】滕文公问为国。孟子曰："民事不可缓也。《诗》云：'昼尔于茅，宵尔索绹；亟其乘屋，其始播百谷。'民之为道也，有恒产者有恒心，无恒产者无恒心。苟无恒心，放辟邪侈，无不为已。及陷乎罪，然后从而刑之，是罔民也。焉有仁人在位罔民而可为也？是故贤君必恭俭礼下，取于民有制。阳虎曰：'为富不仁矣，为仁不富矣。'"（《孟子·滕文公章句上》）

【释义】滕文公向孟子请教怎样治理国家。孟子说："关心人民是最为迫切的事情。《诗经》上说：'白天割取茅草，晚上搓成绳儿；赶紧修缮房屋，按时播种五谷。'老百姓有一个基本的规律：有一定产业收入的人才有一定的道德观念和行为准则，没有一定的产业收入的人便不会有一定的道德观念和行为准则。倘若没有一定的道德观念和行为准则，就会胡作非为违法乱纪，什么事都干得出来。等到他们犯了罪，然后加以处罚，这等于陷害。哪有仁人在位却做出陷害老百姓的事呢？所以贤明的君主一定要敬业、节俭、礼遇臣下，尤其是征收赋税要依照一定的制度。阳虎曾经说过：'要想发财就不能仁爱，要想仁爱就不能发财。'"

【解读】在养民方面，滕文公在问怎么治理国家的时候，孟子说"民事不可缓也"，即民众的事情最要紧，不能耽搁。他还认为"有恒产者有恒心，无恒产者无恒心"。这是最基本的生活道理。真正仁德的君主，是不会去惩罚百姓的，百姓因为没有固定财产才放荡作恶，是统治者的过错。"是故贤君必恭俭礼下，取于民有制"，这才是贤明君主的应有之义。

在教民方面，孟子主张设立学校，教化民众，在人伦道德上开启人和，使民众安居乐业，互助友爱，循规蹈矩，构建和谐。"设为庠序学校以教之。庠者，养也；校者，教也；序者，射也。夏曰校，殷曰序，周曰庠；学则三代共之，皆所以明人伦也"。这句话的重点是"明人伦"，在这里"明人伦"已经不仅仅是儒家生活上、道德上的主张，还是保证社会和谐的重要措施。

从孟子与滕国的世子滕文公的对话中，我们可以看到，孟子提倡施行仁政、以民为本，展现出儒家独特的政治智慧和浓厚的人文情怀。

【原文】孟子曰:"人有恒言,皆曰,'天下国家'。天下之本在国,国之本在家,家之本在身。"(《孟子·离娄章句上》)

【释义】孟子说:"大家有句口头禅,都说'天下国家'。可见天下的基础是国,国的基础是家,而家的基础则是个人。"

【解读】这句话强调了个体修养关乎家庭兴衰,家庭管理的好坏又直接关涉到国家统治秩序及社会的稳定发展。因此,个体是家庭的根基,家庭是社会的细胞,"细胞"出了问题,不仅影响一个家庭的发展,而且还关乎社会民风,乃至民族和国家的命运。

此句与儒家"八条目"(正心、诚意、格物、致知、修身、齐家、治国、平天下)相一致,代表了儒家知识分子"家国一体"之情怀。

【原文】子曰:"仲尼亟称于水,曰'水哉,水哉!'何取于水也?"

孟子曰:"源泉混混,不舍昼夜,盈科而后进,放乎四海。有本者如是,是之取尔。苟为无本,七八月之闲雨集,沟浍皆盈;其涸也,可立而待也。故声闻过情,君子耻之。"(《孟子·离娄章句下》)

【释义】徐子说:"孔子几次称赞水,说:'水呀,水呀!'对于水,孔子称道什么呢?"

孟子说:"有本源的泉水滚滚涌出,日夜不停,把洼坑注满后继续向前奔涌,最后流入大海。有本源的事物都是这样,孔子就取它这一点罢了。如果没有本源,像七八月间的雨水那样,下得很集中,大小沟渠都积满了水,但它们的干涸却只要很短的时间。所以,声望超过了实际情况,君子认为是可耻的。"

【解读】孟子在这里用水比拟人的道德品质,强调务本求实,反对一个人的名誉声望与自己的实际情况不符。要求众人如同水流一样,有取之不竭的安身立命之本,有仁义礼智的道德修养之源,不断进取,自强不息。

【原文】君子养心莫善于诚,致诚则无它事矣,惟仁之为守,惟义之为行。诚心守仁则形,形则神,神则能化矣;诚心行义则理,理则明,明则能变矣。变化代兴,谓之天德。天不言而人推高焉,地不言而人推厚焉,四时不言而百姓期焉。夫此有常,以至其诚者也。君子至德,嘿然而喻,未施而亲,不怒而威。夫此顺命,以慎其独者也。善之为道者,不诚则不独,不独则不形,不形则虽作于心,见于色,出于言,民犹若未从也,虽从必疑。天地为大矣,不诚则不能化万物;圣人为知矣,不诚则不能化万民;父子为亲矣,不诚则疏；君上为尊矣，不诚则卑。夫诚者，君子之所守也，而政事之本也。唯所居以其类至；操之则得之；舍之则失之。操而得之则轻，轻则独行，独行而不舍则济矣。济而材尽，长迁而不反其初，则化矣。(《荀子·不苟》)

【释义】君子保养身心没有比"诚"更好的了，做到了诚，那就没有其他的事情了，只要守住仁德，只要奉行道义就行了。真心实意地坚持仁德，仁德就会在行为上表现出来，仁德在行为上表现出来，就显示神明，显示神明，就能感化别人了；真心实意地奉行道义，就会变得理智，理智了，就能明察事理，明察事理，就能改造别人了。改造感化轮流起作用，这叫做天德。上天不说话而人们都推崇它的高远，大地不说话而人们都推崇它的深厚，四季不说话而百姓都知道春、夏、秋、冬的变换。这些都是因为诚。君子有崇高的德行，虽沉默不言，但人们也都明白；虽没有馈赠，人们却亲近他；不用发怒，就很威严。这是顺从了天道因而能在独自一人时也谨慎不苟的人。君子改造感化人是这样的。如果不真诚，就不能慎独；不能慎独，道义就不能在日常行动中表现出来；道义不能在日常行动中表现出来，那么即使发自内心，表现在脸色上，发表在言论中，人们仍然不会顺从他；即使顺从他，也一定迟疑不决。天地要算大的了，不真诚就不能化育万物；圣人要算明智的了，不真诚就不能感化万民；父子之间要算亲密的了，不真诚就会疏远；君主要算尊贵的了，不真诚就会受到鄙视。真诚，是君子的操守、政治的根本。只要立足于真诚，同类就会聚拢来了；保持真诚，会获得同类；丢掉真诚，会失去同类。保持真诚而获得了同类，那么感化他们就容易了；感化他们容易了，那么慎独的作风就能流行了；慎独的作风流行了再紧抓不放，那么人们的真诚就养成了。人们的真诚养成了，他们的才能就会完全发挥出来，永远地使人们趋向于真诚而不回返到恶的本性上，那么他们就完全被感化了。

【解读】一般认为，荀子提倡"礼义"。但是在"礼义"的背后，荀子还提出了一个代表本质的"诚"。"君子养心莫善于诚，致诚则无它事矣"。"诚"意味着真挚、专一、对仁爱的坚守、对礼义的践行，君子可以用其身践行仁义的专注与执着去打动别人，使他们尽可能按照礼义的规范来立身行事。

就君王言，荀子明确地说，诚即"政事之本也"。君主的"诚"要实实在在地体现在治理国家的过程中，与臣民真诚相待，让百姓看得到，感受得到。

因此，"诚"既是君子的操守，又是政治的根本。

【原文】分均则不偏，势齐则不壹，众齐则不使。有天有地而上下有差，明王始立而处国有制。夫两贵之不能相事，两贱之不能相使，是天数也。势位齐而欲恶同，物不能澹则必争，争则必乱，乱则穷矣。先王恶其乱也，故制礼义以分之，使有贫富贵贱之等，足以相兼临者，是养天下之本也。《书》曰："维齐非齐。"此之谓也。（《荀子·王制》）

【释义】名分职位相等了就谁也不能统率谁，权势力量相等了就谁也不能制衡谁，大家平等了就谁也不能役使谁。自从有了天地，就有了上和下的差别；英明的帝王一登上王位，治理国家就有了一定的等级制度。两个同样高贵的人不能互相侍奉，两个同样卑贱的人不能互相役使，这是合乎自然的道理。如果人们的权势地位相等，而爱好与厌恶又相同，那么由于财物不能满足需要，就一定会发生争夺；一发生争夺就一定会混乱，社会就会陷于困境，就有亡国的危险。古代的圣王痛恨这种混乱，所以制定了礼义制度来给人们划分等级名分，使人们有贫穷与富裕、高贵与卑贱的差别，使他们彼此之间能够相互督促监视，从而统治他们，这是统治天下的根本原则。《尚书》上说："要整齐划一，在于不整齐划一。"说的就是这个道理。

【解读】荀子在这里提出了"礼义"为"养天下之根本"的主张。古代的圣王制定礼义以分别百姓，使之有贫、富、贵、贱的差别，使人人能各尊其位、各行其是，则天下安矣。

【原文】君子者，天地之参也，万物之总也，民之父母也。无君子则天地不理，礼义无统，上无君师，下无父子，夫是之谓至乱。君臣、父子、兄弟、夫妇，始则终，终则始，与天地同理，与万世同久，夫是之谓大本。故丧祭、朝聘、师旅一也；贵贱、杀生、与夺一也；君君、臣臣、父父、子子、兄兄、弟弟一也；农农、士士、工工、商商一也。（《荀子·王制》）

【释义】君子，是天地的参育，万物的汇总，百姓的父母。没有君子，那么天地就不能治理，礼义就没有头绪，上没有君主、师长的尊严，下没有父子之间的伦理道德，这叫作极其混乱。君臣、父子、兄弟、夫妻之间的伦理关系，从始到终，从终到始，它们与天地有上下之分是同样的道理，与千秋万代同样长久，这叫作最大的根本。

所以，丧葬祭祀的礼仪、诸侯朝见天子的礼仪、军队中的军阶等级的礼仪，其道理是一样的。使人高贵或卑贱、将人处死或赦免、给人奖赏或处罚，其道理是一样的。君主要像个君主、臣子要像个臣子、父亲要像个父亲、儿子要像个儿子、兄长要像个兄长、弟弟要像个弟弟，其道理是一样的。农民要像个农民、读书人要像个读书人、工匠要像个工匠、商人要像个商人，其道理是一样的。

【解读】天地，是生命的本源；礼义，是天下大治的本源；而君子，是礼义的本源。荀子在此强调了儒家君臣、父子、兄弟、夫妻之间伦理关系的重要性，是一切事物之"根本"，是处理关系之准则。君君、臣臣、父父、子子、兄兄、弟弟、农农、士士、工工、商商，所有的道理都是一样的，大家都要遵从礼义，各安其位、各行其是。

【原文】礼者，治辨之极也，强国之本也，威行之道也，功名之总也，王公由之，所以得天下也；不由，所以陨社稷也。故坚甲利兵不足以为胜，高城深池不足以为固，严令繁刑不足以为威。由其道则行，不由其道则废。（《荀子·议兵》）

【释义】礼义，是治理辨别的最高准则，是国家强大的根本保障，是威力得以扩展的有效办法，是功业名声得以成就的核心道理。天子诸侯遵行了它，所以能取得天下；不遵行它，就会丢掉国家社稷。所以，坚固的铠甲、锋利的兵器不足以用来取胜，高耸的城墙、深深的护城河不足以凭借固守，严格的命令、繁多的刑罚不足以造成威势，遵行礼义之道才能成功，不遵行礼义之道就会失败。

【解读】这段话再次总结了礼义的根本作用，特别是在国家治理层面上的作用，它是王侯将相的凭借，是政权稳固的保证，也是天下长治久安的根本。

【原文】礼有三本：天地者，生之本也；先祖者，类之本也；君师者，治之本也。无天地恶生？无先祖恶出？无君师恶治？三者偏亡焉，无安人。故礼上事天，下事地，尊先祖而隆君师，是礼之三本也。（《荀子·礼论》）

【释义】礼有三个根本：天地是生存的根本，祖先是家族的根本，君长是政治的根本。没有天地，怎么生存？没有祖先，家族从哪里产生？没有君长，怎么能使天下太平？这三样哪怕部分缺失，也不会有安宁的百姓。所以礼，上事奉天，下事奉地，尊重祖先而推崇君长。这是礼的三个根本。

【解读】不同于以往的强调"礼义"为治国之本、人道之极的重要性，荀子在这里，指出了"礼义"的三个根本方向：天地、祖先和君长，因此遵从践行礼义，就是要上事奉天，下事奉地，尊重祖先而推崇君长。

【原文】古之欲明明德于天下者，先治其国；欲治其国者，先齐其家；欲齐其家者，先修其身；欲修其身者，先正其心；欲正其心者，先诚其意；欲诚其意者，先致其知，致知在格物。(《大学》)

【释义】古时候，要想使天下人彰明德行，必须先治理好国家，端正好风俗。若要治好国家，则先要好管理好自己的家庭。若要管理好家庭，则要先修养自身。要修养自身，则要先端正心志。要端正心志，则要先使自己有诚意。想要有诚意，则要先丰富知识，明白道理。要丰富知识，则要深入研究事物的原理。

【解读】这是《大学》的条目功夫，大人分内之事，有其秩序，意欲天下人能明明德，则要先治其国，端正风俗，施行教化。要治一国之人，就必先管好一家之人，因为国之本在家。而要管好一家之人，必先要修治己身，因为一家之本在身，而心为身之主宰，故要修身，必先正其心。心容易为意所动摇，故要正心，必先诚其意。若要诚其意，就必须先明白事理，致其知。道理散见于万事万物，要致其知，还须穷究事物之理，明白事物的根本道理。

【原文】物格而后知至；知至而后意诚；意诚而后心正；心正而后身修；身修而后家齐；家齐而后国治；国治而后天下平。(《大学》)

【释义】通过对万事万物的探究和认识，然后才能获得知识。获得了知识后才能意念真诚，意念真诚后心志才能端正。心志端正后，才能修身，修好身才能管理好家庭，管理好家庭后才能治理好国家，治理好国家后才能天下太平。

【解读】人能穷究天下事物的道理，然后心里通明洞达，没有亏蔽。物格而后知至。知既到了至处，然后善恶真妄，见得分明，发出来的念虑，都是真实，无些虚假，而意于是乎可诚。欲正气其心，必先诚其意，只有正心诚意，修身则能精进，人不正心诚意，则不能持之以恒，不能全身投入，念念在兹。修身、齐家、治国的功夫一样比一样要大，但都是从正心诚意开始。

【原文】是故君子先慎乎德。有德此有人，有人此有土，有土此有财，有财此有用。德者，本也；财者，末也。外本内末，争民施夺。(《大学》)

【释义】君子应该注重德行。君主有德行才有人拥护，有人拥护才会有国土，有国土才会有财富，有财富才能供使用。德行是根本，财富是末事。如果轻根本而重末事，那就会与民争利。

【解读】可叹世上之人只知本末倒置，舍本逐末。古之君子则不然，他只在意那德行是否牢固，一心修养自己的品行。至于那财物，则毫不在意。因为根本牢固了，那些处于末端的东西自然就拥有了。

【原文】射有似乎君子，失诸正鹄，反求诸其身。(《中庸》)

【释义】射箭的道理与君子的行为有相似的地方，没有射中靶子无须怨恨任何外在事物，应该审视自身，自身端正才能实现目标。

【解读】这句话以射箭为例，指出了射礼之中自身为本、外物为末的本末关系，只有端正自身才能够射中靶子，突出了"明本"的重要性。这种"明本"思维在贤文化中不但用于指导修身立德，而且用于指导企业的经营管理中。贤文化指出员工为企业之本，本立则企业固；科技为兴盐之方，方举则企业强。明本达用，人成则事成，事成则业兴。

【原文】故为政在人，取人以身，修身以道，修道以仁。(《中庸》)

【释义】因此，治理政事的关键在于得民心，民心的获得取决于君主的修身立德，修身立德的成败取决于是否遵循天下的大道，能不能遵循天下大道取决于是否有仁爱之心。

【解读】这段话从治理天下、得民心、修身立德、遵道而行、仁爱之心等相互关系入手，阐明了仁爱之心是做人之根本，也是成就事业的基本条件，只有重视根本性事物，才有可能逐步实现人生一个又一个阶段性目标。《中庸》的这种明本、重本思想，指明了做人做事要从基础做起，要围绕根本性问题而努力。贤文化发扬了这种明本思想，并且推广到现代企业运营之中，指出了员工为企业之本，本立则企业固；科技为兴盐之方，方举则企业强。

【原文】唯天下至诚，为能经纶天下之大经，立天下之大本，知天地之化育。夫焉有所倚？肫肫其仁！渊渊其渊！浩浩其天！苟不固聪明圣知达天德者，其孰能知之？(《中庸》)

【释义】只有德行至诚的圣人，才能成为治理天下的典范，才能树立起天下的根本法则，才能认识并掌握天地化育万物的道理。圣人依靠什么而达到这样的境界呢？圣人依靠的是诚挚不二的仁爱之心、玄幽如深渊的智慧和广阔如天的德行。如果不是真正聪明智慧、达到天德的人，谁能知道天下最高的真诚对人生及社会的重要性呢？

【解读】这段话突出了德行之至诚是做人之本、做事之本、治天下之根本。制定天下的法则、认识天下的道理以及治理天下，最根本条件就是要有至诚仁爱之心。贤文化结合中国优秀传统文化及现代企业生产经营实际，认识到至诚之德行对于员工、企业及社会的重要性，以提升员工素养、积累企业道德资本、勇担社会责任为文化发展的根本目的，引领企业走明本、固本、重本之路，认为员工至诚之德行及仁爱之心为建设百年企业之根本。

【原文】伊川先生曰："喜怒哀乐之未发，谓之中。"中也者，言"寂然不动"者也，故曰："天下之大本。""发而皆中节谓之和"，和也者，言"感而遂通"者也。故曰："天下之达道。"（《近思录·道体》）

【释义】程颢说：人在喜怒哀乐还没有表现出来时称之为中。所谓中，就是不被情感左右，寂然不动，所以中是天下的大本。如果一个人的情感表现得全都适度，就称之为和。和的意思，就是《周易》上说的感应而能贯通天下，所以说和是"天下之达道"。

【解读】"中"是天下的大本，所谓"中"，是不偏不倚，无过不及。凡人与物还未交接之时，情还未曾发动，所以不喜、不怒、不哀、不乐，寂然不动，这就是"中"。一个人修养的根本要务在于"中"。当人与物接之时，当喜则喜，当怒则怒，当哀则哀，当乐则乐，凡事都合着当然的节度，无所乖戾，这就叫做和。

【原文】知性善，以忠信为本，此"先立其大者"。（《近思录·为学》）

【释义】懂得性善，就要以忠信为修行的根本，这就是孟子所谓的"先立其大者"的意思。

【解读】培养品行总是从根本处用功。忠信，是性善之基，正如《礼记》说：忠信，礼之本也。可以说，忠信是修身养性最基本的追求，是为学向善的最基本的东西。

【原文】凡物有本末，不可分本末为两段事。洒扫应对是其然，必有所以然。（《近思录·道体》）

【释义】万事万物都有一个根本和末节，但是两者不可截然分开。例如教育子弟洒扫应对之礼，理应如此，还有一个为何如此的道理。

【解读】所谓一屋不扫何以扫天下。看似稀疏平常的事情，却蕴含着根本的道理，一切礼节背后也有一个必然如此的理由。譬如洒水扫地、待人接物，看似平常，何尝没有体现修身养性的道理呢？所以根本与末节其实是相通的。有人说只要在根本上做好，末节可以不管。然而若根本上做好，末节自然便好。

【原文】根本须是先培壅，然后可立趋向也。趋向既正，所造浅深，则由其勉与不勉也。（《近思录·为学》）

【释义】为学应该先培植根本，打好根基，然后可以确立方向，方向确立正确了，至于造诣深浅，就看他努力不努力了。

【解读】齐家治国必建立在正心诚意的根本之上。文辞的好坏必建立在质朴的根本之上。为学，先要在根本上培育、稳固，才能不断精进。

【原文】治道亦有从本而言，亦有从事而言。从本而言，惟从格君心之非，正心以正朝廷，正朝廷以正百官。若从事而言，不救则已，若须救之，必须变。大变则大益，小变则小益。（《近思录·治体》）

【释义】治国之道，可以从根本上看，也可以从行事上看。从根本上说，治国只是纠正君心之非，端正君心以端正朝廷，端正朝廷以端正百官。从行事上说，不救时弊则已，若要救弊，必须变革，大变则大益，小变则小益。

【解读】处事与治国的道理总是一样的，都需先从根本上去讲求。若处事，其根本在于从处事者自己身上去讲求。若论治国，则根本在于国君自身上去讲求。用到今天的企业治理，就必须从企业管理者自身去讲求。运乎之妙，存乎一心。心若正，则举止言行都能守正中节。

【原文】问："知识不长进如何？"先生曰："为学须有本原。须从本原上用力，渐渐'盈科而进'。仙家说婴儿，亦善譬。婴儿在母腹时，只是纯气，有何知识？出胎后，方始能啼，既而后能笑，又既而后能认识其父母兄弟，又既而后能立、能行、能持、能负，卒乃天下之事无不可能，皆是精气日足，则筋力日强，聪明日开。不是出胎日便讲求推寻得来。故须有个本原。圣人到位天地，育万物，也只从喜怒哀乐未发之中上养来。后儒不明格物之说，见圣人无不知、无不能，便欲于初下手时讲求得尽，岂有此理？"又曰："立志用功，如种树然。方其根芽，犹未有干；及其有干，尚未有枝；枝而后叶，叶而后花、实。初种根时，只管栽培灌溉，勿作枝想，勿作叶想，勿作花想，

勿作实想。悬想何益？但不忘栽培之功，怕没有枝叶花实？"（《传习录·陆澄录》）

【释义】问："知识不长进是什么缘故？"先生回答说："做学问要有根本，必须从根本上用力，循序渐进。道家用婴儿做比喻，是个好的比喻。婴儿还在母腹中时，只是纯然之气，有什么知识可言？出生后，才开始能够哭，继而能够笑，又继而能够认识自己的父母兄弟，又继而能站立，能行走，能操持，能背东西，到最后天下的事情无所不能，这都是精气日益充足、筋骨日益强壮、聪明日益增长的缘故，并不是从出娘胎那天就能够寻求推导得出来，因此要有一个根本。圣人能够立于天地之间，化育万物，也只是从喜怒哀乐还没有发动之中慢慢涵养而成。后世的儒生不明白格物的道理，见到圣人无所不知，无所不能，刚开始用功，就想把所有的东西都琢磨透，真是岂有此理！"又说："立志用功，就像种树一样，一开始只有根和芽，还没有树干，后来有了干，但还没有枝，长了枝后再有叶，有了叶后才会有花有果实。刚种下根的时候，只管栽培灌溉，不要空想枝，不要空想叶，不要空想花，不要空想果，只要不忘栽培的功夫，还怕没有枝叶花实吗？"

【解读】做学问的功夫一定要抓住根本，从根本上用力，不断精进。其根本在于立志用功。不要去问有没有所得，而要去问有没有立志用功，去问有没有真的付出。不用去想有没有枝，有没有叶，有没有花，有没有果的问题，只管一心一意栽培灌溉，自然就会开花结果。

【原文】惟乾问："知如何是心之本体？"先生曰："知是理之灵处。就其主宰处说便谓之心，就其禀赋处说便谓之性，孩提之童，无不知爱其亲，无不知敬其兄。只是这个灵能不为私欲遮隔，充拓得尽，便完完是他本体，便与天地合德。自圣人以下，不能无蔽。故须格物以致其知。"（《传习录·薛侃录》）

【释义】惟乾问："为什么知是心的本体？"先生回答说："知是理的灵性，就其主宰而言，就叫作心；就其禀赋而言，就叫作性。所有稚嫩的儿童，都知道爱自己的父母和尊敬自己的兄长，这是因为心灵还没有被私欲遮蔽的缘故，如果能就此发展充实，就完完全全是心的本体，与天地合德了。圣人以下的人，都被私欲遮隔，所以必须通过格物来获取知识。"

【解读】虽然稚嫩的儿童天生就懂得爱父母和尊敬兄长，但是儿童的心还不能叫心的本体，还有待发展充实，用什么发展充实呢？那就是用知，所以知才是心的本体。我们凡人被私欲遮隔，更需要通过知来去除遮隔，而要做到知，就必须通过格物的办法。

【原文】昔之得一者，天得一以清，地得一以宁，神得一以灵，谷得一以盈，万物得一以生，侯王得一以为天下贞。其致之。天无以清将恐裂，地无以宁将恐废，神无以灵将恐歇，谷无以盈将恐竭，万物无以生将恐灭，侯王无以贞将恐蹶。故贵以贱为本，高以下为基。是以侯王自称孤寡不谷。此非以贱为本邪？非乎？故至数舆无舆。不欲琭琭如玉、珞珞如石。（《道德经》）

【释义】古今得到"一"的：天得到"一"而清明；地得到"一"而宁静；神得到"一"而英灵；河谷得到"一"而充盈；万物得到"一"而生长；侯王得到"一"而成为天下的首领。推而言之，天不得清明，恐怕要崩裂；地不得安宁，恐怕要震溃；人不能保持灵性，恐怕要灭绝；河谷不能保持流水，恐怕要干涸；万物不能保持生长，恐怕要消灭；侯王不能保持天下首领的地位，恐怕要倾覆。所以贵以贱为根本，高以下为基础，因此侯王们自称为孤、寡、不谷，这不就是以贱为根本吗？所以，最高的荣誉就是没有荣誉。王侯不像宝玉那样晶莹华美，而要像山石那样粗糙朴实。

【解读】"一"即是"道"。此段话说明"一"是万物之本，亦突出要明本。

【原文】道生一，一生二，二生三，三生万物。万物负阴而抱阳，冲气以为和。人之所恶，唯孤寡不谷，而王公以为称。故物，或损之而益，或益之而损。人之所教，我亦教之。强梁者不得其死，吾将以为教父。（《道德经》）

【释义】道生一，一生二，二生三，三生万物。万物都含抱阴阳，阴阳二气相互激荡而形成新的和谐。人所厌恶的就是孤、寡、不谷，但王公却用这些字来称呼自己。所以一切事物，如果减损它反而得到增加；如果增加它却得到减损。别人教导我的，我也用来教导别人。强暴的人不得善终。我把这句话当作教导别人的重要宗旨。

【解读】道，是天地万物的源头，是生生不息的本源。"万物负阴而抱阳，冲气以为和"，在万事万物的背后，有一条看不见的规律和原则。故此，当明本。

【原文】圣人无常心，以百姓心为心。善者，吾善之；不善者，吾亦善之，

德善。信者，吾信之；不信者，吾亦信之，德信。圣人在天下歙歙，为天下浑其心。圣人皆孩之。（《道德经》）

【释义】圣人没有私心，以百姓心意为己之心意。善良之人，我以善良待之；不善之人，我也以善良待之。这样天下之人就都得到善待了。诚信之人，我以诚信待之；不诚信之人，我也以诚信待之，这样天下之人就都得到诚信了。圣人居其位，收敛谨慎，使天下人的心灵都归于浑朴。圣人使他们都复归到婴孩般的状态。

【解读】哲人说，心存偏见的总是弱者。现实生活中，人人反对偏见，可人人又都难以避免偏见。客观理性，这是我们每个人的必修课。

【原文】使我介然有知，行于大道，唯施是畏。大道甚夷，而民好径。朝甚除，田甚芜、仓甚虚。服文彩，带利剑，厌饮食，财货有馀，是谓盗夸。非道也哉。（《道德经》）

【释义】假如稍有知识，就在大道上行走，担心误入邪路。大道平坦，却有人喜欢邪径。朝政腐败，农田荒芜，仓库空虚。可依然穿锦绣华服，佩锋利宝剑，饱餐精美珍馐，搜刮富余财货，这就叫强盗头子。这绝不是正道。

【解读】生活中要尊正道，走坦途，明本心。

【原文】治大国若烹小鲜。以道莅天下，其鬼不神。非其鬼不神，其神不伤人；非其神不伤人，圣人亦不伤人。夫两不相伤，故德交归焉。（《道德经》）

【释义】治理大国就像煎烹小鱼儿。用"道"来治理天下，那么，鬼神也不灵了，不仅鬼神不灵，就是鬼神也伤不了人。不但鬼神伤不了人，圣人也伤不了人。鬼神和圣人都不伤人，德性都复归到百姓身上了。

【解读】尊重事物的本性，才能和谐发展，生生不息。

【原文】鲁哀公问于仲尼曰："卫有恶人焉，曰哀骀它。丈夫与之处者，思而不能去也；妇人见之，请于父母曰：'与为人妻，宁为夫子妾'者，数十而未止也。未尝有闻其唱者也，常和人而已矣。无君人之位以济乎人之死，无聚禄以望人之腹。又以恶骇天下，和而不唱，知不出乎四域，且而雌雄合乎前，是必有异乎人者也。寡人召而观之，果以恶骇天下。与寡人处，不至以月数，而寡人有意乎其为人也；不至乎期年，而寡人信之。国无宰，而寡人传国焉。闷然而后应，氾而若辞。寡人丑乎，卒授之国。无几何也，去寡人而行。寡人恤焉若有亡也，若无与乐是国也。是何人者也？”

仲尼曰："丘也尝使于楚矣，适见豚子食于其死母者。少焉眴若，皆弃之而走。不见己焉尔，不得其类焉尔。所爱其母者，非爱其形也，爱使其形者也。战而死者，其人之葬也不以翣资；刖者之屦，无为爱之。皆无其本矣。为天子之诸御，不爪翦，不穿耳；取妻者止于外，不得复使。形全犹足以为尔，而况全德之人乎！今哀骀它，未言而信，无功而亲，使人授己国，唯恐其不受也，是必才全而德不形者也。"（《庄子内篇·德充符》）

【释义】鲁哀公向孔子问道："卫国有个面貌丑陋之人，名叫哀骀它。男人跟他相处，想念他而不舍离去。女人向父母请求'与其做他人之妻，不如做哀骀它之妾。'从来没听说哀骀它倡导过什么，只不过在附和别人罢了。他不居高位而救治他人，他不聚钱财而能使他人饱腹。他长相丑陋，才智普通，人们却都乐于亲近他。这样的人一定有异于常人之处。我召他来看，果然相貌丑陋、惊骇世人。但相处了一段时间，我对他有所了解；不到一年，我便十分信任他。我将国事委托于他，他神情淡漠，漫不经心。没过多久，他就走掉了，我十分忧虑，若有所失，好像全国没有可与我共欢乐之人。这究竟是什么原因呢？"

孔子回答："我曾出使楚国，见一群小猪在吮吸刚刚死去的母猪的乳汁，不一会就惊惶地跑掉了。小猪爱它们的母亲，不是爱它的形体，而是爱支配那个形体的精神。战死沙场的人，埋葬时不需要棺木上的饰物送葬，砍掉了脚的人对于穿过的鞋子，也没有理由再去爱惜，都是因为失了根本。做天子的御女，不剪指甲、不穿耳眼；婚娶之人只在宫外办事，不会再到宫中服役。为保全形体尚且能够做到这一点，何况德性完美而高尚的人呢？如今哀骀它不说话便能取信于人，没有功绩便能赢得亲近，让国君乐意将国事授予他，还唯恐他不接受。他一定是一位才智完备、德不外露之人。"

【解读】只要德行美好，一切形体上的残缺都不足以为诟病；相反，如果德行败坏，即使形体周全，也不会给人好的印象。

【原文】尝试观上古记，三王之佐，其名无不荣者，其实无不安者，功大也。《诗》云："有渰凄凄，兴云祁祁。雨我公田，遂及我私。"三王之佐，皆能以公及其私矣。俗主之佐，其欲名实也，与三王之佐同，而其名无不辱者，其实无不危者，无公故也。皆患其身不贵于国也，而不患其主之不贵于天下也；皆患其家之不富也，而不患其国之不大也。此所以欲荣而愈辱，欲安而益危。安危荣辱之本在于主，主之本在于宗庙，宗庙之本在于民，民之治乱在于有司。《易》曰："复自道，何其咎，吉。"以言本无异，则动卒有喜。今处官则荒乱，临财则贪得，列近则持谀，将众则罢怯，以此厚望于主，岂不难哉！（《吕氏春秋·有始览第十三》）

【释义】我曾浏览上古书籍，尧舜禹三王的辅臣，都有很高的声誉，地位也很安稳，这是因为他们功劳很大的缘故。《诗经》说："阴雨凄凄，浓云漫漫，雨降公天，兼润私田。"尧舜禹的辅臣都能因为对公家有功劳而获得私利。庸君的辅臣，期望得到名誉和地位的心情与三王的辅臣是一样的，可是，他们的声名却蒙受耻辱，地位却发生危机，这是因为他们对国家没有功劳的缘故。他们忧虑地位在国内不尊贵，却不忧虑自己的君主在天下没有尊隆的地位。他们忧虑自己的家庭不富裕，却不忧虑自己的国家不能强大。这就是为什么他们愈加想要求得荣耀反而蒙受耻辱，想要求得安稳结果招来危机的缘故。安危荣辱的根本在于君主，君主的根本在于宗庙，宗庙的根本在于百姓，百姓治理得好坏的根本在于百官。《周易》说："按照正常的轨道返回，周而复始，有什么灾祸？吉利。"这是说只要根本不变，行动起来就会有好事。如今世人居官则荒淫悖乱，见到钱财就贪得无厌，靠近君主就阿谀奉承，统率军队就胆怯懦弱，凭这些想要得到君王的赏识，岂不是太难了吗！

【解读】地位的尊贵，名声的远播，这是很多人欲求的东西。然而地位、名声、金钱等等这些不过是末而已，世上的人总是舍本逐末，忘记了根本。其实，只要根基牢固，把根本做好，那么地位、名声、金钱这些东西自然而然就来了。所以不要刻意去追求那些末端的东西，而要务本，努力夯实好基础才对。

【原文】人之议多曰："上用我，则国必无患。"用己者未必是也，而莫若其身自贤。而己犹有患，用己于国，恶得无患乎？己，所制也；释其所制而夺乎其所不制，悖。未得治国、治官可也。若夫内事亲，外交友，必可得也。苟事亲未孝，交友未笃，是所未得，恶能善之矣？故论人无以其所得，而用其所已得，可以知其所未得矣。（《吕氏春秋·有始览第十三》）

【释义】人们大都议论说："如果君主能够任用我，则国家一定没有忧患。"其实如果真的任用他，结果未必是这样。想得到重用，首先要让自己变得贤明起来。如果自己尚有祸患，用他来治国，国家怎能没有祸患呢？自身是自己可以控制的。放弃自己所能控制的事，去追求那些自己不能控制的官位，这就荒谬了。对于荒谬的人，不让他去治理国家、管理官吏是对的。至于在家侍奉父母，在外结交朋友，这是个人可以自主做到的。如果对父母不孝，对朋友不诚，怎么能够称赞他呢？所以评论人不要根据他没做的事去评论，而应该根据他做的事去评论，这样才能知道他未能做到的事。

【解读】做好自己才是最根本的，因为外物是自己不能控制的，而自己是可以自己控制的。所以君子不去追求名誉、官位等这些不能控制的东西，君子只是埋头修养自身，在家侍奉父母，在外结交朋友，砥砺自己的品行，如此，那些外部的名誉、地位也就不求而至了。所以做好自己，便是务本，企业治理也是一样，专心做好企业自身应该做的本分工作，一心去把产品做好，就是做好根本了。

【原文】《黄帝书》曰："形动不生形而生影，声动不生声而生响，无动不生无而生有。"形，必终者也；天地终乎？与我偕终。终进乎？不知也。道终乎本无始，进乎本不久。有生则复于不生，有形则复于无形。不生者，非本不生者；无形者，非本无形者也。生者，理之必终者也。终者不得不终，亦如生者之不得不生。而欲恒其生，画其终，惑于数也。精神者，天之分；骨骸者，地之分。属天清而散，属地浊而聚。精神离形，各归其真，故谓之鬼。鬼，归也，归其真宅。黄帝曰："精神入其门，骨骸反其根，我尚何存？"（《列子·天瑞》）

【释义】《黄帝书》记载："形体产生影子，声音产生回响，无产生有。"有形之物定会终结。天地会终结吗？终结有完尽？这一切都是未知。道终结于未始，完尽于没有事物之地。有生死的事物回归到无生死的状态，有形状的事物回归到无形状的状态。无生死的状态，并非没有生死；无形状的状态，并非没有形状。凡所产生，必会终结。该终结的必定终结，就像该产生的必定产生。精神，属于天；骨骸，属于地。属于天的清明而分散，属于地的混浊而凝聚。精神离开了形骸，各自回到原来的地方，故称为鬼。鬼，意为回归，回归老家。黄帝说："精神进入天门，骨骸返回地根，我还有什么留存呢？"

【解读】道的本质是虚默无为，人也应当秉持笃守虚静的态度。

【原文】天地开辟贵本根，乃气之元也。欲致太平，念本根也，不思其根，名大烦，举事不得，灾并来也。此非人过也，失根基也。离本求末，祸不治，故当深思之。（《太平经·乙部》）

【释义】天地开辟当看重它们得以分立的根源，这根源也就是混沌之气的基元。打算实现太平，就要追念根本；不思索那根本，也就叫作"大烦"了，做起事情都不会达到预期的效果，灾异还一起降临。这并不是哪个人的过错，而是丧失了根基。离开根基去追逐末节，灾祸就会无法挽救，所以应当深深思索这个问题。

【解读】这段话强调重根本、贵根本才能够至太平。欲成其事，须明事之根本，明本才能贵根本；倘若不明事之根本，则无从重根本；不重根本，则本末倒置，导致事情的失败及灾难的降临，徒增烦恼痛苦。明本之重要，不言而喻。贤文化提出企业经营管理要"明本"，指出了员工为企业之本，本立则企业固。

【原文】守一明之法，长寿之根也，万神可祖，出光明之门。守一精明之时……此第一善得天之寿也。安居闲处，万世无失。守一时之法，行道优劣。（《太平经·乙部》）

【释义】守根本是生命及事业长久的基石，有利于驾驭全局，是迈出辉煌的第一步。守根本，无杂念……这属于延续生命及事业的第一等妙术。永远重视固本培元，无为而治，以本为本，这是安身立命不可丢掉的规律。

【解读】《太平经》所谓"守一明之法"，视为专注于事物的根本之意，相当于中国哲学提倡的重根本，亦如现代社会提倡的以人为本思想。这段话描述了守根本带来的好处，表明本固则枝叶茂盛，事业兴旺，越重视根本越利于全局的发展。贤文化提倡明本，是对传统重视根本思想的继承。贤文化结合现代企业发展的实际，提出员工为企业之本，本立则企业固。

【原文】木性仁，思仁故致东方，东方主仁。五方皆如斯也。天下之事，各从其类。故帝王思靖，其治亦静，以类召也。古之学者，效之于身；今之学者，反效之于人。古之学者以安身，今之学者浮华文。不积精于身，反积精于文，是为不知其根矣。（《太平经·乙部》）

【释义】木行的属性为仁，所以思仁，就引来东方，而东方正执持仁。五方全都像这个样子。天下事，各各归从自己的类属。因而帝王精思安静，他那治理也安静，这是按类属相感召。古代学道的人，只在自身上取得效验；如今学道的人，却显示给别人看。古代学道的人求自身安定，如今学道的人却鼓弄浮华文。不在自身上精思又精思，反而在虚浮那一套上精思又精思，这纯属不知道那根基所在。

【解读】这段话从事物的五行属性及其德性类属谈起，主张明确事物本性，并以事物本性为基础归从各自的类属，使事物各居其类，各得其所。以此类推，主张帝王治理天下应该无为而治，尊重各个群体的本性，发挥社会各阶层的根本作用。同时，这段话也以古之学者与今之学者做比较，指出古之学者明学道之本是为修身立德，今之学者舍本逐末以浮华显示为目的。《太平经》这段话批评了今之学者不思积精于身而求积精于文的现象，指出这种现象之所以荒谬的原因是本末倒置。

【原文】迷于末者当还反中，迷于中者当还反本；迷于文者当还反质，迷于质者当还反根。根者，乃与天地同其元也，故治。（《太平经·卷三十六》）

【释义】迷于以武力刑罚治理天下的，应当返归到仁义上来；迷于仁义治理天下的，可以进一步返归到以道德治理天下；迷惑于文采的，当返归于质朴上来；执着于质朴的应当进一步返归到根本上来。根本是和天地的基元相同的，抓住了根本就有利于治理。

【解读】这段话给社会治理提出建议，主张从远离根本的治理状态中逐步回归社会治理的根本所需，从武力治理回归到仁义、道德治理，从迷于文饰回归到质朴；认为根本就是天地万物的基元，明本并且紧紧围绕根本问题是治理天下和做人做事应有的态度。

【原文】夫万物凡事，过于大末。不反本者，殊迷不解，故更反本也。是以古者圣人，将有可作为，皆仰占天文，俯视地理，明其反本之效也。……思其本，流及其末。（《太平经·卷三十七》）

【释义】万事万物，错就错在把末梢当成根本。不返归到根本，长久的积迷就化解不开，所以要重新返归到根本。因而古代圣人在采取措施之前，都仰占天象，俯察地理，弄清返本归真的效验。……精思那根本，就会扩展到末梢去。

【解读】这段话主张明本重本、返璞归真，认为如果本末倒置，就会因迷失方向而积累出多种问题，导致困难和弊病出现，影响事物正常发展；指出只有认清根本，围绕根本做事，固本培元，才会本立而事业兴旺、枝繁叶茂。

【原文】天有五贼，见之者昌。五贼在心，施行于天。宇宙在乎手，万化

生乎身。(《阴符经》)

【释义】天有金木水火土五行生克制化，看明白的人会昌盛。内心明白五行之间的关系，由此施行合天的行动。这样，宇宙虽大，如在一掌，千变万化，皆在自身运筹帷幄的运算和预见之中。

【解读】《阴符经》认为金木水火土是构成天地万物的基本物质，万物运行均遵循五行生克制化的关系，明白了这种关系就能够明白万物运行的根本规律，明本达用，顺应生克制化的关系做事，就能使事态沿着可预见、可控制的方向前进，使人成则事成，明本业兴。

【原文】日月有数，大小有定，圣功生焉，神明出焉。(《阴符经》)

【释义】太阳与月亮各有规律，大与小都有定规，只有懂得这些道理，才会有大功产生，才会如神明护佑。

【解读】日月运行沿着特定的轨迹，万事万物的运动变化都有自身的规律。这些无形的规律就是事物运行的"定数"，明白了这些根本性的规律，融会贯通，明本达用，才有利于遵循规律把事情做好，就像有神明帮助一样顺利。

【原文】天地，万物之盗；万物，人之盗；人，万物之盗。(《阴符经》)

【释义】万物顺应天地之规律而自然生长；人利用万物而富足；万物依靠人而昌盛。

【解读】人依靠万物度过一生，万物是人类生死存亡的根本依托；万物在天地之间完成生命的旅程，天地是万物变化的根本场所；人类与万物的根本就在天地自然之中，知其根而不可忘其本。明白了什么是根本，才能够在遇到问题时抓住矛盾的主要方面，恰当地解决问题，以成人成事。

【原文】天之至私，用之至公。禽之制在炁。生者死之根，死者生之根。恩生于害，害生于恩。(《阴符经》)

【释义】上天因无恩而至私，故能大恩而至公，施惠于万物。统摄的法式在于调和其气。生为死之根源，死为生之根源。利因害而生，害亦因利而生。

【解读】上天表面看来空空洞洞，无亲无情，似乎很自私；但天无私覆，地无私载，公平地赋予万物运行之根本，使万物循此根本规律而有序地运动变化。万物生死存亡、利害吉凶的演变，与这一根本规律是一致的。

【原文】一年之计，莫如树谷；十年之计，莫如树木；终身之计，莫如树人。一树一获者，谷也；一树十获者，木也；一树百获者，人也。我苟种之，如神用之，举事如神，唯王之门。（《管子·权修》）

【释义】一年之计，不如种谷物；十年之计，不如种树木；终身之计，不如育人才。一种一获的，是五谷；一种十获的，是树木；一种百获的，是树人。我若能培养人才，并神妙运用，处理事情就有神奇之效，这是王道的唯一门径。

【解读】管仲自身是一位非常有才干的政治家，自然会认识到育人选才对于国家社会治理的重要性，"士修身功材，则贤良发"（《管子·五辅》）。他本人在识人、用人、管人方面深有远见卓识，以晚年与齐桓公"病榻论相"即可见之。育贤选才，是任何国家和统治阶层都会重视的国之大事，却不意味着就一定能够处理得当，观乎齐桓公一生，以及众多国家、君主兴衰之例，如何育人举贤可谓千年未解的难题。儒家对此议论颇多，一贯重视对人的教育培养，而法家则很早开始看到人治之难、选贤之难、治人之难，故而另辟蹊径，尚法重势用术，走向另外一个极端。贤文化提出"员工为企业之本，本立则企业固"，继承了传统思想重视人才的理念。

【原文】凡牧民者，欲民之正也。欲民之正，则微邪不可不禁也。微邪者，大邪之所生也。微邪不禁，而求大邪之无伤国，不可得也。凡牧民者，欲民之有礼也。欲民之有礼，则小礼不可不谨也。小礼不谨于国，而求百姓之行大礼，不可得也。凡牧民者，欲民之有义也。欲民之有义，则小义不可不行。小义不行于国，而求百姓之行大义，不可得也。凡牧民者，欲民之有廉也。欲民之有廉，则小廉不可不修也。小廉不修于国，而求百姓之行大廉，不可得也。凡牧民者，欲民之有耻也。欲民之有耻，则小耻不可不饰也。小耻不饰于国，而求百姓之行大耻，不可得也。凡牧民者，欲民之修小礼、行小义、饰小廉、谨小耻、禁微邪，此厉民之道也。民之修小礼、行小义、饰小廉、谨小耻、禁微邪，治之本也。（《管子·权修》）

【释义】凡是治理民众，要使民众行为端正。要使民众行为端正，则小的邪恶也不可不禁止。小的邪恶，正是大的邪恶产生的地方。小的邪恶不禁止，要想大的邪恶不会危害国家，是不可能的。凡是治理民众，要使民众有礼。要使民众有礼，则小礼不可不重视。国家不重视小礼，而要求民众遵守大礼则是不可能的。凡治理民众，要使民众有义。要使民众有义，则小义不可不奉行。国家不奉行小义，而要求民众奉行大义则是不可能的。凡是治理民众，要使民众有廉。要使民众有廉，则小廉不可不修持。国家不修持小廉，而要求民众修持大廉则是不可能的。凡事治理民众，要使民众有耻。要使民众有耻，则小耻不可不整饰。国家不整饰小耻，而要求民众讲究小耻则是不可能的。凡是治理百姓，要遵守小礼、奉行小义、整饰小廉、重视小耻、禁止小的邪恶，这些都是引导教化民众的办法。民众能够遵守小礼、奉行小义、整饰小廉、重视小耻、禁止小的邪恶，乃是治理国家的根本。

【解读】《管子》第一篇《牧民》提出影响千年的"四维"，说"四维不张，国乃灭亡"，四维即礼、义、廉、耻，是自上而下需要遵守奉行的四大纲纪。具体来说，"国有四维，一维绝则倾，二维绝则危，三维绝则覆，四维绝则灭。倾可正也，危可安也，覆可起也，灭不可复错也。何谓四维？一曰礼，二曰义，三曰廉，四曰耻。礼不逾节，义不自进，廉不蔽恶，耻不从枉。故不逾节则上位安，不自进则民无巧诈，不蔽恶则行自全，不从枉则邪事不生"（《管子·牧民》）。礼即礼仪，晓明礼仪就不会逾越等级规范；义即道义，信守道义就不会妄自冒进；廉即刚廉，做到刚廉就不会掩饰过错；耻即羞耻，知道羞耻就不会随附邪曲。在《管子》而言，四维隶属社会道德教化、风俗习惯范畴，通过防微杜渐、上下齐同、守正防邪，有利于社会和谐、政治治理与国家稳定。

【原文】恃天下，天下去之；自恃者，得天下。得天下者，先自得者也。能胜强敌者，先自胜者也。（《商君书·画策》）

【释义】国君依靠他人，天下人就会去离；依靠自己，就能取得天下。取得天下的君主，先是能够实现自我。能够战胜强大敌人的君主，先要能够克制自己。

【解读】和韩非相比，商鞅并未强烈有意打造以加强君权为核心的政治运行程式，但又比慎到更加意识到君主在当时历史条件下有不可替代的客观作用，而发挥君主的作用，在于君主修炼自身，打造过硬内核，才能有效掌控局面，正如《老子》说："知人者智，自知者明。胜人者有力，自胜者强"，《孙子兵法》云："昔之善战者，先为不可胜，以待敌之可胜"（《孙子兵法·军形篇》）。法家对于社会现实、人生真相的艰难困苦有非同一般的敏锐感受，能够洞察社会人生，明社会治理之本。

【原文】法之功，莫大使私不行；君之功，莫大使民不争。今立法而行私，是私与法争，其乱甚于无法。立君而尊贤，是贤与君争，其乱甚于无君。故有道之国，法立则私议不行，君立则贤者不尊。民一于君，事断于法，是国之大道也。（《慎子·慎子逸文》）

【释义】法的功用，莫大于能使私欲不会横行；君主的作用，莫大于能使民众不会争斗。现今颁布法纪又不能杜绝私欲，是私欲和法纪相争，其导致的混乱比没有法纪更要严重。确立君主而又尊立贤者，是要贤人和君主相争，其导致的混乱比没有君主更要严重。所以有道的国家，法纪颁布而私欲妄议不能通行，君主确立而贤者不被尊奉。民众统一听于君命，诸事裁断于法纪，这才是治理国家的大道。

【解读】法家之所以被称为"法家"，无疑认为治国的根本在于法纪，所针对的乃是社会治理的现实问题，在慎到所处的时代，主要表现为对人性私欲泛滥引起的秩序混乱和君主权威频被挑战导致的政治动荡。诚然，法纪的社会治理功效应该予以肯定，但有效的落脚点似乎直到商鞅才明确民众得到安身的根本是发展农业生产，如孟子所言"无恒产者无恒心"。慎到对于君主的态度，显示早期法家对君主作用的复杂心理，人君不可能被取缔，但君主昏聩、臣强君弱导致国家衰微的教训不断，而君、法并立在一元化社会环境中仍然会产生矛盾，在当时历史条件下，商鞅建立的秦国模式既是必然趋向又步入极端。这里慎到思想所蕴含的国家治理、组织管理的问题直到现在仍然具有现实意义。

【原文】民杂处而各有所能，所能者不同，此民之情也。大君者，太上也，兼畜下者也。下之所能不同，而皆上之用也。是以大君因民之能为资，尽包而畜之，无能去取焉。是故不设一方，以求于人，故所求者无不足也。大君不择其下，故足；不择其下，则易为下矣。易为下，则莫不容；莫不容，故多下。多下之谓太上。（《慎子·民杂》）

【释义】民众杂相居住而各有专长，并且擅长的程度也不相同，这是民众的基本情况。大君，就是地位最高之人，负有养育下层民众的职责。下层民众的才能有所不同，而君主都能引以为用。所以，人君根据民众的才能作为国家治理之助力，尽可能包揽、蓄养他们，对没有什么才能的则取其所长而避其所短。因此，不要刻意规定某种类别来征求人才，那么征求到的人才就不会不充足了。大君不苟选臣下民众，所以人口才士充足；不苟责下民，那么下民易于从事。易于从事，则没有不被包容的；没有不被包容，故而下民越来越多。下民众多，才称得上太上。

【解读】法纪是国家治理之本，而臣下民众是国家之本。先秦时期，土地面积、人口数量、战车多寡往往是衡量国家力量、统治好坏的重要标准，李斯《谏逐客书》中说："泰山不让土壤，故能成其大；河海不择细流，故能就其深；王者不却众庶，故能明其德。"慎到这里不光是说吸引外来人口，强调人口数量的增加，还涉及吸引人才提高人口素质，调节人才结构，使不同人群都能人尽其才、人尽其用，相应而言，容民蓄众和安民育人都是君主必须重视的，君主也必须提高治理能力，具备容人、识人、用人的水平。

【原文】明君如身，臣如手；君若号，臣如响。君设其本，臣操其末；君治其要，臣行其详；君操其柄，臣事其常。为人臣者，操契以责其名。名者，天地之纲，圣人之符。张天地之纲，用圣人之符，则万物之情无所逃之矣。（《申子》）

【释义】明君如同身体，人臣如同双手；君主如同声音，人臣如同回音。君主筹划国家的根本方针，人臣操持非根本的政策；君主抓治国家的重要事务，人臣负责具体的实施；君主掌握国家的权柄，人臣从事日常的工作。作为人臣，按照符契要求所有事物都名副其实。名是天地的纲领、圣人的符信。张驰天地的纲纪，运用圣人的符信，所有事物的实际情况也就无所逃避遗漏了。

【解读】中国古代政治思想中对如何处理君臣关系有着非常多的讨论，在申不害看来，总体上君臣一体、君主臣辅，但必须注意确保君主不可动摇的权威、地位，人臣则尽力为君主服务、负责；对君主和人臣的职责做了划分，即人君主要做好国家根本性、纲领性、方向性的事务，而臣子听从君主的意志，负责具体的、日常的实施落实工作。无论是政府还是企业，管理层的分工协作和执行力关系到一个组织的发展，现代组织理论与实践在汲取古代法家关于组织伦理合理性的同时，注意避免极端化和权谋化的不良后果。

【原文】明君治国，而晦晦，而行行，而止止。三寸之机运而天下定，方寸之基正而天下治。一言正而天下定，一言倚而天下靡。（《申子·君臣》）

【释义】明君治理国家，能够做到需深藏时深藏，当作为时作为，须禁止时禁止。三寸之舌运用得当而天下安定，方寸之心端正不失而天下修治。一言中正而天下安定太平，一言偏失而天下靡敝衰败。

【解读】在东方组织伦理与制度的形成过程中，领导者常常是作为核心和灵魂人物，对于领导的期许、要求也相应较为高标准和理想化。申不害认为君主是应当进退自如，具有高明的处理自身和国家事务的能力。尤其注意建立自身的权威性，保持言行中正，不犯错误。儒家同样对于君主有"一言而兴邦""一言而丧邦"（《论语》）的说法。这些都在强调，组织的领导者强化自身领导能力，不仅有宏观布局、战略决策的一面，还有严以律己、以身作则的一面。

【原文】古之能致功名者，众人助之以力，近者结之以成，远者誉之以名，尊者载之以势。（《韩非子·功名》）

【释义】古代能够成就功绩名声的人，是由于大家合力来帮助他，身边的人诚心诚意来结交他，远处的人用好名声来赞誉他，地位尊贵的人用权势来辅助他。

【解读】在韩非看来，君主要成就功名，离不开天时、人心、技能、势位四个方面，"得天时，则不务而自生；得人心，则不趣而自劝；因技能，则不急而自疾；得势位，则不推进而名成"。君主之所以能够成就，乃是："人主者，天下一力以共载之，故安；众同心以共立之，故尊"（《韩非子·功名》）。因此，国君治理国家、获取成功，必须上顺天时，下应民心，真正获得组织成员的大力支持，民众的真心拥戴，这体现出明本、重本理念。

【原文】圣人不期修古，不法常可，论世之事，因为之备。（《韩非子·五蠹》）

【释义】圣人不必循守古代，不效法惯例，论究当代的现实事情，根据实际情况制定措施。

【解读】韩非把社会历史分为"上古之世""中古之世""近古之世"和"当今之世"几个历史阶段，认为"世异则事异""事异则备变"，每个阶段都有所不同，所以治理国家要注意"古今异俗，新故异备。如欲以宽缓之政，治急世之民，犹无辔策而御悍马，此不知之患也"（《韩非子·五蠹》）。他对社会历史的理解是多方面的，第一，韩非对道、理、德、法等概念的阐述，体现他在道的层面不否定古今一致；第二，古今不同，在于每个社会阶段都各有发展，比如经济、文化、土地、人口、技术等等，人的行为模式、国家的内外环境也有不同，因而必须适时做出变革；第三，韩非及其所代表的法家，都处于高位或者有着强烈富民强国的愿望，社会治理主张比较激进，因此与儒家"法先王"不同，法家主张"法后王"。

【原文】士虽有学，而行为本焉。（《墨子·修身》）

【释义】士虽然有学问，但要以高尚的行为为根本。

【解读】"以人为本"对于个体而言，就是要通过学习（知）和修行（行）来开发自我的善良本性，达到人之为人的澄明境界。就知与行而言，行是"明本"的基础，也是安身立命的根本。

【原文】君子察迩而迩修者也。修行见毁，而反之身者也。（《墨子·修身》）

【释义】君子能明察左右，以提升自我的修养，君子修养自身的品行却依然受到人们诋毁，那就应当反省自己了。

【解读】自我修养是君子人格的写照，其方法是"反之身"，即"反求诸己"。即使受到别人诋毁，也要时刻关照自己的内心，反思修行的不足，这种向内行走的方式是自我实现"明本"的根本途径。

【原文】君子之道也，贫则见廉，富则见义，生则见爱，死则见哀。四行者不可虚假，反之身者也。（《墨子·修身》）

【释义】君子的处世原则是：贫穷时要保持廉洁，富贵时要体现出义气，对活着的人要关爱，对死去的人表示哀悼。这四种品行不可以弄虚作假，需要反过来修养自身才能实现。

【解读】"贫见廉、富见义，生见爱、死见哀"，既是墨子提出的君子处事原则，也是君子反求诸己的外在表现。能做到这四点必然是心藏仁爱，行为谦恭，言语文雅，意志坚定，守信用，明辨是非，言行一致的人，这样才会赢得功业和名誉。

【原文】子墨子言：视人之国，若视其国；视人之家，若视其家；视人之身，若视其身。是故诸侯相爱，则不野战；家主相爱，则不相篡；人与人相爱，则不相贼；君臣相爱，则惠忠；父子相爱，则慈孝；兄弟相爱，则和调。天下之人皆相爱，强不执弱，众不劫寡，富不侮贫，贵不傲贱，诈不欺愚。（《墨子·兼爱中》）

【释义】墨子说道:"看待别人国家就象看待自己的国家一样,看待别人的家族就象看待自己的家族一样,看待别人的身体就象看待自己的身体。"因此,诸侯相爱,就不会发生野战;家主相爱,就不会相互掠夺;人与人相爱就不会相互残害;君臣相爱,就会君施惠于臣、臣效忠于君;父子相爱,就会父亲慈祥,儿子孝敬;兄弟相爱,就会和睦融洽。天下的人都相爱,强者就不会欺凌弱者,人多者就不会胁迫人少者,富人就不会欺侮穷人,显贵的人不会傲视地位低下的人,狡诈的人就不会欺骗老实的人。

【解读】墨子认为社会秩序混乱的起源是人与人之间的自私和不相爱。假使天下都能爱人如己、相亲相爱,就不会有混乱产生。墨子这种"以人为本"的明本思想以"兼相爱"和"交相利"一体两面的形式体现出来,把自爱和爱人,自利和利人结合起来,说明了"兼相爱"的具体方法和结果,洋溢着浪漫的现实主义和功利主义色彩。这是墨子试图打破等级、身份差异,以消解社会矛盾的有益尝试。

【原文】卒善而养之,是谓胜敌而益强。(《孙子兵法·作战篇》)

【释义】要善待和优抚俘虏,使之存活下来留待将来使用,这就是战胜敌人而使自己强大。

【解读】孙子所处的时代,屠杀俘虏之事极其正常,孙子提出留下俘虏并善待优抚,以壮大自己实力的策略就显得难能可贵,其本质是以人为本,对生命的善待和爱护。

【原文】将不胜其忿而蚁附之,杀士三分之一而城不拔者,此攻之灾也。(《孙子兵法·谋攻篇》)

【释义】将领因焦躁愤怒而驱使士兵像蚂蚁一样去攻城,死伤三分之一依然无法攻克,这是攻城最大的灾难。

【解读】此处孙子表达了两层意思:一是作为将领,关乎军队和国家存亡的命运,因此,在战场上指挥作战一定要沉着冷静,切不可情绪失控焦躁愤怒而做出错误指挥,这样必然会造成伤亡惨重依然无法攻城的灾难。二是作为将领,要爱惜士兵的性命,而不是将其看作蝼蚁一般驱赶赴死。上述内容体现出孙子处处以人为本的情怀。

【原文】兵非益多也,惟无武进,足以并力、料敌、取人而已。(《孙子兵

法·行军篇》)

【释义】兵力并非越多越好，不依靠武力冒进，只要能集中兵力、预判敌情、战胜敌人而已。

【解读】在这段话中，孙子提出的重要军事思想是兵不在多而在精的精兵思想。孙子反对依靠兵多而采取的武力冒进，一方面强调精兵强将的重要性，另一方面也是反对以武力冒进牺牲将士生命换取战争胜利的作战方式，充分体现其以人为本的军事价值观。

【原文】卒未亲附而罚之，则不服，不服则难用也；卒已亲附而罚不行，则不可用也。故令之以文，齐之以武，是谓必取。(《孙子兵法·行军篇》)

【释义】士卒尚未倾心归附就对其施行处罚，必然心生不服，不服就难以为将帅使用。士卒已经倾心归附却不施行严明处罚，也不可以用来打仗。因此，要以人文教化的方法使其执行命令，以严明军纪的手段使其统一意志，这样的军队势必获胜。

【解读】领兵作战若想获得胜利必须考虑如下几个重要因素：一是军心归附，得军心者得胜利，军心归附则可上下同心，英勇无敌。二是严明赏罚，在军心归附的基础上施行严明赏罚是获胜的重要保障，赏罚不明必然失信于士卒，使不服者难以服从，服从者骄纵难以使用。三是人文教化，以"文"的方式教化军心和以"武"的力量统一军队，这是管理军队及获取胜利的重要手段。这三个方面层层递进，缺一不可。

【原文】视卒如婴儿，故可与之赴深溪；视卒如爱子，故可与之俱死。(《孙子兵法·地形篇》)

【释义】如对待婴儿般对待士卒，就可以使士卒与将领一起赴汤蹈火，对待士卒像对待自己"爱子"一般，士卒就可以和将领同生共死。

【解读】将领爱戴士卒，视如"婴儿""爱子"，才能振士气、固军心，团结一致共御敌情，这就要求将领有仁爱之心，把士卒当作与自己同等的人来看待，这样的道德品质已不是一般意义上的仁爱，而是一种会用人、用好人的军事才能。当然，孙子也并不是一味地倡导对士卒的无原则之爱，他辩证地指出如果溺爱、娇惯士卒使其骄纵不服从命令，那样是不能用来作战的。可见，孙子倡导对士卒的仁爱之情是有限度和原则底线的。

【原文】九地之变，屈伸之利，人情之理，不可不察。(《孙子兵法·九地篇》)

【释义】依照九种地形的变化而做出战略战术的变化，衡量进攻和退守的利弊得失，敌我双方人情事理、士卒心态的状况，要认真体察研究。

【解读】此处孙子论述了"为客之道"，即深入敌人地盘、去陌生的客场作战不可不知的三个重要原则：一是必须了解对方的地理环境，孙子将其归纳为九种地形，在不同的地形作战应考虑不同的主客观因素；二是要衡量进攻和退守的利弊得失，在客场作战有很多不可预测的未知因素，不可一味地追求进攻，该进则进、该退则退；三是对士卒心理、情感、情绪等方面的感知和掌握。特别是第三个原则，提出把人与地形一起讨论，这是难能可贵的。

【原文】摩诃般若波罗蜜最尊最上最第一，无住无往亦无来，三世诸佛从中出。当用大智慧，打破五蕴烦恼尘劳。如此修行，定成佛道。变三毒为戒定慧。(《坛经·般若品第二》)

【释义】世人本心所具的般若智慧，是最尊贵、最至上、最重要的，它随缘而起，无来无往也无边无际。过去世、现在世、未来世，三世诸佛，都是从其中产生的。世人应当善用这个大智慧，破除人的各种烦恼。只要这样努力修行，就能将贪、嗔、痴三毒转化为戒、定、慧三学。

【解读】此句告诉人们，在禅宗看来，世人本心所具的般若智慧，才是最重要最宝贵的。因而人类应该多向内求，努力开发自我心性中的智慧，以便离苦得乐，转凡成圣。

【原文】我此法门，以定慧为本。大众勿迷，言定慧别。定慧一体，不是二。定是慧体，慧是定用。即慧之时定在慧，即定之时慧在定，若识此义，即是定慧等学。诸学道人，莫言先定发慧，先慧发定，各别。作此见者，法有二相，口说善语，心中不善，空有定慧，定慧不等。(《坛经·定慧品第三》)

【释义】我所讲的这个法门，以定和慧为根本，但大家不要迷惑，以为定和慧是有区别的。定和慧其实是一体，不是两样。定是慧的本体，慧是定的功用。产生智慧时禅定就在智慧里面，入禅定时智慧就在禅定当中。如果能认识到这个道理，那就是定和慧融为一体的学问。各位修学佛道的人，不要说先入禅定然后才能产生智慧，或者先产生了智慧然后才能入禅定，认为两者各不相同。持有这样见解的人，就是以为佛法为二元对立之法。嘴里说要行善，心中却没有善念，那就是空有定和慧的虚名，未能将定和慧真正统一或切实践行。

【解读】这段话不仅强调了佛学修行的根本宗旨，而且从定、慧两个角度，对修佛之本予以阐发解析。在惠能所创的南宗禅法看来，欲开显世人本心所具的般若智慧，就必须同时从定、慧这两个方面着手。因为定与慧的关系就如同灯与光，定是慧体，慧是定用，所以在具体的修行中，要同时兼顾定慧，不可偏执一端。

第四章　顺性

诚为人之本性，亦为企业之本性，故顺性者必明诚，不诚则无以成己成物。致诚之道，在于博学、审问、慎思、明辨、笃行。人心本静，盖因私欲起则不静。致诚者少私寡欲，清静自守，智慧由生，开物成务，功业可定；顺性者辛而不躁，劳而不愠，洵美且乐。

【原文】与天地相似，故不违。知周乎万物而道济天下，故不过。旁行而不流，乐天知命故不忧。安土敦乎仁故能爱。（《周易·系辞》）

【释义】和天地的规律相似，所以便不会违背天地之道。智慧周遍万物，行为有道，兼济天下，所以不会过度而能保持适中。行为煊赫而不会放肆，知晓天命，乐在其中，所以没有忧虑。安于自己所处之境，敦厚地践行仁的思想，所以具有爱人爱己的能力。

【解读】效法天地，顺天地之性，这样才能够与天地万物不相违背。自己的行为才能更好地符合规矩，在此基础上，才能够游刃有余，也就是"旁行而不流，乐天知命故不忧"。这里要重点关注两个概念，一个是"乐天知命"，一个是"安土敦仁"。一个强调"乐"，一个强调"安"。这个"安"和"乐"不在别处，就在人们履行自我的职责、认真工作、提高自我生命质量的过程中。因此，不能把工作和生命割裂开看，不要把遵守规则单纯视为自由的反面。

【原文】同声相应，同气相求。水流湿，火就燥，云从龙，风从虎，圣人作而万物覩。本乎天者亲上，本乎地者亲下，则各从其类也。（《周易·乾》）

【释义】同类的声响会相互感应，相同的气息会相互寻求。水的特性是湿润，火的特性则是干燥，云跟从龙，风随着虎。圣人有所作为而万事万物以之为准则。本性属于天的事物亲近上天，本性属于地的事物亲近土地，不同事物都各自从属于自己的种类。

【解读】事物都有其各自的特性，水的特性是潮湿，火的特点是干燥，云变化莫测像龙一样，风呼啸而过则如猛虎之势。水、火、龙、虎都象征着不同类型的事物，天地各有其性，天气向上，地气向下，天地之间的事物也各有其特点，这些都说明不同的事物都有其自身的特点，那么，人们在做一件事情时就要顺着事物的特性来做。

【原文】九四：或跃在渊，无咎。何谓也？子曰："上下无常，非为邪也；进退无恒，非离群也。君子进德修业，欲及时也，故'无咎'。"（《周易·乾》）

【释义】乾卦九四爻辞说：或者一跃而上，高翔于天际；或者就停留在深渊中，自由自在，没有咎过。这段爻辞说的是什么呢？孔子说："这段爻辞说明往上走还是往下走并不是一定的，这并非是为了不好的欲望；前进或者后退是没有恒常的，这并非是离开群体而标新立异。君子增进德行、修行功业，当要及时为之，所以才能'没有咎害'。"

【解读】此即是说，无论上下、进退，都当顺性为之，该退则退，当进则进，顺时顺势而已。对于进德修业而言，要做到的是"欲及时也"，即不能松懈，要时刻记在心里。当讨论进德修业的方法时，则是要变通，即"上下无常，进退无恒"，也就是说做的方法是不固定的，要随机应变。无论方法怎么变，不变的是进德修业这一目标。

【原文】天地交而万物通也，上下交而其志同也。内阳而外阴，内健而外顺，内君子而外小人：君子道长，小人道消也。（《周易·泰》）

【释义】天地相交，万物通泰；上下相交，志向相同。里面是阳刚，外部是阴柔；里面是乾健，外部是坤顺，内部是君子，外部是小人：君子之道增长，小人之道消亡。

【解读】天地相交，则万物才能够相通，上下相交，其志向才能够相同。这里说的就是上和下，有其本来的位置和特点。当要进行选择和行动的时候，要依据各自的特性，不能违背特性来选择。这也就是说要顺各个事物之性。这里的交合，蕴含着顺从所交合事物的本性之意。比如领导和职员所处的位置不同，承担的角色自然也就相异。因此，这些人便有属于自己的角色分工，需要各自做好本身的事情，同时要按照既定的礼仪进行交往。如此才有可能顺性而为，使之通泰。

【原文】克谐以孝，烝烝乂，不格奸。（《尚书·尧典》）

【释义】（舜）能够用孝行，使得家人和谐相处，家庭事业蒸蒸日上，并使得家人远离恶行。

【解读】这里说到了舜帝，很重要的一点讲到了孝顺。孝是儒家提倡的德行中极为重要的一个方面，也是我们民族和文化能够绵延至今的一个重要的内在动力。虽然也发展出了极端的一方面，但是总的来说，更多的还是发挥着积极的意义。《说文解字》解释"孝"字："善事父母者。"字形由老人和孩子两个形象构成。舜可以用孝行来化解家庭中的各类矛盾。这也告诉我们孝行在一个家庭中的重要作用。我们又可以进一步由家庭而延伸至企业，孝的作用也同样是相当重要的，这直接表现在员工的忠诚度这一方面。

【原文】契，汝作司徒，敬敷五教，在宽。（《尚书·尧典》）

【释义】契，你来担任司徒之职，大力推行父义、母慈、兄友、弟恭、子孝五种教义，要注意平衡，不能过于严格。

【解读】尧帝看到伦常出了问题，便让契去推行五教，但同时又特意交代不要太严苛，要宽柔一些。这给了我们重要启示，即一种政策、一种制度需要相应的弹性。在企业中，也是一样。那么对于企业的员工而言，一方面是企业的要求，另一方面是自己的目标。这两者都不可缺少，同时也都要有相应的弹性。如此方可有利于企业和个人的提高。《道德经》中善柔、守虚的精神说的也是同一个道理，就是要懂得留有空间，不可过满，为个体顺性发展提供相应的空间。

【原文】禹敷土，随山刊木，奠高山大川。（《尚书·禹贡》）

【释义】禹划定疆土，随着山势来砍伐木头以确定山路，确定高山大河。

【解读】这里要注意的就是这个"随"字，意思是要因地制宜，因时而动。天地万物有其本来的理路，当我们对这些对象进行开发利用时，要尽量根据对象的特性来行动。在企业里面也是一样，每个人都有自己的特点，要尽量根据自己的特点挖掘自己的潜力，并学会欣赏他人的优点。

【原文】一，五行：一曰水，二曰火，三曰木，四曰金，五曰土。水曰润下，火曰炎上，木曰曲直，金曰从革，土爱稼穑。润下作咸，炎上作苦，曲直作酸，从革作辛，稼穑作甘。（《尚书·洪范》）

【释义】第一章，五行：一是水，二是火，三是木，四是金，五是土。水的特性是向下湿润，火的特性是向上燃烧，木的特性是可曲可直，金的特性是改革变化，土的特性是可供庄稼生长。向下湿润，其味道与咸相通；向上燃烧，其味道与苦相通；可曲可直，其味道与酸相通；改革变化，其味道与辛辣相通；庄稼生长，其味道与甜美相通。

【解读】这一部分的内容是关于"五行"的最早论述，其顺序是"水、火、木、金、土"，这与先天河图的五行位置是一致的。经文论述了五行的各自属性，即润下、炎上、曲直、从革、稼穑，并由这五种性质而表现出咸、苦、酸、辛、甘五种具体的效用。在后来的发展过程中，五行又和五方、五色、五音、五脏等概念结合起来，大大扩充了原有的内容。我们由此观照现实则明晓当顺性而为。不同的工作岗位和职能部门，便要承担不同的角色扮演。我们则需要顺着这些角色的特性来调整自我的位置，从而更好地将自我的特点与工作的需要相结合，顺性为之。

【原文】葛之覃兮，施于中谷，维叶萋萋。黄鸟于飞，集于灌木，其鸣喈喈。（《诗经·国风》）

【释义】葛草摇摇，遍布于山谷，叶子茂密。黄鸟自在飞翔，落在灌木上休息，发出喈喈的鸣叫声。

【解读】经文讲到了葛草的自由生长，又描述了黄鸟的自在状态。由此展示了万物顺性发展的自由状态。人们在生活和工作中，也要尽量为自己、为其他成员营造一种自在成长的环境。这就是《道德经》主张的"无为"。"无为"的意思不是说无所作为，而是要顺其自然地做该做的事，使事物都能够顺着自然本性发展，就像经文中描绘的葛草自由地成长，黄鸟自在地飞翔、栖息。

【原文】蔽芾甘棠，勿翦勿伐，召伯所茇。蔽芾甘棠，勿翦勿败，召伯所憩。蔽芾甘棠，勿翦勿拜，召伯所说。（《诗经·国风》）

【释义】棠梨树茂盛青葱，不要剪也不要伐，召伯在这里休息。棠梨树茂盛青葱，不要剪也不要折，召伯在这里休憩。棠梨树茂盛青葱，不要剪也不要砍，召伯在这里心悦。

【解读】经文由描述棠梨树的自然茂盛之状，进而写到召伯在这树下休憩，心安理得。经文中各种事物各顺其性，和谐共处。看到这样的诗句，令人进行相应的联想，想到棠梨树和召伯的周围景象是什么？自己是否也会出现在画面中？自己如果在画面中，会在哪个角度？这个画面体现了什么？对文化的理解，不能只是停留在文字上，应该试着进入到文字中建构一些画面，把自我作为画面中的一个角色，从而让自己真正地走进文字之中。这就是入乎其内。入乎其内后，方可出乎其外，这样，经典才会真正化作我们行动的智慧。这就是另一种顺性，即顺文字之性，然后把握文字所蕴含的智慧，进一步指导人的具体行动。

【原文】瞻彼淇奥，绿竹猗猗。有匪君子，如切如磋，如琢如磨。瑟兮僩兮，赫兮咺兮。有匪君子，终不可谖兮。（《诗经·卫风》）

【释义】看那淇水，绿竹茂盛。有一位君子，不断修炼自己的学问与德行。神态庄重，身份煊赫。这个君子啊，人们无法忘怀他。

【解读】经文由绿竹起兴，而说到君子的学问德行当如这绿竹一样郁郁葱葱。对于学问和德行，应该做到如切如磋、如琢如磨。

【原文】人生十年曰幼，学；二十曰弱，冠；三十曰壮，有室；四十曰强，而仕；五十曰艾，服官政；六十曰耆，指使；七十曰老，而传；八十、九十曰耄；七年曰悼。悼与耄，虽有罪，不加刑焉。百年曰期，颐。（《礼记·曲礼上》）

【释义】一个人十岁时称为"幼"，主要任务是学习；二十岁时称为"弱"，要举行冠礼，以示成年；三十岁称为"壮"，可以组建家室；四十岁时称为"强"，可以从事官职；五十岁称为"艾"，可以成为行政官；六十岁称为"耆"，可以指使人做事情；七十岁曰"老"，可以将家族的大事传给子孙；八十岁、九十岁称为"耄"；七岁称为"悼"。七岁以下的小孩和八九十岁的长者即使有罪，也不加刑罚。百岁称为"期"，当颐养天年。

【解读】这段经文表明，一个人在不同生命阶段有这个阶段所要做的主要事情，这就是常说的"主要矛盾"。人们在不同阶段抓住这些主要矛盾，就可以说是顺性而为。如果反其道而行，就会事倍功半。人生是这样，其他方面亦然。一个人的一生可以缩小到一年，所以在每一年的不同阶段也有相应的重点。一年再缩小就是一个月，一个月再缩小就是一星期，一星期再缩小就是一天。因此，我们需要对每一天进行理性规划，在不同的时间段做与之相应的事情，从而提高效率，更好地完成任务。

【原文】人喜则陶，陶斯咏，咏斯犹，犹斯舞，舞斯愠，愠斯戚，戚斯叹，叹斯辟，辟斯咏矣。品节斯，斯之谓礼。（《礼记·檀弓下》）

【释义】外在的事情让人感受到喜悦时，人就会想要将它表达出来；这种表达的欲望使得人开始歌唱；歌唱后就会随之摇摆；摇摆不已，则至于舞蹈；舞蹈而没有节制，便会由乐转悲，心生怒气；心生怒气就进一步产生愤恚之情；愤恚之情便使人哀叹；哀叹使人捶胸；捶胸后又会顿足。因此要根据不同的情绪而对之进行约束，有所节制，这就是所谓的礼。

【解读】上述经文告诉人们要了解情绪，然后根据具体特点做好情绪管理，顺着不同的情绪特点做出不同的选择和调整。人们在工作、生活中会扮演不同的社会角色，处于不同的社会位置，在这些不同的角色、位置之间进行转换时，便需要调整自己的情绪。如果没有及时调整情绪状态，便会出现情绪起伏不定的局面。这段话描述了情绪发展过程，人们对之了解之后，便能发现自我所处的阶段，从而做出更为理性的选择，达到一种平衡。

【原文】故礼之不同也，不丰也，不杀也，所以持情而合危也。故圣王所以顺，山者不使居川，不使渚者居中原，而弗敝也。用水、火、金、木饮食必时，合男女、颁爵位必当年，德用民必顺。（《礼记·礼运》）

【释义】所以，礼是各有区别的，不过度的，不能多也不能少，需要恰到好处，所以才能稳定情感、弥合危险。圣王顺应人的需求而制定礼数，居住于山的不让他遵守川海之礼，居住在水边的人不让他们根据中原陆地的规则办事，这样就不会使人疲敝。按照五行做事，饮食有时，男女、政事都各安其分，百姓顺性而为，修德养性。

【解读】经文强调了顺性的重要性。第一，要顺礼之性，即在制定礼数过程中要按照中和原则，不应过繁，也不能过简；第二，要顺人之性，即不同区域的人有不同的特征，要各得其所方可；第三，要顺自然五行之性，即人的言行举止要对照自然的运行规律，从而做出与自然规律相适宜的行为选择。在平时生活中，也要注意把握这几个方面，顺性而为。

【原文】正声感人而顺气应之，顺气成象而和乐兴焉。倡和有应，回邪曲直各归其分，而万物之理各以类相动也。是故君子反情以和其志，比类以成其行。奸声、乱色不留聪明，淫乐、慝礼不接心术，惰慢、邪辟之气不设于身体，使耳、目、鼻、口、心知、百体皆由顺正，以行其义。（《礼记·乐记》）

【释义】中正之声能够感人，使得人以和顺之气应之；和顺之气显现呈象，则和乐的情绪就会产生。好的事情和坏的事情都会各有其回应，万物各因其类而相互感应。所以君子要顺性而为。杜绝奸声、乱色、淫乐、慝礼、惰慢、邪辟，使得耳、目、鼻、口、心知、百体皆能各顺其性，健康发展。

【解读】这段话指出，好的声音会引起好的情感，不好的声音就会引起不好的情感。人的心情与外界紧密相联系，万物之间根据不同的类别而相互感应。要懂得顺着善性而为，尽量杜绝奸声、乱色、淫乐、慝礼、惰慢、邪辟等消极因素。在生活和工作中，要谨慎地进行选择，如何言语、如何交友、如何待物等等，都要认真对待。心中好的东西多一点，不好的东西自然就会少一点，高兴的情绪多一分，悲伤的情绪就会少一分。人们在平日里要注意在这方面进行有意识的训练。顺性的"顺"字并不是简简单单就能够做到的，乃是要通过自己反复的实践方可达到。

【原文】诗，言其志也；歌，咏其声也；舞，动其容也。三者本于心，然后乐器从之。是故情深而文明，气盛而化神，和顺积中而英华发外，唯乐不可以为伪。（《礼记·乐记》）

【释义】诗，表达人的志向；歌，表达人的心声；舞，表现人的仪容。三者都由心而产生，然后配合乐器而得到表达。所以由诗、歌、舞而构成的乐情感深刻而形象鲜明，气势盛大而出神入化，中心和顺而协理于外，唯有乐不可以虚伪造作。

【解读】经文说明了乐的构成因素：诗、歌、舞，三者都是本于人的内心，并认为唯有乐是不可以虚伪造作的。这说明了面对乐的时候，个体当顺性应对，要顺从自己内心的真实情感，不可虚伪狡诈。这就是《中庸》说的"诚"的概念，就是"毋自欺"，即不可欺骗自己，当虔心地面对自我。

【原文】夫歌者，直己而陈德也，动己而天地应焉，四时和焉，星辰理焉，万物育焉。（《礼记·乐记》）

【释义】唱歌，其目的就是直抒胸意而陈述德行，发动自己的真实情感，从而与天地相应，与四时相和，与星辰协理，与万物化育。

【解读】经文强调了歌唱的目的在于顺从自己的本性，直抒胸意，不要去隐藏自己的情绪，让自己的情绪得以自然流露。这种自然而然流露而出的情感能够与天地、四时、星辰、万物达到一种和谐的状态。归而言之，即是要以"诚"来表达自我，顺性为之。人们在生活中，很多时候会因为各种约束而隐藏自我的情感，这是一种正常状态，因为人们在集体之中要遵守集体的规范。人们应培养起自我适宜的生活方式，其中很重要的一点就是要学会自我沟通、自我独处。在独处的时候，人们便可以自然而然地表达自己真实的情感，从而实现一种平衡与和谐（这种和谐平衡的状态不一定都表现为开心、愉悦，有时候也可以是悲伤、哭泣）。这种平衡的状态也许是短暂的，却是很有必要的。不必在意这种状态的时间长短，更重要的是要有这样的状态。如果将这种状态引向集体生活，虽然十分困难，无法勉强，但有利于健康和生活。因此，顺性而为是生活中所不可缺乏的。

【原文】子曰："老者安之，朋友信之，少者怀之。"（《论语·公冶长》）

【释义】孔子说："我愿意使年长的人得到安乐，使朋友间相互信任，使年幼的人得到照顾。"

【解读】孔子的这番话是在和他的学生颜渊、子路各言其志时所说。在这里，孔子向弟子们叙述志向，主要谈的还是个人的道德修养，及对社会理想的追求。顺应仁德之性，而致外王之功。

【原文】子曰："知者乐水，仁者乐山。知者动，仁者静。知者乐，仁者寿。"（《论语·雍也》）

【释义】孔子说："智慧的人喜爱水，仁德的人喜爱山；智慧的人懂得变通，仁德的人心性沉静。智慧的人快乐，仁德的人长寿。"

【解读】智者之乐，就像流水一样，阅尽世间万物，悠然流淌；仁者之乐，就像大山一样，屹然矗立，崇高而又安宁。正是因为仁者的品格与山接近，智者的品格与水接近，所以孔子才说"仁者乐山，智者乐水"，顺人之性，而成就美好品德。

【原文】子之燕居，申申如也，夭夭如也。（《论语·述而》）

【释义】夫子在家闲居的时候，既整齐端正，又温和舒缓。

【解读】这句话描写了孔子平日闲居在家时十分舒适自如的情况，自然顺性，不拘束不刻意，显示了他恬淡平和的心境，以及深厚的修养。正所谓"内化于心、外化于行"也。

【原文】子路、曾皙、冉有、公西华侍坐。

子曰："以吾一日长乎尔，毋吾以也。居则曰'不吾知也'如或知尔，则何以哉？"子路率尔而对曰："千乘之国，摄乎大国之间，加之以师旅，因之以饥馑；由也为之，比及三年，可使有勇，且知方也。"夫子哂之。

"求，尔何如？"对曰："方六七十，如五六十，求也为之，比及三年，可使足民。如其礼乐，以俟君子。"

"赤！尔何如？"对曰："非曰能之，愿学焉。宗庙之事，如会同，端章甫，愿为小相焉。"

"点，尔何如？"鼓瑟希，铿尔，舍瑟而作，对曰："异乎三子者之撰。"子曰："何伤乎？亦各言其志也。"曰："暮春者，春服既成，冠者五六人，童子六七人，浴乎沂，风乎舞雩，咏而归。"

夫子喟然叹曰："吾与点也！"（《论语·先进》）

【释义】子路、曾皙、冉有、公西华四人陪同孔子坐着。

孔子说："不要因为我比你们年长，就不敢尽情说话。你们平时总说'没有人了解我呀。'如果有人愿意了解你们，那你们打算怎么做呢？"

子路首先回答说："一个千乘之国，夹在几个大国之间，外面有军队侵犯它，国内又连年灾荒。我去治理它，只要三年，就可以使那里人人有勇气、个个懂礼法。"孔子听后微微一笑。

又问："冉求，你打算怎么做？"冉求回答说："方圆六七十里或五六十里的小国，我去治理它，只要三年，可以使人民富足。至于礼乐方面，只有等待贤人君子来施行了。"

又问："公西赤，你怎么样？"回答说："不敢说我有能力，我愿意边学边做。宗庙祭祀，或者与外国盟会，我愿意穿着礼服，戴着礼帽，做一个小的司仪。"

孔子接着问："曾点！你呢？"曾点弹瑟的节奏逐渐稀疏，"铿"的一声放下瑟站起来，回答道："我的志向和他们三位所说的不一样。"孔子说："那有什么关系呢？也不过是各人谈谈罢了。"曾皙说："暮春三月的时候，春天的衣服都置办好了，我和五六位大人，还有六七个孩子一起，在沂水边上洗洗澡，在舞雩台上吹吹风，一路唱歌，一路走回来。"孔子长叹一声说："我赞同曾点的主张啊。"

【解读】孔子与弟子们有关人生志向的这段对话，非常有名气。众弟子或谈治军，或谈富国，或谈守礼，各言其志。轮到曾点时，他描述出一个相伴出游的美好场景，连孔子都深表赞许。

原文中说曾晳在回答老师的提问之前，"鼓瑟希，铿尔，舍瑟而作"。可见大家在对话时，曾晳一直是在悠然鼓瑟的。曾子提到，春天能够结伴出游，开心玩乐，一定是社会安定才能够实现的；曾子期待"浴乎沂水，风乎舞雩"，这是鲁国国君祭天祈雨的地方，包含了曾子对天地社稷的敬重。可见，曾子的怡然自得之外，也包含了对理想社会的憧憬。

孔子欣赏弟子们，对他们的志向加以点评，让人有如沐春风之感，充溢着愉快、祥和又亲切的气氛。这就是儒家浓郁的入世情怀，儒家潇洒自在、顺乎性情的人生意趣也体现无疑。

【原文】司马牛问君子，子曰："君子不忧不惧。"曰："不忧不惧，斯谓之君子已乎？"子曰："内省不疚，夫何忧何惧？"（《论语·颜渊》）

【释义】司马牛问何谓君子。孔子说："君子不忧愁，不恐惧。"司马牛说："不忧愁，不恐惧，这就叫君子了吗？"孔子说："内心反省而不愧疚，那有什么可忧愁和恐惧的呢？"

【解读】司马牛作为孔子的学生，其为人善于言谈，却性情急躁。孔子因人施教，耐心地引导他加强修养，向内省察。君子心胸开阔坦荡，心中无所愧疚，自然也就无所忧愁、无所畏惧了。坦荡与内省，都是顺乎天性、顺乎德性的行为，为儒家所提倡。

【原文】司马牛忧曰："人皆有兄弟，我独亡。"子夏曰："商闻之矣：死生有命，富贵在天。君子敬而无失，与人恭而有礼，四海之内皆兄弟也。君子何患乎无兄弟也？"（《论语·颜渊》）

【释义】司马牛忧愁地说："别人都有兄弟，唯独我没有。"子夏说："我听说过：'死生由命运决定，富贵在于上天的安排。'君子只管谨慎地做事，没有过失，对他人谦恭有礼，四海之内的人，到处都是兄弟——君子何必担忧没有兄弟呢？"

【解读】在这一章，子夏劝慰司马牛说，君子应当"敬而无失"，做好分内之事，对待事情严肃又认真，与他人在交往上合乎礼仪。如此一来，四海皆兄弟，不要忧愁，更无须日日为没有朋友、没有兄弟而惶恐不安，做到问心无愧就够了。这里仍然体现了儒家对道德修养的关注，所谓"德不孤，必有邻"也。

对"死生有命、富贵在天"的引用，则体现了死生富贵非人力所致，应顺其自然。

【原文】孟子曰："人皆有不忍人之心。先王有不忍人之心，斯有不忍人之政矣。以不忍人之心，行不忍人之政，治天下可运之掌上。所以谓人皆有不忍人之心者，今人乍见孺子将入于井，皆有怵惕恻隐之心——非所以内交于孺子之父母也，非所以要誉于乡党朋友也，非恶其声而然也。由是观之，无恻隐之心，非人也；无羞恶之心，非人也；无辞让之心，非人也；无是非之心，非人也。恻隐之心，仁之端也；羞恶之心，义之端也；辞让之心，礼之端也；是非之心，智之端也。人之有是四端也，犹其有四体也。有是四端而自谓不能者，自贼者也；谓其君不能者，贼其君者也。凡有四端于我者，知皆扩而充之矣，若火之始然，泉之始达。苟能充之，足以保四海；苟不充之，不足以事父母。"（《孟子·公孙丑章句上》）

【释义】孟子说："每个人都有怜悯体恤别人的心。先王因为有怜恤别人的心情，所以才有怜恤别人的政治。凭着怜恤别人的心来实施怜恤别人的政治，治理天下可以像在手掌心里运转东西一样的容易。之所以说每人都有怜恤别人的心就在于：譬如现在有人突然地看到一个小孩子要跌到井里去了，任何人都会有惊骇同情的心情——这不是因为要来和这小孩的爹娘攀交情，不是为着要在乡邻朋友中间博取名誉，也不是厌恶那小孩的哭声而如此的。由此看来，一个人，如果没有同情之心，简直不是个人；如果没有羞耻之心，简直不是个人；如果没有辞让之心，简直不是个人；如果没有是非之心，简直不是个人。同情心是仁的发端，羞耻心是义的发端，辞让心是礼的发端，是非心是智的发端。人有这四种发端萌芽，正好比他有手足四肢一样，是自然而然的。有这四种发端却自认为不行的，是自暴自弃的人；认为他的君主不行的，是暴弃君主的人。凡是知道这四种发端的人，如果把它们扩充起来，便会像刚刚烧燃的火，终不可扑灭；刚刚流出的泉水，必汇为江河。假若能够扩充它们，便足以安定天下；假若不能扩充它们，就连赡养父母都成问题。"

【解读】孟子认为，人的本性，即人不同于其他动物的地方，就是人有恻隐之心、羞恶之心、辞让之心和是非之心，它们是仁、义、礼、智的萌芽，是人身上最宝贵的东西，它们潜藏了人完善和发展的一切可能性。因此，后天需要做的就是不断保有或扩大这些天性，把恻隐、羞恶、辞让、是非之心充分地加以发展、扩充和实现，像星星之火一样燃烧，像涓涓细流一样汇成长江大河。

只有真正认识了人性，顺性而保有、培育之，才会有仁的自觉，才能体认、把握、上达天道。

【原文】告子曰："性犹杞柳也，义犹杯棬也；以人性为仁义，犹以杞柳为杯棬。"

孟子曰："子能顺杞柳之性而以为杯棬乎？将戕贼杞柳而后以为杯棬也？如将戕贼杞柳而以为杯棬，则亦将戕贼人以为仁义与？率天下之人而祸仁义者，必子之言夫！"（《孟子·告子章句上》）

【释义】告子说："人的本性好比杞柳树，义理好比杯盘；把人的本性做成仁义，正好比用杞柳树来做成杯盘。"

孟子说："您是顺着杞柳树的本性来做成杯盘呢，还是扭曲杞柳树的本性来做成杯盘？如果要扭曲杞柳树的本性才能做成杯盘，那不也要扭曲人的本性之后才能成就仁义吗？率领天下的人来祸害仁义的，一定是你的这些话吧！"

【解读】孟子在这里不同意告子"毁伤人的本性来成就仁义"的比喻。孟子主张"性善"，认为人的本性与"仁义"并不违背，只要顺性而为，就可以成就"仁义"。

【原文】告子曰："性犹湍水也，决诸东方则东流，决诸西方则西流。人性之无分于善不善也，犹水之无分于东西也。"

孟子曰："水信无分于东西，无分于上下乎？人性之善也，犹水之就下也。人无有不善，水无有不下。今夫水，搏而跃之，可使过颡；激而行之，可使在山。是岂水之性哉？其势则然也。人之可使为不善，其性亦犹是也。"（《孟子·告子章句上》）

【释义】告子说："人性好比急流水，东方开了缺口便朝东流，西方开了缺口便朝西流。人性没有善与不善的定性，正好比水的东流西流不定向。"

孟子说："水性诚然不分朝东流还是朝西流，但是难道也不分朝上流或朝下流吗？人性的善良，正好比水性向下流。人没有不善良的，水没有不向下流的。现在那儿有一汪水，拍它让它涌起，可以高过额角；汲水使它倒流，可以引上高山。这难道是水的本性吗？形势迫使它如此罢了。人之所以会做坏事，本性的改变也正是这样。"

【解读】在孟子看来，性是人之为人、人区别于禽兽的独有特性，这种独特性，固然是人所固有的、非由外铄也，但是也只以发端和萌芽的形式表现出来，端芽的发挥与生长，还需人的后天努力，人需要通过顺性而为、涵养德性，达到道德的充沛和完善。

【原文】孟子曰："牛山之木尝美矣，以其郊于大国也，斧斤伐之，可以为美乎？是其日夜之所息，雨露之所润，非无萌蘖之生焉，牛羊又从而牧之，是以若彼濯濯也。人见其濯濯也，以为未尝有材焉，此岂山之性也哉？虽存乎人者，岂无仁义之心哉？其所以放其良心者，亦犹斧斤之于木也，旦旦而伐之，可以为美乎？其日夜之所息，平旦之气，其好恶与人相近也者几希，则其旦昼之所为，有梏亡之矣。梏之反覆，则其夜气不足以存；夜气不足以存，则其违禽兽不远矣。人见其禽兽也，而以为未尝有才焉者，是岂人之情也哉？故苟得其养，无物不长；苟失其养，无物不消。孔子曰：'操则存，舍则亡；出入无时，莫知其乡。'惟心之谓与？"（《孟子·告子章句上》）

【释义】孟子说："牛山的树木曾经是很茂盛的，因为它长在大都市的郊外，老用斧子去砍伐，还能够茂盛吗？当然，它日日夜夜在生长着，雨水露珠在滋润着，不是没有新条嫩芽生长出来，但紧跟着就放羊牧牛，所以又变成光秃秃了。大家看见那光秃秃的样子，便以为这山不曾有过大树木，这难道是山的本性吗？在某些人身上，难道没有仁义之心吗？他之所以丧失他的善良之心，也正像斧子对于树木一般，每天去砍伐它，能够茂盛吗？他在白天黑夜里发出来的善心，他在天刚亮时呼吸到的清明之气，这些在他心里所激发出的善恶跟一般人相近的，也有一点点；可是一到第二天白昼，他的所作所为又把它消灭了。反复地消灭，那么，他夜里产生出的善念自然不能存在；夜里产生出的善念不能存在，便和禽兽没什么差别了。别人看到他简直是禽兽，便以为他不曾有过善良的本质。这难道也是这些人的本性吗？所以，假使得到滋养，没有东西不生长；失掉滋养，没有东西不消亡。孔子说过：'抓紧它，就存在；放弃它，就消亡。'这是指人心而言的罢。"

【解读】孟子在这里还是说性善，但是侧重于后天对于德性的滋养。也就是说，人性虽然本来善良，但如果不加以滋养，而是放任良心失去，那就会像用斧头天天去砍伐树木一样，即便是再茂盛的森林也会被砍成光秃秃的。如果善念不能保存，同样也会丧失四端。

在这里，孟子强调了人性本善，以及自我把持、自我滋养的重要性，将内在之心发扬光大，而不要到身外去寻求。

【原文】孟子曰："形色，天性也；惟圣人然后可以践形。"（《孟子·尽心章句上》）

【释义】孟子说："人的身体容貌是天生的，（这种外表的美要靠内在美来充实），只有圣人才能不辜负此大好天赋。"

【解读】践形，就是顺性、尽性，让天性通过各种外在的实践得到最大程度的完备。

【原文】孟子曰："口之于味也，目之于色也，耳之于声也，鼻之于臭也，四肢之于安佚也，性也，有命焉，君子不谓性也。仁之于父子也，义之于君臣也，礼之于宾主也，知之于贤者也，圣人之于天道也，命也，有性焉，君子不谓命也。"（《孟子·尽心章句下》）

【释义】孟子说："口对于美味，眼对于美色，耳对于动听之音，鼻对于芬芳气味，手足四肢喜欢舒服，这些都是人的天性使然，但是得到与否，却属于命运，所以君子不会以天性为借口而强求得到它们。仁存在于父子之间，义存在于君臣之间，礼存在于宾主之间，智慧对于贤者，圣人对于天道，能够实现与否，属于命运，也是天性使然，所以君子不会以命运为借口而不去顺从天性。"

【解读】人的追求有两个层次，首先是生理上的追求，"口之于味也，目之于色也，耳之于声也，鼻之于臭也，四肢之于安佚也"，在孟子看来，这些虽然是人性的追求，但同时有命的成分与作用在，不完全可以通过追求人的天性就可以达到；其次，人有精神境界上的追求，"仁之于父子也，义之于君臣也，礼之于宾主也，智之于贤者也，圣人之于天道也"，也就是说，这些追求本质上是人对命运的追求，有人性的成分，但是不完全是命运的安排。

这个时候，人性向善就是关键，人性向恶就会导致恶果。君子应该顺性而为，发挥自己的本性，从而能知天命，让天命得以实现。

【原文】性也者，吾所不能为也，然而可化也；情也者，非吾所有也，然而可为也。注错习俗，所以化性也；并一而不二，所以成积也。习俗移志，安久移质，并一而不二则通于神明，参于天地矣。（《荀子·儒效》）

【释义】本性这种东西，不是人为造就的，却可以通过后天教化来改变；性情这个东西，不是我们固有的，却可以通过后天改造来迁移。风俗习惯可以改变人的思想，长久地受风俗习惯的影响，就会改变人的本性。只要专心致志，不三心二意，就能慢慢积累"善"性，习俗风尚改变人的志向，长期安居转变人的气质；只要专心致志，不三心二意，就能通于神明，与天地相参同了。

【解读】荀子在这里表达了一个意思，本性是可以通过后天的习得来发生改变的，道德、学问，是靠日积月累获得的，不是一蹴而就的。任何人只要不断地去积累善，积习成自然，就可以成为理想的圣人。

【原文】故曰：性者，本始材朴也；伪者，文理隆盛也。无性则伪之无所加，无伪则性不能自美。性伪，然后圣人之名一，天下之功于是就也。故曰：天地合而万物生，阴阳接而变化起，性伪合而天下治。天能生物，不能辨物也；地能载人，不能治人也；宇中万物、生人之属，待圣人然后分也。《诗》曰："怀柔百神，及河乔岳。"此之谓也。（《荀子·礼论》）

【释义】所以说，先天的本性，就像是原始的未加工过的木材；后天的人为加工，则表现在礼节仪式的隆重盛大。没有本性，那么人为加工就没有地方施加；没有人为加工，那么本性也不能自行完美。本性和人为的加工相结合，然后才能成就圣人的名声，统一天下的功业也因此而能完成了。所以说：上天和大地相配合，万物就产生了；阴气和阳气相接触，变化就出现了；本性和人为的加工改造相结合，天下就治理好了。上天能产生万物，但不能治理万物；大地能负载人民，但不能治理人民；宇宙间的各种东西和各类人，得依靠圣人才能安排好。《诗》云："招来安抚众神仙，来到黄河与泰山。"说的就是这种情况啊。

【解读】荀子认为，先天的本性是基础；后天的礼义是完善。两者的相互结合，才能有圣王一统天下的功业。这是荀子"化性起伪"思想的具体体现。

【原文】性者，天之就也；情者，性之质也；欲者，情之应也。以所欲为可得而求之，情之所必不免也；以为可而道之，知所必出也。故虽为守门，欲不可去，性之具也。虽为天子，欲不可尽。欲虽不可尽，可以近尽也；欲虽不可去，求可节也。所欲虽不可尽，求者犹近尽；欲虽不可去，所求不得，虑者欲节求也。道者，进则近尽，退则节求，天下莫之若也。（《荀子·正名》）

【释义】性是人天生的东西；情，是性的实质内容；欲望，则是情的感应。以为自己的欲望可以实现，而去追求它，这是人之常情。以为是可以做而去做它，这是人所做的必然选择。即使是低贱如守门之人，也不可能没有欲望之心，这是人性中本来就具有的；即使贵为天子，也不可能完全舍弃欲望。然而欲望虽然不可能完全满足，却可以接近于满足状态；欲望虽然不可能完全去除，但却可以得到节制。欲望虽然不可能完全满足，追求的人有时依然会接近于满足；欲望虽然不可能完全去除，所求也有所不得的时候，但智慧的人懂得节制；按照道来行事，能够满足欲望的时候就尽量满足，不能满足的时候就节制欲望，天下没有比这更好的原则了。

【解读】荀子在这里承认了"性、情、欲"的根源性存在与合理性满足。顺性情而为，化性起伪，尽量满足，恰当节制，是荀子所持的主张。

【原文】故圣人化性而起伪，伪起而生礼义，礼义生而制法度。然则礼义法度者，是圣人之所生也。故圣人之所以同于众、其不异于众者，性也；所以异而过众者，伪也。夫好利而欲得者，此人之情性也。假之人有弟兄资财而分者，且顺情性，好利而欲得，若是则兄弟相拂夺矣；且化礼义之文理，若是则让乎国人矣。故顺情性则弟兄争矣，化礼义则让乎国人矣。（《荀子·性恶》）

【释义】圣人变化了人的本性而兴起了伪，兴起伪，就产生了礼义，产生礼义就制定了法度。所以礼义法度，是圣人的创造。因此，圣人与一般人既相同又不同的地方就在于性；与一般人不同，而又超于常人的地方，就在于伪。贪利而想得到，这是人之常情和天性。假如有兄弟二人争财产，如果顺着天性，兄弟就会互相争夺；如果用文明礼仪教化他们，他们就是对一般人也会谦让。所以顺着人的天性就会兄弟相争，用礼义教化就会对一般人也会谦让。

【解读】荀子认为，人性是恶的，而善则是后天人为的，放纵这些性情就会带来不良后果。只有礼义才能矫正和约束人性，所以古代的圣人"起礼义、制法度"来化导人的情性。圣人之所以不同于普通人，就在于他能约束本性，追求性情以外的事物，于是制定出礼义和法度。在这里，"顺性"即为"化性"也。

【原文】好人之所恶，恶人之所好，是谓拂人之性，灾必逮夫身。(《大学》)

【释义】喜欢众人所厌恶的，厌恶众人所喜欢的，这是违背人的本性，灾难必定要落到自己身上。

【解读】好善恶恶乃人的本性，如今的人却好人之所恶，恶人之所好，颠倒过来，这就违反了人的本性。违反人的本性，则失人心，必将招致灾害。

【原文】《诗》云："乐只君子，民之父母。"民之所好好之，民之所恶恶之，此之谓民之父母。(《大学》)

【释义】《诗经·小雅·南山有台》中说："快乐美好的国君，好像百姓的父母。"百姓喜欢的国君也喜欢，百姓讨厌的国君也讨厌，这样的国君就是百姓的父母。

【解读】先天下之忧而忧，后天下之乐而乐。在上位的与在下位的同气相求，同心相应，在上位的如能以民心为己心，则一片和睦。

【原文】《康诰》曰："如保赤子。"心诚求之，虽不中，不远矣，未有学养子而后嫁者也。(《大学》)

【释义】《康诰》说："为人君者，爱护百姓就如慈母爱她的初生小儿一般。"初生小孩虽不能言，但只要母亲内心很真诚地对待自己的孩子，虽然不是一一合着孩子的要求，但是一定不会差得很远。没有学习带孩子然后再嫁人的道理。

【解读】装出来的诚心不是诚心，诚心出于自然，自然恳切，发乎于心，这样的诚才是真的诚，来不得半点虚假。

【原文】唯天下至诚，为能尽其性；能尽其性，则能尽人之性；能尽人之性，则能尽物之性；能尽物之性，则可以赞天地之化育；可以赞天地之化育，则可以与天地参矣。(《中庸》)

【释义】只有天下最真诚的人才能充分发挥天赋的本性；能发挥天赋的本性的领路人，才能发挥团队中所有人的本性；能发挥所有人的本性，才能充分发挥事物的本性；能够发挥事物的本性，才能帮助天地化育万物；可以帮助天地化育万物的圣人，其德行才可以与天地并列。

【解读】《中庸》指出至诚才能尽性，也就是说只有以最真诚的态度才能尽显人之本性诚，诚是人性本真的一面，以诚做人则能够发挥天赋本性，以诚做事则能够极尽事物之本性，以诚治理天下则能够带领天下人充分发挥本性的价值而创造更美好的世界。贤文化所说"诚为人之本性，亦为企业之本性，故顺性者必明诚，不诚则无以成己成物"，正是对传统文化提倡至诚思想的继承，是结合当代企业社会责任及建设美好生活需要而提出的至诚之言。

【原文】君子之道，辟如行远必自迩，辟如登高必自卑。《诗》曰："妻子好合，如鼓瑟琴。兄弟既翕，和乐且耽。宜尔室家，乐尔妻帑。"子曰："父母其顺矣乎！"（《中庸》）

【释义】君子修道就像远行需要从近处起步，就像登高需要从低处开始，一切都需要顺应自然本性。恰如《诗经》描述的：夫妻儿女情投意合，协调有如琴瑟音声相和，兄弟和睦相处，快乐安顺长久，家庭美满和顺，妻儿愉快幸福。面对这样的美好生活，孔子赞叹说："做到这样，长辈也就称心如意了！"

【解读】这段话以远行需要从近处起步、登高需要从低处开始为例，说明了修身养性也要顺应自然的道理；借用《诗经》描述的夫妻和睦、子女欢乐、父母顺心的美满家庭幸福生活，表达了做人做事、修身养性都需要顺应天理人情、顺应社会及自然之性的顺性思想。贤文化提倡明诚顺性，倡导辛而不躁、劳而不愠的顺性人格，主张人人顺性、事事顺性、企业顺性，建设洵美且乐的生活。

【原文】诚者，天之道也；诚之者，人之道也。诚者不勉而中，不思而得，从容中道，圣人也。诚之者，择善而固执之者也。（《中庸》）

【释义】真诚是天道的法则，做到真诚是人道的法则。天性真诚，无须勉强就能达到，也不需要冥思苦想就能获得，自然而然就符合天道法则，从容自然地顺应着真诚的本性，这样的人就是圣人。做到真诚，就是选择善道并坚守和践行。

【解读】《中庸》认为诚是人之本性，是天道法则，亦是人道法则，强调人们要做到诚而永远不必伪装，主张诚实、诚信、诚恳地做人做事和面对生活中的一切，并且指出做到心诚是有途径的：需要明白真诚会创造的美和带来的善，需要知道违背真诚就会失去美和产生恶的后果，知晓了真诚与否的利害关系，就会选择真诚而远离恶。贤文化在中国传统文化诚信思想的基础上，结合现代企业和社会发展的实际，提出诚为人之本性，亦为企业之本性，顺性者必明诚，不诚则无以成己成物。致诚者少私寡欲，清静自守，智慧由生，开物成务，功业可定。

【原文】在下位不获乎上，民不可得而治矣。获乎上有道，不信乎朋友，不获乎上矣；信乎朋友有道，不顺乎亲，不信乎朋友矣；顺乎亲有道，反诸身不诚，不顺乎亲矣；诚身有道，不明乎善，不诚乎身矣。（《中庸》）

【释义】在下位的人得不到上级的信任，也感受不到来自上级的诚信，这样失去诚信的统治不得民心而且充满猜疑，当然不可能治理得良好。得到上级的信任是有途径的，得不到朋友的信任就得不到上级的信任。得到朋友的信任是有途径的，不顺从父母就得不到朋友的信任。顺从父母是有途径的，要反身自省，自己心不诚就没法顺从父母。心诚是有途径的，不知晓善就不能心诚。

【解读】这段话表明诚信是对明辨善恶之后而做出的对善的选择，是发自内心而又在人与人之间产生相互感应的一种德行，是建立良好生活氛围及做好社会治理的必要条件，人们只有顺应本心对善的向往、对诚的期待，顺应这种来自本性的选择，才利于个人的发展和社会的美好。贤文化提倡人们顺应本心对真善美的向往和期待，以诚待人，诚信做事，在提升自身素养的同时建设美好的精神家园，提出顺性者必明诚，不诚则无以成己成物。

【原文】博学之，审问之，慎思之，明辨之，笃行之。有弗学，学之弗能，弗措也；有弗问，问之弗知，弗措也；有弗思，思之弗得，弗措也；有弗辨，辨之弗明，弗措也；有弗行，行之弗笃，弗措也。人一能之己百之，人十能之己千之。果能此道矣。虽愚必明，虽柔必强。（《中庸》）

【释义】要广泛地学习，仔细地询问，审慎地思考，清晰地分辨，笃实地实践。要么就不学，学了没有学会就不罢休。要么就不问，问了还不明白就不中止。要么就不思考，思考了不懂得就不罢休。要么就不辨别，辨别了分辨不确切就不中止。要么就不实行，实行了但不够笃实就不中止。别人一次能做的，我用百倍的工夫，别人十次能做的，我用千倍的努力。如果真能这样做，即便愚笨也会变得聪明，即使柔弱也会变得刚强。

【解读】这段话强调要勤奋努力以提升素养，要坚守所追求的事业，以真诚炽热的情感和笃定坚实的行动，追求人生应有的目标，弥补不足而成为能

够服务社会、有益于天下的人，实现人生应有的价值。贤文化继承中国优秀
传统文化提倡的积极进取和坚忍不拔精神，鼓励人们博学、审问、慎思、明
辨、笃行，奋进在致诚之道上，为建设美好生活不懈努力。

【原文】自诚明谓之性；自明诚谓之教。诚则明矣，明则诚矣。(《中庸》)

【释义】由真诚而达到通晓事理，这是天性的作用。由通晓事理而达到真
诚，这是教化的结果。真诚就会通晓事理，通晓事理就会主动追求内心的真诚。

【解读】这段话虽然内容不多，却清晰地表达出天性与教化、诚与明之间
的关系，指出可以依靠真诚，使内心明澈，理解万事万物的道理，这是人之
天性的使然；也可以通过生活实践，明白一些道理之后而自觉选择真诚，向
着善和美的方向发展，这是通过教化而产生的必然结果。贤文化继承传统文
化关于"诚""明"的思想，结合现代生活及企业实际，提出诚为人之本性，
亦为企业之本性，故顺性者必明诚，不诚则无以成己成物；并且明确告诉人
们，诚是人和企业的天赋性质，只有顺应本性的指引，笃守诚信之道，才能
最大限度地实现人生的意义，体现企业的价值，从而在社会活动中创造美、
享受美、建设美好生活。

【原文】性出于天，才出于气。气清则才清，气浊则才浊。才则有善有不
善，性则无不善。(《近思录·道体》)

【释义】人的本性出于天赋，材质则得之于气禀。所禀之气清则才清，所
禀之气浊则才浊。材质有善与不善，本性则一定是善的。

【解读】所谓顺性，是顺应人的本性。人之本性为善，只是气禀不同，习
染易坏，故有成材和不成材之分。所以顺性也就是要遵道而行，以顺应原来
的本性。

【原文】"生之谓性。"性即气，气即性，"生"之谓也。人生气禀，理有
善恶，然不是性中元有此两物相对而生也。有自幼而善，有自幼而恶，是气
禀有然也。善固性也，然恶亦不可不谓之性也。盖"生之谓性""人生而静"
以上不容说，才说性时，便已不是性也。凡说人性，只是说"继之者善"也，
孟子言性善是也。(《近思录·道体》)

【释义】天生具有的称之为性。性就是气禀，乃天生之意。人初生时禀受
的气有善有恶，然而这并不是本性中就有善恶两种成分。有人自幼是善良的，

有人自幼是邪恶的，这是气禀不同的原因。善是人的一种性情，但恶也是一种性情。说"生之谓性"，他已经不是初生之时了，说"人生而静"，他已感于物而动了，于是他就不再是初生时的未动之性了，但凡人们说到性时，只是说"继承天的就是善"，孟子的人性善就是在这个意义上说的。

【解读】天地万物，本吾一体。少有所养，老有所终，动植飞潜，在宇宙中自然生长，各有各所归的道理。人为天地万物之灵，禀受天道，天生之性必善。只是气禀才情各有不同，故有善恶高低之分。所谓顺性而动，就是顺其天性，襄助天地化育万物之功，让万物按照自然而然的道理生长。

【原文】性者万物之一源，非有我之得私也。惟大人为能尽其道，是故立必俱立，知必周知，爱必兼爱，成不独成。彼自蔽塞而不知顺吾性者，则亦未如之何矣。（《近思录·道体》）

【释义】天地本原之性与万物之性同源，不是一人独有。只有德行崇高的人懂得其中道理，所以他之立身必然让众人能立身，他的智慧遍及一切事物，他的爱一定涵盖一切人与物，他的成就也是使所有人都有成就。虽然如此，对于那些蔽塞天性而不知顺着天性发展的人来说，也是拿他没有办法。

【解读】天地万物，本吾一体，我之性，便是天地之性。天下之人，莫不有性，循其性之自然，则日用事物，当各有当行的道理。与物交接，洒扫应对，不过都是依顺着那性中所本有的，这就是所谓的"率性之谓道"。

【原文】大其心，则能体天下之物；物有未体，则心为有外。世人之心，止于见闻之狭；圣人尽性，不以见闻梏其心。其视天下，无一物非我。孟子谓尽心则知性知天以此。天大无外，故有外之心，不足以合天心。（《近思录·为学》）

【释义】推广你的心，就能体认天下万物之理。有一物之埋没能体认，则心与物隔。世人的心，被见闻所拘束，圣人则能发扬本性，不被见闻桎梏其心，看待天下，没有一种事物不与自己同体。孟子说的尽心就能知性知天，原因就在于此。天广大到无所不包，所有外物之心，算不得合于天心。

【解读】因为吾性本为天性，我与万物之性同，所以需要用自己的心去体认天下万物之理，所谓尽心就是顺性。又要以天性万物之理，去澄清我的本性。在日常中与物交接时，遵循那当然之理。

【原文】静后见万物自然皆有春意。(《近思录·存养》)

【释义】当心静的时候就能感受到万物自然都充满春意。

【解读】心是一个人的主宰，静心观物，哪怕是秋霜冬雪，依然能见满眼的春色，这是因为静心顺性才让心灵通达的缘故。

【原文】来书云："周子曰'主静'，程子曰'动亦定，静亦定'，先生曰'定者心之本体'，是静定也，决非不睹不闻、无思无为之谓。必常知、常存、常主于理之谓也。夫常知、常存、常主于理，明是动也，已发也，何以谓之静？何以谓之本体？岂是静定也，又有以贯乎心之动静者邪？"理无动者也。常知、常存、常主于理，即不睹不闻、无思无为之谓也。不睹不闻、无思无为，非槁木死灰之谓也。睹闻思为一于理，而未尝有所睹闻思为，即是动而未尝动也。所谓"动亦定，静亦定"，体用一原者也。(《传习录·答陆原静书》)

【释义】来信写道："周敦颐先生主张'主静'，程颢先生主张'动亦定，静亦定'，先生您则主张'定者，心之本体'。这静定，绝不是不看不听，不想不做，而是时刻知道，时刻存养，遵从天理的意思。那时刻知道、存养、遵从天理，就已经是在动了呀！这不是未发之中，是已经有所发动了呀！怎么能说是静呢？又怎么能称为是心的本体呢？难道这个静定，是贯通心的动静吗？"理是静止不动的。经常认知、存养并遵循天理，也就是指不看不听、无思无为的意思。不看不听、无思无为，并不是如同槁木死灰一般。看、听、思、为的关键是要依循天理，而不曾有其他的看、听、思、为，这也就是动而未曾动。程颐先生所说的"动亦定，静亦定"，也就是指体用一源。

【解读】在动的后面有一个不曾动的，比如看、听、思、做，这是动，但背后有一个不动的天理，这种未曾动，就叫做定。所谓顺性，即是在动静之间，都要做到一个定字。

【原文】来书云："养生以清心寡欲为要。夫清心寡欲，作圣之功毕矣。然欲寡则心自清，清心非舍弃人事而独居求静之谓也。盖欲使此心纯乎天理，而无一毫人欲之私耳。今欲为此之功，而随人欲生而克之，则病根常在，未免灭于东而生于西。若欲刮剥洗荡于众欲未萌之先，则又无所用其力，徒使此心之不清。且欲未萌而搜剔以求去之，是犹引犬上堂而逐之也，愈不可矣。"(《传习录·答陆原静书》)

【释义】来信说："养生以清心寡欲最重要，清心寡欲，是为圣人终生要尽的功夫。然而，欲望少，心自然清。清心并不是要舍弃俗人事务而去独居求静，而是要使人心纯乎天理，没有一点私欲的遮蔽。如今，想要做到这点，往往是在私欲发生之时才去克制，这样病根仍在，不免会有东面去除又在西面萌生的毛病，如果说想在私欲还没有萌芽时就刮磨洗涤，却又没有什么可以用力处，反而使这心不清明了。而且，私欲没有萌生就想办法去剔除，这就像牵狗上堂却又去驱逐它，更加不合理了。"

【解读】顺性不是去放纵自己的欲望，而是要清心寡欲，以求使自己的心纯乎天理，没有私欲遮蔽。不过需要注意的是，既不是在私欲萌生之时去克制，也不是在私欲还未萌生时去剔除，这样的做法，要么不能去除病根，要么不合情理。

【原文】致虚极，守静笃，万物并作，吾以观复。夫物芸芸，各复归其根。归根曰静，是谓复命。复命曰常，知常曰明。不知常，妄作，凶。知常容，容乃公，公乃全，全乃天，天乃道，道乃久，没身不殆。（《道德经》）

【释义】达到极度虚无，守住极度清静。万物一齐生长，我观察它们的往复。万物纷芸，各自复归根本。复归根本叫做清静，这就叫复归本原。复归本原就叫"常"，了解了常道就叫做"明"，不了解常道就会轻举妄动招致凶险。了解常道才会包容，包容才会公正，公正才会周全，周全才会符合自然，符合自然才会长久，才会终身没有危险。

【解读】得道的法门妙诀是什么？致虚极，守静笃。

【原文】重为轻根，静为躁君，是以圣人终日行不离辎重。虽有荣观，燕处超然，奈何万乘之主，而以身轻天下？轻则失本，躁则失君。（《道德经》）

【释义】重为轻的根本，静是动的主宰。因此君子能终日行走，不离开载装行李的车子。虽然有华丽的生活，却能安居超然。为什么那些大国的君主，却轻率躁动地治理天下呢？轻率就会失去根本，躁动就会失去主宰。

【解读】一个人遇事能够心平气和、安静恬淡，就相当于成功了一半。

【原文】大成若缺，其用不弊：大盈若冲，其用不穷。大直若屈，大巧若拙，大辩若讷。躁胜寒，静胜热，清静为天下正。（《道德经》）

【释义】最大的完满，好像有所残缺，但它的作用不会衰竭。最大的充盈，好像有所亏空，但它的作用不会穷尽。最大的正直，好像有所弯曲；最大的灵巧，好像笨拙；最大的辩才，好像木讷。虚清胜过躁动，寒冷胜过炎热。清静是天下的正道。

【解读】木秀于林，风必摧之。韬光养晦，和光同尘，是在俗世中保持圆满的一种策略。

【原文】以正治国，以奇用兵，以无事取天下。吾何以知其然哉？以此。天下多忌讳，而民弥贫；民多利器，国家滋昏；人多伎巧，奇物滋起；法令滋彰，盗贼多有。故圣人云，我无为而民自化，我好静而民自正，我无事而民自富，我无欲而民自朴。（《道德经》）

【释义】用正常之道治国，用奇巧之法用兵，以无为原则统治天下。我怎么知道是这样的呢？是根据这些：天下禁忌越多，老百姓越贫穷；人民锐利武器越多，国家越混乱；人们技巧越多，邪风怪事越厉害；法令越森严，盗贼越增多。所以，圣人说，我无为，人民就自我化育；我安静，人民就自然富足；我无事，人民就自然淳朴。

【解读】以正兵当敌，以奇兵制胜，以正道治国。

【原文】人之生也柔弱，其死也坚强。万物草木之生也柔脆，其死也枯槁。故坚强者死之徒，柔弱者生之徒。是以兵强则不胜，木强则兵。强大处下，柔弱处上。（《道德经》）

【释义】人活着时，身体是柔软的，死了以后，身体变得僵硬。草木生长时是柔软的，死了以后就变成枯槁。所以，坚强的东西属于死亡一类，柔弱的东西属于生命一类。因此，用兵逞强就会灭亡，树木强大会遭到砍伐。强大的反而处于下位，柔弱的反而居于上位。

【解读】柔弱的事物，往往容易长久；刚强的事物，往往容易折断。不信就去看，柔弱的舌头和刚强的牙齿。

【原文】蜩与学鸠笑之曰："我决起而飞，抢榆枋，时则不至，而控于地而已矣，奚以之九万里而南为？"适莽苍者，三餐而反，腹犹果然；适百里者，宿舂粮；适千里者，三月聚粮。之二虫又何知！小知不及大知，小年不及大年。奚以知其然也？朝菌不知晦朔，蟪蛄不知春秋，此小年也。楚之南有冥灵者，以五百岁为春，五百岁为秋；上古有大椿者，以八千岁为春，八

千岁为秋，此大年也。而彭祖乃今以久特闻，众人匹之，不亦悲乎！（《庄子·内篇·逍遥游》）

【释义】蝉和小斑鸠讥笑鹏鸟："我们奋力而飞，碰到榆树、檀树就停下，飞不上去了，就落在地上。何必要飞往九万里远的南海呢？"到近郊去的人，只带三餐干粮，回来时肚子还是饱的；到百里远的人，要用一整夜准备干粮；到千里外的人，要聚积数月粮食。蝉和小斑鸠这种小虫鸟又知道什么呢？小智不如大智，短命不如长寿。怎知如此？朝生暮死的菌类不知一天的长度。春生夏死、夏生秋死的寒蝉，不知一年的长度，这就是短命。楚国之南，有种大树，对它来说，五百年是一春，五百年是一秋。上古时代，有种树叫大椿，对它来说，八千年是一春，八千年是一秋，这就是长寿。彭祖向来以长寿闻名，人们与他相比，岂不可悲可叹！

【解读】天地之间，大至鲲鹏，小至尘埃，皆有所待而后行。只有泯灭物我之见，做到无己、无功、无名，才能与自然之道合而为一，才能真正实现怡然自乐。

【原文】凡人主必信，信而又信，谁人不亲？故《周书》曰："允哉允哉"，以言非信则百事不满也。故信之为功大矣。信立，则虚言可以赏矣。虚言可以赏，则六合之内皆为己府矣。信之所及，尽制之矣。制之而不用，人之有也；制之而用之，己之有也。己有之，则天地之物毕为用矣。人主有见此论者，其王不久矣；人臣有知此论者，可以为王者佐矣。（《吕氏春秋·离俗览第十九》）

【释义】大凡君主，一定用诚信，信而又信，这样哪个不来亲附呢？所以《周书》说："诚信啊！诚信啊！"这就是说如果不诚信，则干什么事都不会成功。所以，诚信产生的功效太大了。有了信用，所以假话就可以鉴别了。假话可以鉴别，那么整个天下都可以为自己支配了。诚信所及的地方，就可以支配了。可以支配却不去利用，仍然可以为他人所有。能控制而加以利用，才会为己所有。为己所有，那么天地万物就全为己所用了。君主如果知道这个道理，很快就可以称王了；君子如果知道这个道理，就可以做王的辅佐了。

【解读】顺性者必然明诚，不诚则无以成己成物。只有树立了诚信，才能够获得别人的信任。讲诚信的人，懂得少私寡欲，清静自守。对于企业而言，诚信更是一个企业立足的根本，企业员工讲诚信，就能在自己的工作岗位上把事情做好。企业讲诚信，就能让消费者喜欢上企业产出的产品，让社会尊重这个企业的品牌。

【原文】关尹喜曰："在己无居，形物其著，其动若水，其静若镜，其应若响。故其道若物者也。物自违道，道不违物。善若道者，亦不用耳，亦不用目，亦不用力，亦不用心。欲若道而用视听形智以求之，弗当矣。瞻之在前，忽焉在后；用之弥满，六虚废之莫知其所。亦非有心者所能得远，亦非无心者所能得近。唯默而得之而性成之者得之。"（《列子·仲尼》）

【释义】关尹喜说："自己不必执着，外界事理就会自然呈现。行动时如流水一样自然，静止时如镜子一样明净，回应如回声一样忠实。所以说，只有事物会违反道，道永远不会违反事物。善于体道者，不用耳朵、眼睛、体力、心思；用眼睛、耳朵、形体与心智求道者，往往求而不得。道，忽而在前，忽而在后；道发生作用时，无所不在；不发生作用时，又无迹可寻。顺应本性才能求得，并非有心求而疏远、无心求而得道。"

【解读】"物自违道，道不违物。"道是无为的，所以它不会违背事物的本性；人总想着有为，所以，总是违背自然规律。

【原文】夫天将兴雨，必先有风云，使人知之，所以然者，欲乐其收藏也。所以先示者，乐其为善者日兴，为恶者日止也。（《太平经·卷三十五》）

【释义】老天将要下雨，必定会先有风云，让人知道雨快来了。之所以如此，是希望人们把怕淋雨的东西收藏起来。先向世人公布这种教令，目的是高兴看到做善事的一天比一天兴起，干坏事的一天比一天止息。

【解读】这段话体现了《太平经》的诚信主张，上天以风云预示着大雨将至，国家及社会团体通过事先进行的宣传教导再发布和执行政令。风云的出现和雨水将至，以及宣传教导和政令颁布，它们之间有着先后顺序及对应关系。要顺应这种对应性关系，做好相应的准备工作。

【原文】故令太阳最盛，未尝有也。阳者称神，故为天神；阴者称邪，故奸气常以阴中往来，不敢正昼行。（《太平经·卷九十二》）

【释义】所以，现今就让极旺的阳气最盛大，前所未有啊！属于阳性的东西才称得上神妙，所以皇天就最神妙。属于阴性的就称为邪僻，所以奸邪之气总在暗中往来，不敢在大白天公开显现。

【解读】这段话认为阳性的事物光明正大，具有神妙的功用，人的诚实、善良、慈爱等美好的德性都属于阳性的，具有使人们生活幸福和世界美好的神妙功用；相反，阴性的东西具有奸邪的属性，无法公之于众，诸如人的虚假、私欲及奸猾的伎俩等，都有邪恶之阴性，不利于生活和社会建设。贤文化提倡顺性，就是要顺应人性本真的善良、诚实、淳朴之性，以此营造和谐诚信的氛围和简单美好的生活。

【原文】夫人最善莫如乐生，急急若渴，乃后可也。其次乐成他人善，如己之善。其次莫若人施，见人贫乏，谓其愁心，比若忧饥寒，乃可也。（《太平经·乙部》）

【释义】治理天下，最好的办法莫过于乐意存活他人，助人之心达到汲汲若渴的程度才符合天心。其次是乐意成人之美，如同成己之美一样。再次是施惠他人，看到有人贫困，替他心里发愁，就如同忧虑自己饥寒一般，这样才符合天心。

【解读】这段话认为，治理天下的关键在顺应民心，而获得民心的根本办法在于为民着想，以真心帮助百姓改善生存条件，成人之美，给予困难者关心和帮助。这种待人如己的善心和诚心，顺应社会发展的趋势，顺应百姓的需要，是对人之善性的顺应和发展。

【原文】性有巧拙，可以伏藏。九窍之邪，在乎三要，可以动静。火生于木，祸发必克；奸生于国，时动必溃。（《阴符经》）

【释义】人性虽有巧有拙，却可以隐藏起来。九窍是否沾惹外邪，关键在于耳、目、口三窍之动静。三窍动则犹如木头着火，灾祸发生必被攻克；如有奸邪，时间一到必致溃亡。

【解读】人们的表现有巧有拙，巧者多机谋，拙者多愚钝，但巧拙皆非人之本来天性。人之天性的良善伏藏于内心，顺性者应当发露善良的思想和诚信的行为，抛弃巧拙之分辨及感觉器官带来的干扰和欲望，把并非本性的情欲伏藏不用，而发掘深埋于内心的善良和诚信，以此指导为人处世。贤文化融合了古人关于诚信的理念，指出诚为人之本性，提倡把这种本性的诚信从做人做事扩展到做企业，使诚信成为企业经营管理的根本原则。

【原文】至乐性余，至静性廉。（《阴符经》）

【释义】至乐在于知足，至静在于无私。

【解读】知足常乐，无欲则刚，人应当知足、无欲，这样才能够顺应人光明、善良的本性。此句之"余"也写作"愚"，表达常人之乐为吃佳肴、穿美服、看美色、闻好音，追求感官享乐，但这些会使人陷入愚昧，远离真性。这段话提醒人们不要被私欲牵累，知足才能快乐，无私才能保持内心的清静，以知足和无私的心态面对世界，才能够在纷繁世态中找到安身立命的精神家园。贤文化融合传统智慧，助力美好生活建设，告诫人们人心本静，乃因私欲起而不静，并且指出：致诚者少私寡欲，清静自守，智慧由生，开物成务，功业可定。

【原文】人以愚虞圣，我以不愚虞圣；人以奇期圣，我以不奇期圣。故曰：沉水入火，自取灭亡。（《阴符经》）

【释义】俗人以欺诈为聪明，我却不以欺诈为聪明；俗人以奇异为智慧，我却不以奇异为聪明。所以说：以欺诈与奇异行事，如水入火，自取灭亡。

【解读】俗人以遮蔽实相欺诈愚弄别人为聪明，而实际上应当顺应人的阳光、诚实之本性，顺应本性才会身心健康、和谐美好。俗人以精明张扬为智慧，而实际上应当以本性淳朴低调为智慧。一切欺诈、精明、张扬都是对人之本性的违背，会损耗人之真性，就像把水放入火中一样。

【原文】海不辞水，故能成其大；山不辞土石，故能成其高；明主不厌人，故能成其众；士不厌学，故能成其圣。（《管子·形势解》）

【释义】海不排斥水，故而能成就其大；山不排斥土石，故而能成就其高；明君不厌弃人，故而能够成就其众多；士人不厌学习，故而能成就其圣明。

【解读】《管子》重育人，亦有专门撰就的著名教育文《弟子职》，论及关于学校、学习的基本原则，如其曰："先生施教，弟子是则，温恭自虚，所受是极。见善从之，闻义则服。温柔孝悌，毋骄恃力。志毋虚邪，行必正直。游居有常，必就有德。颜色整齐，中心必式。夙兴夜寐，衣带必饬；朝益暮习，小心翼翼。一此不解，是谓学则。"所学在于自化自抚，勉力为之，"受业问学而不加务则不成"，"朝不勉力务进，夕无见功"（《管子·形势解》）。

【原文】精也者，气之精者也。气，道乃生，生乃思，思乃知，知乃止矣。凡心之形，过知失生。（《管子·内业》）

【释义】精，就是气最精纯的部分。气通达就会产生生命，有生命就会有思想，有思想就有认知，有认知就可以居静。对于心的形体，过度使用则会失去生机。

【解读】精气说是《管子》试图在天道与人道之间建立的桥梁，毕竟天地之合而生人的理论有些粗略，另一方面，精气理论也试图为人之心灵、思想、认识等提供解释，因为"抟气如神，万物备存"，只要一意专心，"思之，思之，又重思之。思之而不通，鬼神将通之。非鬼神之力也，精气之极也"（《管子·内业》）。思达于道，思可通神，思然后知，静可助思等等，表现出《管子》在认知理论上已经将老子自然哲学引向深入。

【原文】天主正，地主平，人主安静。春秋冬夏，天之时也；山陵川谷，地之材也；喜怒取予，人之谋也。是故圣人与时变而不化，从物而不移。能正能静，然后能定。定心在中，耳目聪明，四枝坚固，可以为精舍。（《管子·内业》）

【释义】天在于公正，地在于平易，人在于安静。春夏秋冬，是天的时令；山陵川谷，是地的物材；喜怒取予，是人的谋虑。所以圣人与时俱变而不随之改变，顺从事物的发展而不随之迁移。能正能静，然后能够安定。中心安定，耳目聪明，四肢坚固，可以成为"精"的住所。

【解读】老子认为"静为躁君"，《管子》也承继这一思想，认为天道虚而地道静。人主静也是先秦较为广泛的说法，如《乐记》说"人生而静，天之性也"，《管子》着重强调静在保存精气、思虑清明、认知判断方面的重要性：其一，静是圣人明君之道，应以仿效，"圣人之治也，静身以待之"（《管子·白心》），"绝而定，静而治，安而尊，举错而不变者，圣王之道也"（《管子·法禁》）；其二，静心方可存道、得道，"恶音与声，修心静音，道乃可得"，"心能执静，道将自定"（《管子·内业》）；其三，静是修身处世的关键，"阴则能制阳矣，静则能制动矣，故曰'静乃自得'"（《管子·心术上》），"言渊色以自诘也，静默以审虑也"（《管子·宙合》），"人能正静者，筋肕而骨强。能戴大圆者，体乎大方。镜大清者，视乎大明。正静不失，日新其德，昭知天下，通于四极"（《管子·心术下》）。这些体现了《管子》主张顺应自然之性及人性的理念。

【原文】圣人知必然之理、必为之时势，故为必治之政，战必勇之民，行必听之令。是以兵出而无敌，令行而天下服从。黄鹄之飞，一举千里，有必

飞之备也。(《商君书·画策》)

【释义】圣人知晓事物必然发展的道理、世界必定发生的形势，故而制定必定能实现的政策，使用战则必胜的勇敢民众，颁行必定能够实行的命令。所以，军队出动则天下无敌，命令颁布则天下服从。黄鹄一飞可达千里，这是具有飞翔所必需的条件。

【解读】认识事物本然之理，把握世界必然趋势，表明商鞅在早期法家顺自然之性的基础上，更加希望利用自然的必然之理，创造条件，实现主观意志，而不是无所作为。因此在社会治理中，强调令出必行、战则必胜、使命必达。与法家对自身认知能力和政治组织权势的自信相比，其对仁义、道义实难取信。"仁者能仁于人，而不能使人仁。义者能爱于人，而不能使人爱。是以知仁义之不足以治天下也。圣人有必信之性，又有使天下不得不信之法。所谓义者，为人臣忠；为人子孝；少长有礼；男女有别；非其义也，饿不苟食，死不苟生。此乃有法之常也。圣王者不贵义而贵法，法必明，令必行，则已矣"(《商君书·画策》)。商鞅说这段话，意在表达：讲仁爱的人能够善待他人，却不能让人都变得善良。讲道义的人能够爱护他人，却不能让人都具有爱心。圣人固有忠诚的品性，又有让天下不得不忠诚的方法。所谓道义，就是作为人臣能够尽忠；作为人子能够尽孝；对年少年长的人礼貌；对男人女人有所分别；不符合道义，即便饥饿也不苟且求食，宁愿死也不苟且求生。这些都是有法度国家的平常现象。圣王重视法度，法度必须严明，命令必须施行。由此可见，商鞅对必然性的重视与对顺从时势的强调是一致的。

【原文】君臣之道：臣有事而君无事，君逸乐而臣任劳，臣尽智力以善其事而君无与焉，仰成而已。(《慎子·民杂》)

【释义】君臣之道：臣僚事其所事而君主便可以无为而治，君主享受安逸快活而让臣僚担任辛劳，臣僚尽其智慧和能力把事务处理好而人君不用参与，只要仰首以待其成罢了。

【解读】用因循之道指导君主和大臣的关系方面，慎到坚持君主根据大臣的本性、能力来任用，尽可能发挥群臣的作用而不过多干涉。因为君主如果参与太多，会导致自己身体精神的损耗，在结果不好的情况下，还会引起"臣反责君"(《慎子·民杂》)，有损君主的权威，引发君臣矛盾。另外，慎到也讨论了君主如果不能秉持自然无为之道，即便贤能睿智，自任而躬事，劳累、疲倦甚至身体衰弱，导致臣下无所事事，客观上有可能导致组织整体效能的弱化，所以"人君苟任臣而勿自躬，则臣皆事事矣"(《慎子·民杂》)。

【原文】明主之使其臣也，忠不得过职，而职不得过官。是以过修於身，而下不敢以善骄矜。守职之吏人务其治，而莫敢淫偷其事。官正以敬其业，和顺以事其上。如此，则至治已。(《慎子·知忠》)

【释义】明智的君主在任用臣下的时候，让他尽其忠心又不得逾越职责，而职责又不得大过官位。因而，(善用人)大过修身，让属下不敢以贤能自负。谨守职责的官员竭力做自己的事情，而不敢僭越怠惰。官员公正且严肃对待他的职事，和顺地奉事君上。果能如此，则能实现国家治理。

【解读】慎到奉行因循之道，提出因人之情，理论基础是自然无为，却又总是对人欲之患处处提防，不得不说，这其中似乎存在很大的矛盾。如果考虑到法家对人性一贯的怀疑和顾虑，以及对公私的区分，可以得到一定的解释。他们并非不知道人性中有合于仁义礼智信等道德属性的部分，而是十分警惕人性的阴暗面之于公共事务的危害性，毕竟普通人很难达到圣人那样的高度，高度的道德水平也难以终身保持，因此宁愿用法纪职责以约束。其次，组织属性高于个体属性，个人的欲求不能凌驾在公共事务之上，换句话说，个人欲望只能局限于私人领域。慎到这种设定，在早期法家而言具有代表性，其现实根据可能来源于齐桓公和管仲相处之道及其效果，而弊端也在具有终身公共政治属性的齐桓公晚期显露无遗。

【原文】凡治天下，必因人情。人情者，有好恶，故赏罚可用；赏罚可用，则禁令可立，而治道具矣。(《韩非子·八经》)

【释义】但凡治理天下，必须因顺人情。人有喜好、厌恶之情，故而赏罚就可以运用；赏罚可用，法令就可以建立起来，而治理之道也就具备了。

【解读】法家重视"法"，一是根据天地之道，二是出于对人性、社会现象的观察总结。韩非认为人性首先都是"自为"(利己)，人与人之间是"用计算之心以相待"的利害关系，很难做到"去求利之心，出相爱之道"。人与人之间的争斗、社会混乱、国家衰败也都是源于人趋利避害的本性。所以，韩非提出利用人的这一特点，以顺应人性的方式，用赏罚法度来纠正人的行为，维护社会的和谐与国家的长治久安。

【原文】故善战者，求之于势，不责于人，故能择人而任势。任势者，其战人也，如转木石。木石之性，安则静，危则动，方则止，圆则行。故善战人之势，如转圆石于千仞之山者，势也。(《孙子兵法·势篇》)

【释义】所以，善于作战的人，懂得寻求有利的形势，而不是苛责于人，因而能选择合适的人才去遵循和利用这种"势"。善于遵循和利用有利"态势"的将领，指挥作战如转动木石一般。木石的特性，置于平坦之处就静止，置于倾斜之处就移动，方形的就停止，圆形的就滚动。因此，善于作战者顺应形势，就像在千仞高山上转动圆形石头，这就是势。

【解读】"势"可理解为由事物所具有的客观属性和运行规律而形成的整体态势。善于指挥作战的人，懂得顺应客观属性，遵循运行规律，并据此做出战略判断和应对，即为"任势"。"任势"犹如高山转圆石，可事半功倍。

【原文】夫兵形象水，水之形，避高而趋下；兵之形，避实而击虚。(《孙子兵法·虚实篇》)

【释义】用兵的规律和水流相似，水流动的特点和规律是避开高处而奔向低处，用兵的规律则是避开敌人实力雄厚之处而攻击其薄弱环节。

【解读】孙子以水流的特点为喻，说明用兵打仗的重要规律即"避实就虚"。我们知道水流具有避高趋下这一永恒不变的客观特性，同时也具有千变万化的流动路径，用兵打仗亦如此，"避实就虚"为"不变"法则，但具体战况却可能瞬息万变，真正称得上神奇的胜利在于同时权衡"不变"与"变"两种因素。

【原文】凡军好高而恶下，贵阳而贱阴，养生而处实，军无百疾，是谓必胜。丘陵堤防，必处其阳而右背之。此兵之利，地之助也。(《孙子兵法·行军篇》)

【释义】大凡军队安营扎寨，都喜欢往高处驻扎，不喜欢往低处驻扎，以向阳的地方为贵，避免阴面潮湿的地方，驻扎在利于生存、物资丰富的地方，全军将士就不易生疾病，这是军队必胜的重要条件。遇到丘陵堤防，一定驻扎在阳面且背靠着它，这对战争获胜大有利处，也是地形对于战争的辅助作用。

【解读】这段话详细说明了不同地形地势对行军打仗的影响，以及如何观察、利用不同地形地势指挥作战的基本原则。选择驻地要遵循向阳背阴，有利于军队健康的原则，行军过程中遇到各种奇特地貌要迅速避开等，一方面体现了孙子兵法中对天地自然的敬畏之心，另一方面体现了孙子在遵循自然规律、顺应天地属性的基础上对自然条件的巧妙利用。

【原文】孙子曰：用兵之法，有散地，有轻地，有争地，有交地，有衢地，有重地，有圮地，有围地，有死地。……是故散地则无战，轻地则无止，争地则无攻，交地则无绝，衢地则合交，重地则掠，圮地则行，围地则谋，死地则战。（《孙子兵法·九地篇》）

【释义】孙子说：按用兵的规律，战地可分为散地、轻地、争地、交地、衢地、重地、圮地、围地、死地等九类。……因此，在散地不宜作战；在轻地不可停留；争地不发起进攻；在交地不可使军队头尾不接；在衢地应广交邻国；在重地要掠夺物资；在圮地要快速通行；入围地要谋化突围；在死地要拼死作战。

【解读】《九地篇》讨论了深入敌国迎敌作战可能遭遇的九种地形，以及不同地形应做出的战术原则。与《行军篇》《地形篇》相比，《九地篇》研究九种不同地形都更多地融入对人情事理、士卒心理等方面的关注和体察，而非单一就地形言地形。其中，关注士卒在作战过程中的心理变化等思想时至今日依然具有重要的价值。

【原文】人虽有南北，佛性本无南北。（《坛经·行由品第一》）

【释义】人虽然可分为南方人、北方人，但能使生命觉悟的佛性无差别，因为觉悟、佛性，是每个有情众生都有的，所以无论在哪个空间方位出生或成长的人都拥有。

【解读】此句使人明白，佛教禅宗认为能使生命觉悟的佛性非常重要，而且它存在于每个人的心中。

【原文】世人生死事大。汝等终日只求福田，不求出离生死苦海。自性若迷，福何可救？汝等各去自看智慧，取自本心般若之性，各作一偈。（《坛经·行由品第一》）

【释义】人生于世间最重要的事情，就是开发清净的本觉自性，了生脱死，出离轮回苦海。如此大事不是世间福行所能成办的，可惜你们终日忙忙碌碌，只知持戒修善种福田追求人天福报，而不注重了生脱死，这是本末倒置，轻重不分的做法。要知道：若不觉悟自性，直从根本去解决问题，单凭世间的积福德、求福田，是无法搭救自己出离轮回苦海的。你们各自回去，运用自己的智慧观照本心自性，各自做一首体认佛法的偈语来给我看。

【解读】这段话蕴含有佛学非常重要的心性思想，它认为觉悟自性是生命过程中最重要的事情，如果不觉悟自性，只从根本去解决问题，单凭世间的积福德、求福田，则无法出离轮回苦海。为了让世人重视自性，六祖慧能曾说过："一切万法，不离自性……何期自性，本自清净；何期自性，本不生灭；何期自性，本自具足；何期自性，本无动摇；何期自性，能生万法……不识本心，学法无益。若识自本心，见自本性，即名丈夫、天人师、佛。"（《坛经·行由品第一》）这便指明了人生所应努力的基本方向，至于如何觉悟自性，慧能还提出了定慧为本、心平、行直等具体方法。

第五章　尚贤

　　知之不易，行之亦艰，唯贤者可通知行。如是则知中有行，行中有知，知则真切笃实，行则明觉精察，知行合一方为贤才。贤者内修其身，博学厚德；达者外建其功，修己安人。

　　【原文】天之所助者，顺也。人之所助者，信也。履信思乎顺，又以尚贤也。是以自天祐之，吉无不利也。（《周易·系辞》）

　　【释义】上天愿意帮助的人，具有顺从的品质；众人愿意帮助的人，具有诚信的品质。能够实践诚信的品德又日夜不忘顺从天道，并且能够尊崇贤人，所以说"护祐从天而降，吉祥，无所不利"。

　　【解读】尊崇贤人在这里是"从上天降下祐助，吉祥而无所不利"的重要条件。如何才能做到尚贤？就是前面说的"顺"和"信"。顺从正道，才能获得天的帮助；诚实守信，才能获得人的帮助。一个人能如此时，贤人自然而然就会到其身边帮助他。所以可以说，能"履信思乎顺"的人自然能够尚贤，只是这里为了着重强调"贤人"的重要性而将之单独强调。根本上来说，还是要自己先做到"顺"和"信"。

　　【原文】乾知大始，坤作成物；乾以易知，坤以简能。易则易知，简则易从；易知则有亲，易从则有功；有亲则可久，有功则可大；可久则贤人之德，可大则贤人之业。（《周易·系辞》）

　　【释义】乾的品德是能够知晓事物之始，坤的品德是能够成就万物生长；乾通过平易来知晓往来，坤通过简单来言行处事。因为平易则容易被众人所知晓，因为简单则容易被众人所跟从。众人容易知晓则有了亲友，众人容易跟从则有了事功；有亲友则可以长久，有事功则可以广博；可以长久是贤人的品德，可以广博是贤人的功业。

【解读】经文中，我们可以看到"贤人"主要是指有德业之人。这里的德业主要包括两个方面：其一，有亲；其二，有功。由于其有亲、有功，故贤人具有"久"和"大"的特点。那么如何才能做到"有亲"和"有功"？这就需要去效法乾卦的平易和坤卦的简约。我们平常说平易近人、简单明了，其实并不容易做到，需要切切实实在具体事情中磨炼。

【原文】天地变化，草木蕃；天地闭，贤人隐。《易》曰："括囊；无咎，无誉。"盖言谨也。（《周易·坤》）

【释义】天地相交变化，则草木生长繁茂；天地否闭不通，则贤人隐去踪迹。《易》曰："收紧囊口，没有咎过，也没有荣誉。"大概说的就是要谨小慎微的道理吧。

【解读】金景芳先生在《周易全解》中认为"天地变化，草木蕃；天地闭，贤人隐"为互文，即人事感天地变化而有相应呈像。这里讲天地"变化"，是说天地交感，变化万物，则草木繁殖茂盛，而贤人亦出。讲天地"闭"，是说天地隔绝，阴阳不通，则草木不蕃，贤人隐遁。贤人于此处具有与天地之气相应的特点。因此，对于我们而言，也要努力做到与天地之气相感应，要顺应外在环境的变化而做出相应的选择。同时也要注意我们所处的生活工作环境，当行则行，当隐则隐。

【原文】允恭克让，光被四表，格于上下。（《尚书·尧典》）

【释义】（帝尧）勤勉工作，尚贤让能，光泽照耀四方，至于上下。

【解读】此处说的是帝尧勤勉的工作态度和博大的胸怀。克是能够的意思，就是说能够尚贤任能。贤才对于一个组织来说是非常重要的，直接决定了这个组织的活力。一个组织是否能有贤才，主要有两个方面的原因：其一，领导者的胸怀；其二，是否有弹性好、包容性强的制度。这里帝尧便是这样的一个领导者，于是才能够做到光照四方上下。

【原文】帝曰："畴咨若时登庸？"（《尚书·尧典》）

【释义】帝尧说："谁能够做到这样政事兴盛的，就提拔任用他。"

【解读】这里突出了需要贤能之人。同时也说明了每个位置都要有与之相应的贤能之人，人与位置需要对应起来。从"尚贤"的思维角度出发，发现问题的存在是十分正常的状态，不能惧怕问题，要善于解决问题。

【原文】凡厥庶民，有猷有为有守，汝则念之。……人之有能有为，使羞其行，而邦其昌。（《尚书·洪范》）

【释义】那些庶民中，有才能的、有操守的，你要懂得提拔任用他们。……那些有能力的官员，要让他们的能力得到体现，从而使得国家昌盛久远。

【解读】对于贤能之人，要广泛地提拔使用，即让贤能之人各自发挥其才干。这里需要注意的是不同的人有不同的才能，作为管理者则需要对这些人进行因才施用，不同的才干要运用于不同的事情之中，这也是用贤的重要标准，不可将之模糊化，认为只要是贤能之人便各个岗位都能做好。因此，才华与角色安排要相匹配，否则可能会南辕北辙。由此观之，个人也要进行角色定位，发挥自己的专长，努力将之训练到极致，这可以说是人们成长的重要方法。

【原文】呦呦鹿鸣，食野之苹。我有嘉宾，鼓瑟吹笙。吹笙鼓簧，承筐是将。人之好我，示我周行。（《诗经·小雅》）

【释义】一群鹿在呦呦鸣叫，吃着田野的艾蒿。贤才嘉宾光临之时，我用鼓瑟吹笙来接待他们。吹奏各种乐器，以礼相待。他们因此给予我美好，给我指示前行的康庄大道。

【解读】此段表达了对贤人的渴望。贤文化更是中盐金坛公司的企业文化，突出"贤"的理念，既是对能力的要求，更是对德行的要求。在贤文化中，才与德二者缺一不可，相得益彰。同时，"尚贤"理念提倡以一种开放的态度接纳各种人才，让这些人才在相应的岗位上各司其职。

【原文】有客有客，亦白其马。有萋有且，敦琢其旅。有客宿宿，有客信信。言授之絷，以絷其马。薄言追之，左右绥之。既有淫威，降福孔夷。（《诗经·周颂》）

【释义】有客人自远方来，乘着他的白马。随从人员众多，多有贤能之人。既来之则安之，大家相互增进感情。离别之时，难舍难分。远远相送，不舍离别。真诚礼贤待客，福佑从天而降。

【解读】经文描绘了一幅礼待贤士的场景，在结尾处则说明了礼待贤士的好处，即天会降下福祐。事实上，"自天祐之"很重要的前提是人们依据天命，礼贤下士笃实行之。对于管理者而言，要格外注意发现贤才。对于普通员工而言，在工作生活中也要十分注意这个"礼"，同时也要多关注身边的贤能之人，做到见贤思齐、见不贤而内自省。

【原文】凡语于郊者，必取贤敛才也。或以德进，或以事举，或以言扬。（《礼记·文王世子》）

【释义】对学士进行考核评论，一定要选举贤才。或是因为被选者有好的德行，或是因为其有很好的处事能力，或者因为他善于言辞。

【解读】经文谈到尚贤任能，主张储备贤才。评价贤才的标准主要有三个：德行修养、处事能力以及言辞表达。这三者必须至少居其一也。人们要认识自己的优点和缺点，尽量扬长避短。这就需要有意识地锻炼自己的长处，努力将之发挥到极致。如果是领导者，则需要用这些标准作为选拔人才的参考，要有包容的心态，让不同的能人志士在相应的位置发挥作用。

【原文】圣人南面而听天下，所且先者五：一曰治亲，二曰报功，三曰举贤，四曰使能，五曰存爱。（《礼记·大传》）

【释义】圣人向南而治理天下，先要从以下五个方面着手：第一，要使得亲友相安；第二，要以功论赏；第三，尊举贤德之人；第四，使用有能力者；第五，存仁爱之心。

【解读】经文说明了圣人治理天下应当注意的五个主要方面，其中第三点和第四点强调的便是尚贤任能。由此可见，举贤任能对于治理天下的重要性。如果一个集体中容纳不下贤人，那么这个集体便必然要走向衰败。经文中的第二点强调论功行赏，也是对贤才的鼓励。第五点所言的仁爱的重要内涵就是要有包容之心，要容得下贤德之人。这些方面都深刻地说明了选贤任能的重要性，也告诉我们在生活工作中，当"见贤思齐焉，见不贤而内自省"。

【原文】大道之行也，天下为公。选贤与能，讲信修睦，故人不独亲其亲，不独子其子，使老有所终，壮有所用，幼有所长，矜寡孤独废疾者皆有所养。（《礼记·礼运》）

【释义】大道的运行，天下是作为一个公器。选拔贤能之人，讲究诚信，修身和睦，所以人不会偏爱自己的亲人子女。这样便使得老年人有个善终，青壮年能够人尽其才，小孩子能够安全成长，老弱病残者皆能够得到相应的关怀。

【解读】经文先说大道的运行是大公无私的，由此转到人事上，认为要举贤任能，讲究诚信。在此基础上，才能够使人们消除各自的私心，使得不同的人群发挥各自的作用，整个社会处于一种相对和平的状态，对各种弱势群体都要给予相应的关怀。这里的重点便在于无私，即经文说的"天下为公"。这要求领导者要有很好的包容心，能够容纳不同的贤人，让他们各自发挥长处，大家并行不悖。

【原文】钟声铿，铿以立号，号以立横，横以立武。君子听钟声，则思武臣。石声磬，磬以立辨，辨以致死。君子听磬声，则思死封疆之臣。丝声哀，哀以立廉，廉以立志。君子听琴瑟之声，则思志义之臣。竹声滥，滥以立会，会以聚众。君子听竽、笙、箫、管之声，则思畜聚之臣。鼓鼙之声讙，讙以立动，动以进众。君子听鼓鼙之声，则思将帅之臣。（《礼记·乐记》）

【释义】钟声铿锵有力，铿锵有力所以用以发号施令，号令充满威严，威严则有利于进军胜利。君子听到钟声，则会思考如何得到武将。石声磬远，磬远之声让人明辨是非，明辨是非则使人对生死有更好的理解。君子听到磬声，则会思考如何获得为守卫封疆而不惧生死之臣。琴瑟之声悲哀婉转，悲哀婉转所以用于导向清正廉洁，清正廉洁而立志高远。君子听到琴瑟悲哀婉转之声，则会思考如何获得高志忠义之臣。竹制乐器的声音包含了各种声音，包含各种声音则有利于积聚民众。君子听到竽、笙、箫、管之声，便会思考如何获得能够团结百姓之臣。鼓鼙之声喧嚣，喧嚣所以能够使人振奋，振奋而后民众共同前进。君子听到鼓鼙之声，便思考如何获得将帅之臣。

【解读】经文讲到了不同乐器的不同特点，不同特点便能引起人不同的感受和思考。君子心忧天下，他所感受到的都会是广阔的事情，那就是如何使得国泰民安。要使得国泰民安，则必须要有贤人治国安邦。因此，君子在听到这些不同的乐器时，想的是如何获得与此乐器气质相符的贤能之人。这里我们便可以看到，贤能之人特点各不相同，就像这些乐器各不相同一样，所以便要求领导者，即经文中所说的君子，要有包容的心胸，这样才能容纳各种不同性格的贤能之人。尤其在当前这个多元化的社会，个体的个性日渐鲜明，如果管理者不具备这种包容胸怀，将很难有大作为。对于非管理者而言也是一样，因为有一天自己可能会成为管理者，那么自己就要先做好这方面的准备，不断训练自己的心性，明确自己的志向，藏器于身，待时而动，当机会来临之时，方可把握得住，迎接得起。

【原文】子曰："见贤思齐焉，见不贤而内自省也。"（《论语·里仁》）

【释义】孔子说："见到贤德之人，就应该想着向他看齐；见到不贤的人，就要反省自己，有没有类似的毛病。"

【解读】孔子曾经说过，"三人行，必有我师焉。择其善者而从之，其不善者而改之"；曾子也曾强调"吾日三省吾身"。这两句话与"见贤思齐焉，见不贤而内自省也"有异曲同工之处。见贤思齐，是寻找进德修身的他人做榜样；而见不贤内自省，则是找反面典型，告诫自己有所不为。这体现了儒家对于贤德养成的重视。

当然，孔子所说的贤，并不专指那些道德几近完美的圣人的言行，也包含一般人具有的可取之处，人们要学习的也就是他人的可取之处；而那些不贤并不专指那些大恶大非的行为，也涵盖了人们见到的其他人的不当之处，见到这些不当的，能以之为镜，反思自己身上有没有类似的不当之处。

【原文】子贡问："师与商也孰贤？"子曰："师也过，商也不及。"曰："然则师愈与？"子曰："过犹不及。"（《论语·先进》）

【释义】子贡问孔子："子张与子夏，谁更具贤德？"孔子说："子张呢，有时做得过头了；子夏呢，有时好像赶不上。"子贡说："那么是不是子张更加贤德一些呢？"孔子回答说："做得过头和赶不上，是一样的。"

【解读】究竟谁才能称得上"贤"？孔子认为，子张与子夏，"过犹不及"，都称不上"贤"。"过犹不及"，两者都是差之毫厘，谬以千里。这体现了儒家思想的一个重要原则："中庸之道"。孔子教育学生要行中庸之道，认为过度与不足同样不好。

【原文】子贡问曰："孔文子何以谓之'文'也？"子曰："敏而好学，不耻下问，是以谓之'文'也。"（《论语·公冶长》）

【释义】子贡问孔子："孔文子凭什么获得'文'这个谥号呢？"孔子说："他聪敏灵活，爱好学问，又谦虚下问，不以为耻，所以用'文'字做他的谥号。"

【解读】孔文子指卫国的大夫孔圉，死后以"文"为谥号，对此子贡颇有疑惑，但是孔子对孔文子的评价很高，以"敏而好学，不耻下问"来评价他。孔文子本身很聪明，又很爱追求学问，对于一些自己不懂的事，能够屈身以求，而不在乎对方的身份高低。单凭这求学问的态度，就能够被称为"文"了。

泰山不让寸土而成其大，江河不捐细流而就其深，孔文子和孔子，都是此一类"敏而好学，不耻下问"的贤者。

【原文】子曰："贤哉回也！一箪食，一瓢饮，在陋巷，人不堪其忧，回也不改其乐。贤在回也！"（《论语·公冶长》）

【释义】孔子说："颜回真是个大贤人啊！用一个竹筐盛饭，用一只瓢喝水，住在简陋的巷子里。别人都忍受不了那穷困的忧愁，颜回却能不改他的快乐。颜回真是个大贤人啊！"

【解读】在孔子的心目之中，颜回是他最为得意的学生。颜回用粗陋的竹器吃饭，用瓢来喝水，住在极其简陋的房子里面，贫困若此，仍然能够保持心中的快乐，不改对道的追求。对颜回来说，富贵不是其所求，仁道才是其所愿！在困苦潦倒的情况下，仍然能够坚持对道义的追求，孔子对颜回的这种品格，很是高兴，以"贤"来赞叹颜回。

【原文】冉有曰："夫子为卫君乎？"子贡曰："诺，吾将问之。"入曰："伯夷叔齐，何人也？"曰："古之贤人也。"曰："怨乎？"曰："求仁而得仁，又何怨？"出曰："夫子不为也。"（《论语·公冶长》）

【释义】冉有问："老师赞成卫君吗？"子贡说："嗯，我去问问他。"子贡进入孔子室内，问道："伯夷和叔齐是怎样的人呢？"孔子说："他们是古代的贤人。"子贡说："他们（互相推让国君之位，而逃亡国外）会有怨悔吗？"孔子说："他们追求仁德，而得到了仁德，又怎么会有怨悔呢？"子贡走出来，对冉有说："老师不会赞成卫君的。"

【解读】卫君是指卫出公辄。辄是卫灵公之孙、太子蒯聩之子。蒯聩得罪了卫灵公的夫人南子，逃亡晋国。灵公死，立辄为君。晋国想借把蒯聩送回之机攻打卫国，被卫国抵御，蒯聩也被拒绝归国。

冉有想打听孔子对于卫国之乱的态度，但又不知道该如何去问。于是，他便找到了子贡。子贡也不去直接问，而是转了个弯，问了个关于伯夷、叔齐的问题，孔子在此赞同伯夷、叔齐是"贤人"，自然就是不赞成蒯聩与卫出公辄相争王位了。

【原文】颜渊喟然叹曰:"仰之弥高,钻之弥坚,瞻之在前,忽焉在后。夫子循循然善诱人,博我以文,约我以礼,欲罢不能,既竭吾才。如有所立卓尔,虽欲从之,末由也已。"(《论语·子罕》)

【释义】颜渊长叹一声,说:"我的老师啊,他的学问道德,越仰视,越觉得巍峨高大;越钻研,越觉得高深莫测。看着好像在前面,忽然又像在后面了。老师循序渐进善于引导我们,以文献来丰富我们的知识,用礼来约束我们的行为,让我们乐在其中,不想停止。我已经用尽自己的才能,仍然觉得像是有高山阻挡在我的面前。虽然我想要追随上去,却又不知从何处着手了。"

【解读】孔子学问渊博、品德高尚,这些都是弟子们自叹不如的。颜回对孔子尤其尊崇,在他看来,孔子作为老师,不仅有着伟大的人格和渊博的学识,同时还有着坚定而灵动的教育智慧和循循善诱的教育方法,孔子无论是在人格上还是学问上,都是别人难以企及的。颜回眼中的孔子,人格已经到了无法估量的地步。你越是亲近他,就越能感觉到他的伟大;你越是想了解他,就越能感觉到他强大的人格感染力,让人们在不知不觉间对其肃然起敬。孔子可称得上是圣贤的典范了。

【原文】(孟子)曰:"宰我、子贡、有若,智足以知圣人,污不至阿其所好。宰我曰:'以予观于夫子,贤于尧、舜远矣。'子贡曰:'见其礼而知其政,闻其乐而知其德,由百世之后,等百世之王,莫之能违也。自生民以来,未有夫子也。'有若曰:'岂惟民哉?麒麟之于走兽,凤凰之于飞鸟,太山之于丘垤,河海之于行潦,类也。圣人之于民,亦类也。出于其类,拔乎其萃,自生民以来,未有盛于孔子也。'"(《孟子·公孙丑章句上》)

【释义】孟子说:"宰我、子贡、有若三人,他们的聪明才智足以了解圣人,即使他们再不好,也不至于偏袒他们所爱好的人,但他们都不约而同地称颂孔子。宰我说:'以我来看老师,比尧、舜都强多了。'子贡说:'看见一国的礼制,就了解它的政治;听到一国的音乐,就知道它的德教。从现在到百代以后,衡量这百代君王的高下,其标准都不能违离孔子之道。自有人类以来,没有人能够比得上他老人家的。'有若说:'难道仅仅人类有高下的不同吗?麒麟相比于走兽,凤凰相比于飞鸟,泰山相比于土堆,河海相比于溪洇，都算是同类。圣人相比于百姓，也是同类。虽然他来自民间，却远远超出大众。自有人类以来，还没有比孔子更伟大的。'"

【解读】孔子之道大而博，宰我、子贡、有若，智足以知圣人，他们同时说出了孔子与众不同的伟大，"出于其类，拔乎其萃，自生民以来，未有盛于孔子也"。

这一段之中，孟子借宰我、子贡、有若三人之口，赞美了孔子，是对孔子作为"圣贤"人物的肯定与尊崇。

【原文】禹、稷当平世，三过其门而不入，孔子贤之。颜子当乱世，居于陋巷，一箪食，一瓢饮；人不堪其忧，颜子不改其乐，孔子贤之。孟子曰："禹、稷、颜回同道。禹思天下有溺者，由己溺之也；稷思天下有饥者，由己饥之也，是以如是其急也。禹、稷、颜子易地则皆然。今有同室之人斗者，救之，虽被发缨冠而救之，可也；乡邻有斗者，被发缨冠而往救之，则惑也；虽闭户可也。"（《孟子·离娄章句下》）

【释义】禹、后稷处在政治清明的时代，三次路过家门都不进去，孔子称赞他们。颜子处在乱世，居住在僻陋的巷子里，一筐饭，一瓢水；别人忍受不了那种清苦，颜子却不改变他的快乐，孔子称赞他。孟子说："禹、后稷、颜回，虽然做法有所不同，但是遵循的是同一个道理。禹一想到天下有人淹在水里，就觉得仿佛是自己使他们淹在水里似的；后稷一想到天下的人还有挨饿的，就觉得仿佛是自己使他们挨了饿似的，所以他们才那样急迫去拯救百姓。禹、后稷和颜回如果互换一下处境，他们也都会这样做的。假设现在有同室的人打架，为了阻止他们，即使匆忙得散着头发就戴上帽子，连帽带子也不结去阻止他们，也是可以的；但是如果乡邻中有打架的，也披散着头发不结好帽带子去阻止，那就太糊涂了。对这种事即使关起门来不管它，也是可以的。"

【解读】禹、稷当平世，三过其门而不入。颜子当乱世，居于陋巷，一箪食，一瓢饮。个人立身处世，须坚守原则。虽然彼此的行为看似有所区别，但三人的行为都是合乎道的，都是体道之人。所以孟子认为如果时空地位互换，他们也会做出合乎其道的应有行为。

孟子在该文段中主要是阐述了什么样的人才是贤者。

【原文】万章问曰："或曰，'百里奚自鬻于秦养牲者五羊之皮、食牛，以要秦穆公’。信乎？”

孟子曰：“否，不然；好事者为之也。百里奚，虞人也。晋人以垂棘之璧与屈产之乘假道于虞以伐虢。宫之奇谏，百里奚不谏。知虞公之不可谏而去之秦，年已七十矣；曾不知以食牛干秦穆公之为污也，可谓智乎？不可谏而不谏，可谓不智乎？知虞公之将亡而先去之，不可谓不智也。时举于秦，知穆公之可与有行也而相之，可谓不智乎？相秦而显其君于天下，可传于后世，不贤而能之乎？自鬻以成其君，乡党自好者不为，而谓贤者为之乎？”（《孟子·万章章句上》）

【释义】万章问道：“有人说，百里奚把自己卖给秦国养牲畜的人，代价是五张羊皮，替人家养牛，以此来邀结秦穆公，这件事情确实吗？”

孟子说：“不，不是这样的，这是好事之徒捏造的。百里奚是虞国人，晋人用垂棘的美玉和屈地的良马向虞国借路讨伐虢国，当时虞国的大臣富之奇劝谏虞君，百里奚不劝谏，他知道虞君不可劝谏，因而离开，来到秦国，当时已经七十岁了。他竟不懂得以养牛与秦穆公拉关系属于恶行，能说是智吗？知道不可劝谏而不劝谏，能说是不智吗？洞悉虞君将要覆亡而事先离开他，不能说是不智。当他被秦国举用时，便知道秦穆公是能够有所作为的君主而辅佐他，能说是不智吗？做了秦的国相而使秦穆公扬名天下，能流传于后世，不是贤者能够如此吗？出卖自身来成就国君，乡里中洁身自好的人都不干，反倒说贤者会这样做吗？”

【解读】好事之徒传谣，百里奚品行不行，因为他卖身邀结秦穆公，以求显达。孟子对此表示了强烈反对。孟子认为，百里奚是一位智者，他知道虞公不可谏故不谏，他知道虞国即将灭亡而先行离开。他知道秦穆公值得辅佐，因此辅佐他。他使秦穆公显名于天下，说明他确实有贤能。

因此，孟子得出结论：自己把自己卖了以引起君主的注意，一般的洁身自好的君子都不会去做的，何况是百里奚这样的大贤？

【原文】孟子曰：“伯夷，目不视恶色，耳不听恶声，非其君，不事；非其民，不使。治则进，乱则退。横政之所出，横民之所止，不忍居也。思与乡人处，如以朝衣朝冠坐于涂炭也。当纣之时，居北海之滨，以待天下之清也。故闻伯夷之风者，顽夫廉，懦夫有立志。

伊尹曰：‘何事非君？何使非民？’治亦进，乱亦进，曰：‘天之生斯民也，使先知觉后知，使先觉觉后觉。予，天民之先觉者也；予将以此道觉此民也。'思天下之民匹夫匹妇有不与被尧、舜之泽者，若己推而内之沟中，其自任以天下之重也。

柳下惠不羞污君，不辞小官；进不隐贤，必以其道；遗佚而不怨，厄穷而不悯。与乡人处，由由然不忍去也。'尔为尔，我为我，虽袒裼裸裎于我侧，尔焉能浼我哉？'故闻柳下惠之风者，鄙夫宽，薄夫敦。

孔子之去齐，接淅而行；去鲁，曰：'迟迟吾行也。'去父母国之道也。可以速而速，可以久而久，可以处而处，可以仕而仕，孔子也。"

孟子曰："伯夷，圣之清者也；伊尹，圣之任者也；柳下惠，圣之和者也；孔子，圣之时者也。孔子之谓集大成。集大成也者，金声而玉振之也。金声也者，始条理也；玉振之也者，终条理也。始条理者，智之事也；终条理者，圣之事也。智，譬则巧也；圣，譬则力也。由射于百步之外也，其至，尔力也；其中，非尔力也。"(《孟子·万章章句下》)

【释义】孟子说："伯夷这个人，眼睛不看丑恶的事物，耳朵不听丑恶的声音，不是他理想中的君主，不去侍奉，不是他理想中的百姓，不去使唤。天下太平，就出来做事；天下混乱，就隐居乡野。施行暴政的国家，住有暴民的地方，他都不愿意去居住。他觉得和乡下暴民住在一起，就好像穿戴着礼服礼帽坐在泥地或者碳灰之上。商纣王在位的时候，他住在北海边，等待着天下清平。所以听说伯夷高风亮节的人，贪婪的也能变得廉洁，懦弱的也能自立自强。"

伊尹说：'哪个君主，不可以侍奉？哪个百姓，不可以驱使？'所以天下太平时他出来做官，天下混乱时他也出来做官。他说：'上天化育百姓，就是要让先知先觉的人去教育、开导后知后觉的人。我就是上天所造的先知先觉的，我要用尧舜之道来启发老百姓。'他想到天下的老百姓，哪怕有一个人没有受到尧、舜之道的恩泽，就好像是自己把他推到沟里让他去死一样。伊尹就是这样挑起了匡扶天下的重担。

柳下惠不以侍奉昏君为耻辱，也不因官小而辞职。入朝为官，不隐瞒自我的才能，但一定按照自己的方式来办事。遇到冷落也不怨恨，处境困厄也不忧愁。和乡下人相处，他也高高兴兴地不忍心离开。'你是你，我是我，纵然你赤身露体在我旁边，又怎么能弄脏我呢？'所以，听说柳下惠高风亮节的人，心胸狭隘的也变得宽宏大量了，性情刻薄的也变得温和敦厚了。

孔子离开齐国的时候，捞起正在淘的米就走；离开鲁国的时候，却说：'我们慢慢走吧。'这是离开祖国的态度。该快就快，该继续干就继续干，该辞官归隐就辞官归隐，该出来做官就出来做官，这就是孔子。"

孟子又说："伯夷，是圣人之中清高的人；伊尹，是圣人之中尽责的人；柳下惠，是圣人之中随和的人；孔子，是圣人之中识时务的人。孔子可以说是集大成的人。所谓集大成的人，就像奏乐的时候以青铜钟声开始，而以玉磬之声收尾一样。以钟声开始，是节奏条理的开始；用磬音结束，是节奏条理的终结。条理的开始在于智，条理的终结在于圣。智，就好比技巧；圣，就好比力气。就好像在百步之外射箭，射到，靠的是力量；射中，靠的就不全是力量了。"

【解读】孟子在这里集中点评了圣贤人物，他列举了圣贤者的四种典型。

首先，伯夷清高，甚至清高得有点不食人间烟火，所以他最后"不食周粟"而饿死于首阳山。但是，所谓"饿死事小，失节事大"的观念也就由此生成，对后世知识分子的人格产生了深远的影响。

其次，伊尹具有强烈的责任感和使命感，伊尹的精神，正是"士不可以不弘毅，任重而道远"的担当精神，是儒家的入世精神，是"以天下为己任"的精神，因此也为后来者所称道和推崇。

再次，柳下惠随遇而安，一方面是随遇而安，另一方面却是坚持原则，不被重用也不抱怨，穷困也不忧愁，同时又有自己的克制力，有所为有所不为。

最后，孟子评价孔子是"圣之时者"，是圣人中识时务的人。孟子认为前三者都还只具有某一方面的突出特点，而孔子则是集大成者，金声而玉振，具有"智"与"圣"相结合的特征。

【原文】孟子曰："贤者以其昭昭使人昭昭，今以其昏昏使人昭昭。"（《孟子·尽心章句下》）

【释义】孟子说："贤人教导别人，先使自己明白了，然后才去使别人明白；今天的人教导别人，自己还没有搞清楚，却想使别人明白。"

【解读】要使他人明白某一道理，自己就得先行一步掌握这个道理，"以其昭昭使人昭昭"，这才是传道授业的根本。否则，必然事与愿违。

这里的贤者，具有多闻多识、博学明理之特征。

【原文】今夫仁人也，将何务哉？上则法舜、禹之制，下则法仲尼、子弓之义，以务息十二子之说。如是则天下之害除，仁人之事毕，圣王之迹著矣。（《荀子·非十二子》）

【释义】当今讲究仁德的人应该干什么呢？上应师法舜、禹的政治制度，下应师法仲尼、子弓的道义，以求消除上述十二个人的学说。像这样，那么天下的祸害除去了，仁人的任务就完成了，圣明帝王的事迹也就彰明了。

【解读】这句话有个背景，即荀子对当时先秦各学派代表人物墨翟、慎到、惠施、邓析等十二人做了批判，而归结到以推崇孔子和子弓的学说为主，所谓"上则法舜、禹之制，下则法仲尼、子弓之义"也。

【原文】彼大儒者，虽隐于穷阎漏屋，无置锥之地，而王公不能与之争名；在一大夫之位，则一君不能独畜，一国不能独容，成名况乎诸侯，莫不愿得以为臣；用百里之地而千里之国莫能与之争胜，笞棰暴国，齐一天下，而莫能倾也。是大儒之征也。其言有类，其行有礼，其举事无悔，其持险应变曲当，与时迁徙，与世偃仰，千举万变，其道一也。是大儒之稽也。其穷也，俗儒笑之；其通也，英杰化之，嵬琐逃之，邪说畏之，众人愧之。通则一天下，穷则独立贵名，天不能死，地不能埋，桀、跖之世不能污，非大儒莫之能立，仲尼、子弓是也。（《荀子·儒效》）

【释义】那些大儒，即使隐居在偏僻的里巷与狭小简陋的房子里，贫无立锥之地，但天子诸侯也没有能力和他竞争名望；虽然他只是处在一个大夫的职位上，但不是一个诸侯国的国君所能单独任用，不是一个诸侯国所能单独容纳，他的盛名比于诸侯，各国诸侯无不愿意让他来当自己的臣子；虽然他所管辖的仅百里见方的小国，但是拥有千里大国的人不能同他相匹敌；打击暴虐的国家，统一天下，没有什么能够动摇他，这就是大儒所具有的特征。他说话合乎法度，行动合乎礼义，做事没有因失误而引起的悔恨，他扶持危险的局势、应付突发的事变处处都恰当；他顺应时世，因时制宜，做事果断，处理危机，应付突发事件能够恰到好处；他能随着时代的变化而变化，不管外界怎样变化，他的道术是始终如一的，这就是大儒的典范。他穷困失意时，庸俗的儒生都耻笑他；当他显达的时候，英雄豪杰都被他感化，不正派的人都会逃离他，坚持邪说的人都惧怕他；众人也都愧对他。在他显达时，就官运亨通，就能够统一天下，在他处于困境时，就能独树高声。上天不能使他死亡，大地也不能将他埋葬，即使夏桀、盗跖的时代也不能玷污他，如果不是大儒，就不能这样立身处世，而孔子、子弓就是这样的人。

【解读】《儒效》是荀子对于儒者效用的分析。在《儒效》一文中，荀子有俗人、俗儒、雅儒、大儒之分辨。荀子认为最高层次的是"大儒"，不论哪一种儒，只要加以任用，必有益于国，而儒以外的俗人则会亡国。用俗人，则万乘之国亡；用俗儒，则万乘之国存；用雅儒，则千乘之国安；用大儒，则百里之地久，天下为一。

在这里，荀子再次举例说明孔子、子弓就是这样的人。

【原文】陈嚣问孙卿子曰："先生议兵，常以仁义为本。仁者爱人，义者循理，然则又何以兵为？凡所为有兵者，为争夺也。"

孙卿子曰："非女所知也。彼仁者爱人，爱人，故恶人之害之也；义者循理，循理，故恶人之乱之也。彼兵者，所以禁暴除害也，非争夺也。故仁人之兵，所存者神，所过者化，若时雨之降，莫不说喜。是以尧伐驩兜，舜伐有苗，禹伐共工，汤伐有夏，文王伐崇，武王伐纣，此四帝两王，皆以仁义之兵行于天下也。故近者亲其善，远方慕其德，兵不血刃，远迩来服，德盛于此，施及四极。《诗》曰：'淑人君子，其仪不忒，其仪不忒，正是四国。'此之谓也。"（《荀子·议兵》）

【释义】陈嚣说："先生你议论用兵，经常把仁义作为根本。仁者爱人，义者遵循道理，既然这样，那么又为什么要用兵呢？大凡用兵的原因，就是为了争夺啊。"

荀子说："你不明白。仁者爱人，正因为爱人，所以就憎恶别人危害他们；义者遵循道理，正因为遵循道理，所以就憎恶别人搞乱它。用兵，是为了禁止横暴、消除危害，并不是争夺啊。所以仁人的军队，他们停留的地方会得到全面治理，他们经过的地方会受到教育感化，就像及时雨的降落，没有人不欢喜。因此尧讨伐欢兜，舜讨伐三苗，禹讨伐共工，汤讨伐夏桀，周文王讨伐崇国，周武王讨伐商纣，这四帝两王都是使用仁义的军队驰骋于天下的。所以近处喜爱他们的善良，远方仰慕他们的道义；兵器的刀口上还没有沾上鲜血，远近的人就来归附了；德行伟大到这种地步，就会影响到四方极远的地方。《诗》云：'善人君子忠于仁，坚持道义不变更。他的道义不变更，四方国家他坐镇。'说的就是这种情况啊。"

【解读】这一篇反映了荀子以"仁义为本"的军事思想，荀子认为，最强大的军队是"仁人之兵"。因此，荀子又接着表达了对于四帝两王（尧、舜、禹、汤、文王、武王等）以仁义之师驰骋天下、远近归附的敬仰。战亦有道，仁义是道。

【原文】孔子仁知且不蔽，故学乱术，足以为先王者也。一家得周道，举而用之，不蔽于成积也。故德与周公齐，名与三王并，此不蔽之福也。(《荀子·解蔽》)

【释义】孔子仁德明智而且不被蒙蔽，所以多方学习，集其大成而足以用来辅助圣王。孔子掌握了周之治道，推崇并运用它，而不被成见旧习所蒙蔽。所以他的德行与周公相等同，名声和三代之王相并列，这就是不被蒙蔽的幸福啊。

【解读】《荀子·非十二子》，认为孔子才是先圣至道所归。《荀子·解蔽》，认为孔子不滞于众人旧习，故能考古论今，成一家之言，不蔽于诸子杂说。《荀子·尚贤》，以孔子为先也。

【原文】夫人虽有性质美而心辩知，必将求贤师而事之，择良友而友之。得贤师而事之，则所闻者尧、舜、禹、汤之道也；得良友而友之，则所见者忠信敬让之行也。身日进于仁义而不自知也者，靡使然也。今与不善人处，则所闻者欺诬诈伪也，所见者污漫、淫邪、贪利之行也，身且加于刑戮而不自知者，靡使然也。传曰："不知其子视其友，不知其君视其左右。"靡而已矣！靡而已矣！(《荀子·性恶》)

【释义】人即使有美好的资质，脑袋也善于辨别理解，也一定要寻找贤能的老师去学习，选择德才优良的朋友去交往。得到了贤能的老师的指导，听到的就是尧、舜、禹、汤的正道；得到了德才优良的朋友的影响，看到的就是忠诚守信恭敬谦让的行为。长期以往，自己进展到仁义境界之中而却感觉不到，这是影响的缘故。如果和德行不好的人相处，所听到的就是欺骗造谣、诡诈说谎的言语，所看到的就是污秽卑鄙、淫乱邪恶、贪图财利的行为，自己将受到刑罚杀戮还无知无觉，这也是影响的缘故。古书上说："不了解自己的儿子就看看他的朋友怎么样，不了解自己的君主就看看他身边的人怎么样。"无非是影响罢了！无非是影响罢了！

【解读】荀子反对孟子的"人性本善"，从而提出了"人性本恶"的理论。他强调后天的教育和环境，对人有莫大的影响，主张"求贤师而事之，择良友而友之"，得到了贤能的老师的指导，听到的就是尧、舜、禹、汤的正道。受德才优良的朋友的影响，看到的就是忠诚守信恭敬谦让的行为。长期以往，自然而然向善向仁。

【原文】

请成相，道圣王，尧、舜尚贤身辞让，许由、善卷，重义轻利行显明。

尧让贤，以为民，泛利兼爱德施均。辨治上下，贵贱有等明君臣。

尧授能，舜遇时，尚贤推德天下治。虽有圣贤，适不遇世孰知之？

尧不德，舜不辞，妻以二女任以事。大人哉舜，南面而立万物备。

舜授禹，以天下，尚得推贤不失序。外不避仇，内不阿亲贤者予。

禹劳心力，尧有德，干戈不用三苗服。举舜甽亩，任之天下身休息。

得后稷，五谷殖，夔为乐正鸟兽服；契为司徒，民知孝弟尊有德。

禹有功，抑下鸿，辟除民害逐共工。北决九河，通十二渚疏三江。

禹傅土，平天下，躬亲为民行劳苦。得益、皋陶、横革、直成为辅。

契玄王，生昭明，居于砥石迁于商，十有四世，乃有天乙是成汤。

天乙汤，论举当，身让卞随举牟光。道古贤圣基必张。（《荀子·成相》）

【释义】

让我敲鼓说一场，说说圣明的帝王。尧、舜崇尚贤与德，亲自来把帝位让。许由、善卷志高尚，重道忘利德行扬。

尧让帝位给贤人，为了造福爱众人，恩德布施全均匀。上上下下都治理，贵贱有别等级分，职分分明君和臣。

尧把帝位传贤能，虞舜遇上好时运。推崇贤德天下治，现在虽有贤圣存，恰恰不遇好时运，无人能识其贤能。

尧不自夸有德行，舜不推辞来做君。尧把二女嫁给舜，又将国事来委任。伟大的人啊是虞舜！朝南而立在朝廷，万物齐备都丰盛。

舜把帝位传给禹，以天下来相馈赠。崇尚德行把贤举，不丢规矩有次序，外不避嫌，内不偏袒，只要是贤能之人就给予。

大禹操心费心力，尧有德行不着急。盾牌戈矛全不用，三苗心悦诚服帖。提拔虞舜田亩里，给他天下使称帝，自己离位去休息。

得到后稷管农务，教导人民种五谷。夔做乐正奏乐曲，鸟兽起舞全驯服。契管教化做司徒，兄友弟恭孝父母，有德之人受敬慕。

大禹治水有大功，疏导排泄治大洪。排除祸害为民众，驱逐流放那共工，北方开掘九河道，全国河道都疏通，疏浚三江流向东。

夏禹领导治水土，安定天下重任负。亲自为民来奔走，做事劳累又辛苦，得到伯益、皋陶、横革、直成做辅助。

契因玄鸟称玄王，生下昭明好儿郎。开始住在砥石冈，后来迁到封地商。

十又四代传下来，便有天乙做商王，天乙就是那成汤。

商王天乙号称汤，选拔人才都恰当。亲自让位给卞随，又把天下给务光。遵循效法古圣王，国家基业必扩张。

【解读】"成相"，即演奏拊搏（古代的一种打击乐器），一边念诵一边拍打拊搏做节拍的说唱表达形式。这段话以通俗的形式，回顾了圣贤君王们的伟大功绩，表达了"尚贤推德"的思想。

【原文】不自嗛其行者，言滥过。古之贤人，贱为布衣，贫为匹夫，食则饘粥不足，衣则竖褐不完，然而非礼不进，非义不受，安取此？（《荀子·大略》）

【释义】不意识到自己德行不足的人，说话往往言过其实、夸夸其谈。古代的贤人，宁可卑贱得做个平民，贫穷得做个百姓，吃饭连稀饭也吃不饱，穿着连粗布衣也不完整。但是如果不按照礼制来提拔他，他就不入朝做官；如果不按照道义给他东西，他就不接受。哪会采取这种言过其实、夸夸其谈的做法？

【解读】君子对于自己的追求，有非常明确的道德要求。如果所欲不符合礼义，那么就坚决不能接受。这是荀子非常推崇的贤者品格。

【原文】《诗》云："於戏！前王不忘！"君子贤其贤而亲其亲，小人乐其乐而利其利，此以没世不忘也。（《大学》）

【释义】《诗经》上说："哎呀，先前的贤王不会被人忘记。"后世君子，尊前代贤王之所尊，亲前代贤王之所亲，后代百姓因先前贤王而享安乐，获收益。这样前代贤王虽过世而不会被人遗忘。

【解读】贤人的德行之所以能够弘扬，是因为后面的贤人能够贤其贤，亲其亲，这也是尚贤的应有之意。

【原文】见贤而不能举，举而不能先，命也；见不善而不能退，退而不能远，过也。（《大学》）

【释义】见到贤才而不能举荐，举荐了而不能重用，这是怠忽的行为。见到邪恶的人而不能黜退，黜退了而不能远离他，这就是过失了。

【解读】历史上有很多君王见到贤人，尊重他而不重用他，重用他而不采纳他的建议，或者不能长期地重用而听从他。这是因为贤人只按义理当行而行，并不会刻意去迎合君王的喜好，所以贤人常常说出逆耳的忠言。而小人则善于阿谀奉承，迎合君王的意思。唯有常怀敬畏之心，常去反省自身，才能做到亲贤人、远小人。

【原文】舜其大知也与！舜好问而好察迩言，隐恶而扬善，执其两端，用其中于民，其斯以为舜乎！（《中庸》）

【释义】舜是有大智慧啊！他喜欢询问且喜欢审察那些浅近的话，他隐瞒别人的坏处，表扬别人的好处。他掌握好两个极端，对人民使用折衷的办法，这就是为何他被尊称为舜啊！

【解读】这段话鼓励人们学习舜的做人做事方式，学习舜好察迩言、隐恶扬善的做法，学习舜内修其身、外建其功、修己安人的德行。贤文化尚贤理念，正是继承了中华优秀传统文化提倡成圣成贤和尊重贤人的思想，鼓励人们在现代社会中内修其身，博学厚德，外建其功，修己安人，知中有行，行中有知，知则真切笃实，行则明觉精察，知行合一，成为贤才。

【原文】仁者，人也，亲亲为大；义者，宜也，尊贤为大。亲亲之杀，尊贤之等，礼所生也。（《中庸》）

【释义】所谓仁，就是爱人，亲爱亲人是最大的仁。所谓义，就是适宜，尊重贤臣是最大的义。亲爱亲人时的亲疏之分，尊重贤臣时的等级划分，是从礼制中产生出来的。

【解读】这段话论述了何为仁、义，指出因亲疏远近及德性差别而决定爱的程度，因贤人德行的高低及社会贡献的大小而给贤人以合宜等级的礼遇。《中庸》这种思想虽然具有一定的局限性，但是对于鼓励人们修德立功、把道德修养与行为结合起来、为社会多做贡献等方面具有积极意义，也体现出儒家尊贤、重贤的尚贤思想。贤文化融合传统文化思想精髓，结合现代企业实际，鼓励人们把修德与立功结合起来，把知与行统一起来，争做知行合一、德才兼备的新时代贤人，指出知之不易，行之亦艰，唯贤者可通知行。贤者内修其身，博学厚德；达者外建其功，修己安人。

【原文】濂溪先生曰："圣希天，贤希圣，士希贤。"（《近思录·为学》）

【释义】周敦颐说："圣明的人希望自己成为天人，贤能的人希望自己成为圣人，普通士人则希望自己能成为贤人。"

【解读】成贤成圣，需要按照一定的次序，逐级递进。一个人的修行，不可能一下子就达到顶峰，唯有一步一个脚印，从成为士人开始，再到贤人，再到圣人，最后成为天人。

【原文】将修己，必先厚重以自持。厚重知学，德乃进而不固矣。忠信进德，惟尚友而急贤。欲胜己者亲，无如改过之不吝。（《近思录·为学》）

【释义】要修养自己，必须先要厚重自持。性格厚重并知道学习，德行就会提高且不固陋，途径只有推崇朋友，急切地与贤人交游。要与那些德行胜过自己的人亲近，毫不吝啬地改正自己的错误。

【解读】修养自身，在于怀着一颗敬畏之心，不断精进。要在日常待人接物中，在与贤能人交游中，不断进步。若一有所得，就变得洋洋自得，浮躁放浪，就难以获得大的进步了。

【原文】见贤便思齐，有为者亦若是；见不贤而内自省，盖莫不在己。（《近思录·克己》）

【释义】见到贤人就想着要向贤人看齐，有作为的人也是这样。见到不贤的人就躬身自省，因为这些毛病自己身上都有。

【解读】见贤而思齐，见不贤而内省。懂得修身的人，与贤人交游，见到贤人身上那些闪光的品质，心生爱慕，切切在心，努力使自己也有具备那些优秀的品质。见到那不贤的人，看到他身上的毛病，就反省自己身上是不是也有这些毛病，努力除掉这些缺点。

【原文】明道先生言于朝曰："治天下以正风俗、得贤才为本。宜先礼命近侍贤儒及百执事，悉心推访，有德业充备、足为师表者，其次有笃志好学、材良行修者，延聘、敦遣，萃于京师，俾朝夕相与讲明正学。其道必本于人伦，明乎物理。其教自小学洒扫应对以往，修其孝悌忠信，周旋礼乐。其所以诱掖激励渐摩成就之道，皆有节序。其要在于择善修身，至于化成天下，自乡人而可至于圣人之道。其学行皆中于是者为成德。取材识明达，可进于善者，使日受其业。择其学明德尊者为太学之师，次以分教天下之学。择士入学，县升之州，州宾兴于太学，太学聚而教之，岁论其贤者能者于朝。凡选士之法，皆以性行端洁，居家孝悌，有廉耻礼逊，通明学业，晓达治道者"。（《近思录·治法》）

【释义】程颢在朝廷上说："治理天下，以正风俗、得贤才为本。如何得贤才？应该先给近侍、贤儒及执事百官以礼命，要他们悉心推访，凡有德业充分完备、足可为人师表的，其次是笃志于好学、品才兼优的，朝廷要厚礼聘请，州县要积极推荐，把他们集中于京师，让他们从早到晚发扬学问。他们的学问本如人伦、明于事理。他们教人从小学习洒扫应对开始，修明孝悌忠信，人事应酬中的礼乐等，其用以诱导、激励、浸润、砥砺后学直到成就其德业的方法，都依一定顺序，其要旨在于教人择善修身，化成天下。如此一个普通人不断进步最终走向圣人之道。其中那些学行品德都符合以上要求的叫做成德。选取那些才识明达的人，让他们天天在这里学习。而选择那些学问和品行都深厚的大儒，作为太学的师长。学问德行仅次于这些人的，就让他们去各地学校从教。选择好的苗子入学学习，从县学升到州学，从州学推荐到太学，太学把他们集中起来教育，每年在朝廷上讨论太学中谁贤能。凡选士，都要选择品行端正，在家孝悌，懂廉耻知礼让，通明学业，晓达治国之道的人。"

【解读】治理国家在于正风俗、得贤才，治理企业也一样。一个国家有良好的风气，尊重贤才，拥有培养和选择贤才的正确方式和渠道，拥有激励贤才的正确措施，贤才就会竭诚尽力，报效国家。一个企业如果拥有良好的人才栽培、激励氛围和机制，人们就会愈加积极创新，贡献力量。

【原文】问："先儒曰：'圣人之道，必降而自卑。贤人之言，则引而自高。'如何？"先生曰："不然。如此却乃伪也。圣人如天，无往而非天，三光之上天也，九地之下亦天也。天何尝有降而自卑？此所谓大而化之也。贤人如山岳，守其高而已。然百仞者不能引而为千仞，千仞者不能引而为万仞。是贤人未尝引而自高也。引而自高则伪矣。"（《传习录·徐爱录》）

【释义】问："先儒说：'圣人教化人民，必然屈尊亲近人民，这样尚且担心人民以为圣人高远而不敢亲近自己。所以，圣人言行，必然是自己降低姿态，平易近人。不这样的话，人民就不亲近圣人。而贤人言行，则必须自我拔高。否则，就不能尊道。'"先生说："这个说法不太恰当，这样的话圣贤就是虚伪的了。圣人好比是天，没有什么不是天：日月星辰是天，地底深层也是天。天何尝有故意降低姿态，以示平易近人的行为？圣人教化不过是自己德行光大，化育万物而已。贤人好比山岳，坚守自己的高度而已。而且，百仞的高山也不能把自己拔高到千仞，千仞的高山也不能把自己拔高到万仞。

因此，贤人也不曾拔高自己，引而自高就是作假了。"

【解读】圣贤虽然有别，但是圣人和贤人有一点相同，那就是都不故弄玄虚，而是发自真诚。所以圣人不会刻意降而自卑，贤人也不会刻意引而自高，圣人之所以看上去自卑，贤人之所以看上去自高，那都是因为圣贤纯乎天理、自然而然的样子。

【原文】先生曰："圣贤非无功业气节。但其循著这天理，则便是道。不可以事功气节名矣。""'发愤忘食'，是圣人之志如此。真无有已时。'乐以忘忧'，是圣人之道如此。真无有戚时。恐不必云得不得也。"（《传习录·黄直录》）

【释义】先生说："圣贤不是没有功业气节，但是他们遵循着天理，也就是道。圣贤不是以功业气节而获名的。"先生又说："'发愤忘食'是圣人的志向，发愤是一刻都没有停止的时候；'乐以忘忧'是圣人的道，像这样的境界，快乐得真的没有悲伤的时候。恐怕不必说什么得与不得。"

【解读】圣贤与天地合一，他们遵循着天理而行，快乐自然，全是率性而为，出自本真，没有一丝一毫的虚假和欺瞒。发愤忘食是他们的志向，却没有一点负担和忧愁。至于功业气节，不过是循道而行自然而然的结果而已。

【原文】不尚贤，使民不争；不贵难得之货，使民不为盗；不见可欲，使民心不乱。是以圣人之治，虚其心，实其腹；弱其志，强其骨。常使民无知无欲，使夫智者不敢为也。为无为，则无不治。（《道德经》）

【释义】不推崇有才德的人，使百姓不去争夺；不推崇难得的财物，使百姓不去偷窃；不显耀诱惑人心的东西，使百姓不被迷乱。所以，圣人治理天下，要净化百姓的心灵，填饱百姓的肚腹，削弱百姓的意志，增强百姓的体魄；使百姓没有机心、没有欲望。使那些所谓的智者不敢妄为。秉持无为的态度和原则，顺应自然，没有什么不可以治理的。

【解读】"不尚""不贵"都是在说"消除对立""消除人为的阶级划分"。

【原文】上德不德，是以有德；下德不失德，是以无德。上德无为而无以为，下德为之而有以为。上仁为之而无以为，上义为之而有以为，上礼为之而莫之应，则攘臂而扔之。故失道而后德，失德而后仁，失仁而后义，失义而后礼。夫礼者，忠信之薄而乱之首。前识者，道之华而愚之始。是以大丈

夫处其厚，不居其薄；处其实，不居其华。故去彼取此。(《道德经》)

【释义】上德之人不刻意追求德，因此有德；下德之人不愿意失去德，因此反而没有德。上德之人不枉为且无意作为，下德之人有所作为且有意作为。上仁之人有所作为但无意作为，上义之人有所作为而且有意作为，上礼之人有所作为但无人回应他，于是就伸出手臂来，强迫别人。所以，丧失了"道"而后才有"德"，丧失了"德"而后才有"仁"，丧失了"仁"而后才有"义"，丧失了"义"而后才有"礼"。"礼"是忠信的不足，祸乱的前兆。而所谓"先知"，则是"道"的虚华、愚昧的开端。所以，大丈夫立身敦厚，不居于浅薄；立身朴实，不居于浮华。因此，要舍弃后者而采用前者。

【解读】外在的约束固然重要，更难得的是自律。

【原文】为学日益，为道日损。损之又损，以至于无为，无为而无不为。取天下常以无事，及其有事，不足以取天下。(《道德经》)

【释义】探究学问，一天比一天增加；探求大道，一天比一天减少。减少又减少，一直达到无为之境。无为之法，最终任何事情都可以有所作为。治理天下，要无为而治，等到有事，就不足以治理天下了。

【解读】减少经验和偏见的束缚，无为，无不为。

【原文】为无为，事无事，味无味。大小多少，报怨以德。图难于其易，为大于其细。天下难事必作于易。天下大事必作于细。是以圣人终不为大，故能成其大。夫轻诺必寡信，多易必多难，是以圣人犹难之。故终无难矣。(《道德经》)

【释义】以"无为"去作为，以"无事"去做事，以"无味"去品味。大生于小，多起于少，以恩德去报答怨恨。解决问题，由简单处入手；成就大业，从细微处入手。天下难事，从简易处做起；天下大事，从微细处开始。因此，圣人不贪图做大事，而能做成大事。轻易许诺，必定很少能兑现；看事情太容易，必定要遭受困难。因此，圣人总是把事情看得困难，最终就没有困难了。

【解读】所有的大事，都要从小事做起。所有的小事，都要当成大事去做。

【原文】天之道，其犹张弓与。高者抑之，下者举之；有馀者损之，不足者补之。天之道，损有馀而补不足。人之道则不然，损不足以奉有馀。孰能有馀以奉天下？唯有道者。是以圣人为而不恃，功成而不处。其不欲见贤。
（《道德经》）

【释义】自然的规律，难道不是像张弓射箭吗？高了就压低些，低了就举
高些，拉得满了就放松些，拉得不足了就补充些。自然的法则，是减损有余、
补给不足。社会的法则却不是这样，是减少不足、补给有余。谁能够减少有
余以补给天下人的不足呢？只有有道者才能做到。因此，圣人有所作为而不
自恃己能，有所成就而不居其功，并不愿意显示自己的才能。

【解读】天道的原则是公平的，事物的关系是均衡的。尊重天道，修为
人道。

【原文】衣人以其寒也，食人以其饥也。饥寒，人之大害也。救之，义也。
人之困穷，甚如饥寒，故贤主必怜人之困也，必哀人之穷也。如此则名号显
矣，国士得矣。（《吕氏春秋·仲秋纪第八》）

【释义】给人衣服穿以抵御寒冷，给人食物以抵御饥饿。饥饿与寒冷，是
人的大难，救助他们，是出于义。当人处于艰难窘迫之境地，比饥寒更甚，
所以贤明的君主必然悲悯处于困窘的人。这样，君主的名声就显赫了，贤人
能士就会为之效力了。

【解读】君主在选择贤人，贤人也在选择君主。当君主昏庸，贤人就退隐。
当君主仁慈，贤人就主动归附。

【原文】有道之士，固骄人主；人主之不肖者，亦骄有道之士。日以相
骄，奚时相得？若儒墨之议与齐、荆之服矣。贤主则不然。士虽骄之，而己
愈礼之，士安得不归之？士所归，天下从之帝。帝也者，天下之适也；王也
者，天下之往也。得道之人，贵为天子而不骄倨，富有天下而不骋夸，卑为
布衣而不瘁摄，贫无衣食而不忧慑。愿乎其诚自有也，觉乎其不疑有以也，
桀乎其必不渝移也，循乎其与阴阳化也，匆匆乎其心之坚固也，空空乎其不
为巧故也，迷乎其志气之远也，昏乎其深而不测也，确乎其节之不庳也，就
就乎其不肯自是，鹄乎其羞用智虑也，假乎其轻俗诽誉也。以天为法，以德
为行，以道为宗。与物变化而无所终穷，精充天地而不竭，神覆宇宙而无望。
莫知其始，莫知其终，莫知其门，莫知其端，莫知其源。其大无外，其小无
内。此之谓至贵。士有若此者，五帝弗得而友，三王弗得而师，去其帝王之
色，则近可得之矣。（《吕氏春秋·慎大览第十五》）

【释义】有道的人本来就傲视君主。不贤明的君主，也傲视有道的人。他们每天这样相互傲视，什么时候才能相互投合呢？这就好比是儒家和墨家相互非议和齐国与楚国互不服气一样。贤明的君主则不是这样，士人虽然傲视自己，而己越发以礼相待，这样士人怎么会不归附呢？士人归附，天下人就跟着归附。所谓帝，是指天下都亲俯他。所谓王，是指天下都跟从他。得道的人，即使有天子的尊贵地位也不骄横傲慢，即使富有天下也不放纵自夸，即使是卑下的平民百姓也不感到失意屈辱，即使贫穷到无衣无食也不忧愁恐惧。他们诚实坦荡，具备高尚的修养，他们大彻大悟，遇事不疑。他们顺应一样的变化，他们意志坚固，不行诈伪，志向远大，思想深邃，节操高尚，不自以为是。他们光明正大，耻于运用智谋。他们胸襟宽广，看轻世俗的诽谤和赞誉。他们以天为法则，以德为行为的参照，以道为宗旨，随万物变化而没有穷尽。他们的精神充满天地，不会竭尽；覆盖宇宙，无边无际。他们的道，没谁知道从何处开始，从何处终结，没有谁知道他的本源。道大到无所不包，小至微乎其微，这就是至为贵重。士人能达到这种境界，五帝也不能强迫与他交友，三王也不能强迫以他为师。如果抛开帝王的骄傲，谦卑地请教他们，那么差不多就能得到贤士为友为师了。

【解读】不乏有一些贤才有恃才傲物的性格，不能因为他的傲慢，就恼羞成怒，弃之不用。若这人是贤才，他虽傲慢，也应当谦恭有礼地对待。也有这样的贤才，看上去傲慢，实际上是在试探君王的心意，或者实则是因为性情上自然洒脱，无拘无束而已。更何况没有一个人是完人，任何人都有自身的缺点，善于用人的人择其善者而用之，尽可能地包容别人的缺点。

【原文】宓子贱治单父，弹鸣琴，身不下堂，而单父治。巫马期以星出，以星入，日夜不居，以身亲之，而单父亦治。巫马期问其故于宓子，宓子曰："我之谓任人，子之谓任力；任力者故劳，任人者故逸。"宓子则君子矣。逸四肢，全耳目，平心气，而百官以治，义矣，任其数而已矣。巫马期则不然，弊生事精，劳手足，烦教诏，虽治犹未至也。(《吕氏春秋·开春论第二十一》)

【释义】宓子贱治理单父这个地方，静坐弹琴，身不下厅堂，而单父就治理好了。巫马期披星戴月，昼夜不休，凡事亲躬，才把单父治理好。巫马期问宓子贱其中的缘故，宓子贱说："我的方法叫作使用人才，你的做法叫作使用力气。使用力气的人自然劳苦，使用人才的人自然安逸。"宓子贱真是位君子呀，他让四肢安逸，平心静气，而官方的各种事务都得到很好的处理，这是应该的了，他只不过是使用的方法。巫马期则不然，他损伤生命，耗尽精力，使手足疲劳，教令烦琐，虽然单父也得到治理，却未能达到治理的最高境界。

【解读】使用人才，把人才分配到各自适合的位置，就能实现垂拱而治。所以善于治理的人，只要把握大要，用好人才便可以了。如果事必躬亲，难免会陷入烦琐之中不可自拔，耗尽力气，却最终漏洞百出。

【原文】今夫爝蝉者，务在乎明其火、振其树而已。火不明，虽振其树，何益？明火不独在乎火，在于暗。当今之时，世暗甚矣，人主有能明其德者，天下之士，其归之也，若蝉之走明火也。凡国不徒安，名不徒显，必得贤士。（《吕氏春秋·开春论第二十一》）

【释义】如今以火光照蝉的人，要务在于使火光明亮并摇动树木而已。火光不明，虽然摇动树木，又有什么用处呢？让火光明亮，不在于火光本身，还在于黑暗的衬托。当今之世，世道黑暗到了极点，君主如能彰明自己的德行，天下的士人就会归附，比如蝉投向明火一样。大凡国家不会自然安定，名声不会自然显现，前提一定要得到贤士辅佐才行。

【解读】要得天下贤才而用之，关键还在于君主要修明自身。如果自己的德行得以彰明，天下的贤才就会不远万里而闻风归附。

【原文】杨朱过宋，东之于逆旅。逆旅人有妾二人，其一人美，其一人恶；恶乾贵而美者贱。杨子问其故。逆旅小子对曰："其美者自美，吾不知其美也；其恶者自恶，吾不知其恶也。"杨子曰："弟子记之！行贤而去自贤之行，安往而不爱哉！"（《列子·黄帝》）

【释义】杨朱途经宋国，东至旅舍。旅舍主人有两个小妾，一美一丑，丑的那个受尊崇，美的那个却受冷落。杨子问其中缘故。旅舍伙计回答："美的自以为美，外人不觉她美；丑的自以为丑，外人不觉她丑。"杨子对弟子们说："你们记住，行为善良且能去掉炫耀之念，无论走到哪里都会受人爱戴。"

【解读】德行的高低与外在的美丑无关，此处强调了德行的重要性。

【原文】大人将兴，奇文出，贤者助之为治。（《太平经·乙部》）

【释义】统治者将要兴盛，奇妙的天书就会降现，贤人辅助他进行治理。

【解读】这段话指出，统治者若要治理好天下，就需要具备两个条件，一是要有体现天意民心的理政方案，二是要有德才兼备的贤者辅助，这两个条件是天下治平兴盛的基础。这体现出《太平经》主张理政要有贤者辅助才能够天下兴盛的尚贤思想。

【原文】大贤亦短失之，中贤得之；中贤失之，小贤得之。以类相从，因以相补，共成一善贤辞矣。（《太平经·卷九十一》）

【释义】大贤人出现了偏差的地方，中等贤人给纠正过来了；中等贤人出现了偏差的地方，第三等贤人给纠正过来了。按照类属加以排列，随后拿来互作补充，也就形成一整部尚善的贤人文辞了。

【解读】贤人之间优势互补，团结协助，共同完成教化百姓、助推社会进步的使命，把实用的理论和扬善的文化成果奉献出来，推动百姓素养的提升和社会的进步，这正是《太平经》对社会贤达提出的建议，也为贤文化建设提供了值得借鉴的理念。

【原文】是故古者大贤人，本皆知自养之道，故得治意，少承负之失也。其后世学人之师，皆多绝匿其真要道之文，以浮华传学，违失天道之要意，令后世日浮浅，不能善自养自爱。为此积久，因离道远，谓天下无自安全之术，更生忽事反斗禄，故生承负之灾。（《太平经·卷三十七》）

【释义】因而古代的大贤人，压根就知道自己养护自己的方法，所以获得治理的宗旨，没有什么承负的过失。后世让人就学的师长们，大多不理解要道真意，拿浮华文采传授学问，违背和丧失了天道要旨，使后世一天比一天虚浮浅薄，不能很好地养护爱惜自身。这种情况延续得越来越长，于是距离真道越来越远，甚至认为天下不存在使自己身安形全的道术，轮番出现轻慢行事、争权夺利的现象。

【解读】这段话以大贤人和一般说教做比较，突出了大贤人的智慧。他们明白宇宙及人生的真相，懂得无为而治利于天下太平，知道修身养性营造美好世界。那些不明白真相的说教者以浮华言辞文章误导百姓，争名夺利，背道而驰，酿下诸多承负业障。《太平经》这段话很明显在提倡人们抛弃浮华及争夺，学习大贤人修身养性的做法，在完善自我和提升素养的人生实践中，正确对待义利关系，无为而无不为，营造太平美好的世界。

【原文】故赐国家千金，不若与其一要言可以治者也。与国家万双璧玉，不若进二大贤也。夫要言大贤珍道，乃能使帝王安枕而治，大乐而致太平，除去灾变，安天下。(《太平经·卷四十六》)

【释义】所以，献给国家一千斤黄金，比不上献给它可以施治的一句要言；赠给国家一万对璧玉，比不上向它推荐两位大贤士。要言、大贤士和罕见的真道，才会使帝王安枕而治，实现太平，去除灾异，安定天下。

【解读】这段话突出了贤士、要言、真道对于国家治理的重要性，指出万两黄金远远比不上要言、贤士对于国家的价值，认为要言、贤士和真道使帝王安枕而治，实现天下太平，除灾异而安定天下，体现出明显的重贤、尚贤思想。

【原文】九窍之邪，在乎三要，可以动静。火生于木，祸发必克；奸生于国，时动必溃。知之修炼，谓之圣人。(《阴符经》)

【释义】九窍是否沾惹外邪，关键在于耳、目、口三窍之动静。三窍动则犹如木头着火，灾祸发生必被攻克；如国家有奸邪，时间一到必致溃亡。懂得如此修炼，称为圣贤。

【解读】明白做人做事的道理并不容易，把所知道的道理用于言行之中就更加艰难了。人生中的不如意，往往是因为欲望太多，而在不明白真相的情况下，自身的言行又会犯下许多错误，过多的欲望加上错误的言行，必然使生活变得越来越糟糕，就像木头着火一样助生出更多的失望和痛苦。懂得了这些道理，自觉地扑灭欲望之火，约束自我言行而合于自然及社会规律，致广大而尽精微，培养自身德行，提升自我素养，不受外界影响，安定身心，以定力产生智慧，成为造福社会、德才兼备的贤人。如是则知中有行，行中有知，知则真切笃实，行则明觉精察，知行合一成就贤才。

【原文】其盗机也，天下莫能见，莫能知。君子得之固躬，小人得之轻命。(《阴符经》)

【释义】天地间"盗"的机巧是众人无法直接看见和弄明白的。有悟性的人得到它，就会躬行，能顺应自然；无悟性的人得到它，却会丧命。

【解读】天地、人、万物之间有着无形的规律。需要人留心观察，结合自然现象及社会伦理，能够感悟出自然及社会的规律。明白了这些规律，使思想和行为顺应固有规律，才能够创造财富，造福社会，成为德才兼备之人；不遵循规律而恣意妄为，就会距离成圣成贤之路越来越远。知之不易，行之亦艰，唯贤者可通知行。

【原文】贤者诚信以仁之，慈惠以爱之，端政象不敢以先人。中静不留，裕德无求，形于女色。其所处者，柔安静乐，行德而不争，以待天下之溃作也。故贤者安徐正静，柔节先定，行于不敢，而立于不能，守弱节而坚处之。故不犯天时，不乱民功。秉时养人，先德后刑。顺于天，微度人。(《管子·势》)

【释义】贤者诚正信实以和善，良善惠物以仁爱，端肃政务不强为人先。中心虚静无留滞，广布德行无所求，形态安闲。平常的状态就是，柔和安定虚静而怡乐，行施德惠而不与人争，即便天下动乱不安也是如此。故而贤者就是，安定缓和平正而虚静，柔顺节制先定其心，不当作为时不作为，不能作为时不作为，坚持守弱处顺的原则。因而不违反天时，不扰乱民事。按照时令安养民众，先施德化后行刑罚。顺从天道，精察人事。

【解读】《管子》在社会治理方面重视任用贤人，提出"有众在废私，召远在修近，闭祸在除怨。修长在乎任贤，安高在乎同利"(《管子·版法》)，"凡人君所以尊安者，贤佐也。佐贤则君尊、国安、民治，无佐则君卑、国危、民乱"(《管子·版法解》)。因而对于贤人有比较多的讨论，但大体不出内修其身、外善其事的范畴，一方面考虑到评价贤人要因人制宜、方达通变，不能用统一的尺度去衡量，也不必以往古的传统去要求，另一方面则明确了"义"这一重要原则。义是国之四维(礼、义、廉、耻)之一，具体而言，"义有七体。七体者何？曰：孝悌慈惠，以养亲戚；恭敬忠信，以事君上；中正比宜，以行礼节；整齐撙诎，以辟刑戮；纤啬省用，以备饥馑；敦蒙纯固，以备祸乱；和协辑睦，以备冠戎"(《管子·五辅》)。这七个方面是孝悌慈惠、恭敬忠信、中正友善、整齐克制、节约俭省、敦厚淳固、和睦谐调，不是一般民众所能具备而又是国家必须重视的，"夫民必知义然后中正，中正然后和调，和调乃能处安，处安然后动威，动威乃可以战胜而守固。故曰：义不可不行也"(《管子·五辅》)。此外，《管子》认为如果有比较大的过失，就算身有小善也非贤者，即"为主而贼，为父母而暴，为臣下而不忠，为子妇而不孝，四者人之大失也"(《管子·形势解》)。总之，贤人必不违时义，顺天应人。

【原文】始乎无端，道也；卒乎无穷，德也。道不可量，德不可数。不

可量，则众强不能图；不可数，则为诈不敢乡。两者备施，动静有功。（《管子·幼官》）

【释义】不见开端，是道；不见终止，是德。道无法测度，德无可估量。不可测度，则众多强国不敢图谋；不可估量，则伪诈的人不敢面对。道、德兼备，无论动静都有功效。

【解读】《管子》中的“德”，不仅指我们现在所言之“道德”“品德”“善”，还指以正确的方式获得，有时候兼而有之。梳理《管子》关于道和德的论述，有如下几层。其一，道无迹无形，德是道的体现，是道“所得以然也以”，两者统一无间。如其云：“德者，道之舍。物得以生生，知得以职道之精。故德者得也。得也者，其谓所得以然也以。无为之谓道，舍之之谓德，故道之与德无间，故言之者不别也”（《管子·心术上》）。其二，德的重要表现是有利于民众生产生活的政治或社会事功，有六个方面：开辟田地、建造住所、研修种植、劝化百姓、鼓励耕种、修缮房屋，目的是厚其生、输之财、遗之利、宽其政、匡其急、赈其穷。其云：“所谓六兴者何？曰：辟田畴，制坛宅，修树艺，劝士民，勉稼穑，修墙屋，此谓厚其生。发伏利，输墆积，修道途，便关市，慎将宿，此谓输之以财。导水潦，利陂沟，决潘渚，溃泥滞，通郁闭，慎津梁，此谓遗之以利。薄征敛，轻征赋，弛刑罚，赦罪戾，宥小过，此谓宽其政。养长老，慈幼孤，恤鳏寡，问疾病，吊祸丧，此谓匡其急。衣冻寒，食饥渴，匡贫窭，赈罢露，资乏绝，此谓赈其穷。凡此六者，德之兴也。六者既布，则民之所欲，无不得矣。夫民必得其所欲，然后听上；听上，然后政可善为也。故曰：德不可不兴也”（《管子·五辅》）。其三，对人而言，德又有九种标准：仁、智、义、行（品节）、洁、勇、精（诚实）、容（宽容）、辞（条理）。先秦诸家常以玉喻人，《管子》也是如此，其云：“夫玉之所贵者，九德出焉。夫玉温润以泽，仁也。邻以理者，知也。坚而不蹙，义也。廉而不刿，行也。鲜而不垢，絜也。折而不挠，勇也。瑕适皆见，精也。茂华光泽，竝通而不相陵，容也。叩之，其音清扬彻远，纯而不殽，辞也。是以人主贵之，藏以为宝，剖以为符瑞，九德出焉”（《管子·水地》）。其四，道、德、贤人、政、事紧密联系，“道生天地，德出贤人。道生德，德生正，正生事”（《管子·四时》），即谓天地因道而生，贤人因德而出，政务因德而有，职事因政务而起。那么在治理国家时，国君要认识到“道术德行，出于贤人”，必须尚贤、重德，“道德定于上，则百姓化于下矣”（《管子·君臣下》），“尊贤授德则帝”（《管子·幼官》）。不过，仍需要着意察人、识人，防止用人出现偏差，如"德不当其位"或"德义未明于朝者"，则不可加于尊位，"大德不至仁，不可以授国柄"（《管子·立政》），这些都是君主需要特别注意的。

【原文】凡世莫不以其所以乱者治，故小治而小乱，大治而大乱，人主莫能世治其民，世无不乱之国。奚谓以其所以乱者治？夫举贤能，世之所治也。而治之所以乱。世之所谓贤者，言正也。所以为善正也，党也。听其言也，则以为能，问其党以为然，故贵之不待其有功，诛之不待其有罪也。此其势正使污吏有资，而成其奸险，小人有资而施其巧诈。（《商君书·慎法》）

【释义】现世之君没有不用乱国的方法来治国，故而小治就小乱，大治就大乱，所以人君没有哪个能够世代统治民众，而世上也没有一个不乱的国家。什么叫作用乱国的方法治国呢？如任用所谓贤人，现世用来治国的方法，却正是乱国。世人所谓的贤者，是说其有才能。所以被视为善于办事有才华，是来自党羽的评价。国君听信他的言论，便认为其贤能，问他的党羽也认为其贤能，因此会给予其官爵却不等待他做出真正有利于国家和民众的事，施以刑罚的时候也不等他犯下诸多罪过。这种情况正会让贪官污吏有投机取巧的机会而达到奸邪险恶的目的，小人有所凭借而实施奸诡狡诈的伎俩。

【解读】法家在对待所谓"贤人"的态度上，有着比较强的一致性，可能一方面来自其对于人性及其复杂性始终不能像儒家那样持以乐观态度，另一方面源自对现实中的贤能政治负面性的一贯警惕。其一，贤人的产生机制得不到保证；其二，贤人常常名不副实，或者被人用来掩饰自身，或者难以终身保持；其三，贤人具有声望和向心力，会形成朋党或利益群体之争，也会影响君主不能赏罚分明；其四，贤人以权力或高位立于世，有时会影响以农业和战争为主的富民强国战略实施，人们争相效仿更加不利于统一教化。商鞅一再强调贤者可能导致的政治后果，他还说：国家或者治上加治，或者乱上加乱。明智君主在位，所举用的必是贤人，那么法纪就掌握在贤人手里。法纪掌握在贤人手里，那么法纪就可以在下民中推行，不贤的人就不敢做坏事，这就叫治上加治。昏庸的君主在位，所举用的必是不肖之人，国家就没有明确的法度，不肖者胆敢去做坏事，这就叫乱上加乱。这里反映法家对贤者的政治作用存在一定的矛盾心态，既不能完全彻底摒弃贤人，尤其需要贤人具备的优秀素质，又出于利弊权衡和对政治武器、组织威势的关切，认为以法为尊、以吏为师能够替代贤者模式。

【原文】贤而屈于不肖者，权轻也；不肖而服于贤者，位尊也。尧为匹夫，不能使其邻家；至南面而王，则令行禁止。由此观之，贤不足以服不肖，而势位足以屈贤矣。（《慎子·威德》）

【释义】人贤却屈从不肖者，是权势轻的原因；人不肖却指使贤者，是不肖者地位尊贵的原因。当尧是普通百姓的时候，不能差遣邻家；南面称王的时候，则能够令行禁止。由此看来，贤人不足以使不肖者屈服，而权势地位却足以让贤者屈从于不肖者。

【解读】先秦法家有"不尚贤"之说，大抵和《老子》"不尚贤，使民不争"思想一致。不过，不能轻易将之作为儒家的反面，不能忽略法家"不尚贤"的内在层次和理论演变。在慎到的言论中，第一，他区分了圣人和贤者，将圣人之道和天地之理并提，是人效法学习的榜样，显然是肯定圣人的；第二，慎到还是承认人有贤和不肖的区分，一定程度上也对贤之于不肖有所肯定；第三，贤与不肖之人因权位导致错位，在当时阶层社会和文化意识形态下，既是直面社会现实，也是对德才不配其位的批评；第四，慎到洞悉公共组织对社会价值判断与资源分配的影响，认为公共组织也被自身的负面因素及所处社会条件所裹挟，其中关键的就是政治权力和社会地位，因此在不能保证唯贤是举、贤尽其才情况下，只好以法纪维护公共秩序的正常、良好运行。第五，贤人相比无德无能的不肖者，可能会造成更大的社会危害，一是人性有其复杂的一面，有才能的人如果道德不能有所保证，祸害更大；二是，贤人往往拥有较高的民望，势必对君主威望产生影响，即便不会僭越，也不能保证君臣关系和谐，更别说有人只是表面以"贤"而实际包藏祸心，所以不如不要贤臣而要尽职尽责的直臣。第六，君主世袭性质本身意味着人选上不具有太多的选择性，而法纪多是长期历史、社会治理的习惯沉淀和必须面对可能导致的后果，故而具有实现利益最大化的组织理性，相对不稳定的君主、繁杂的人群、复杂的人性而言，组织理性及其本身强大的力量成为最佳选择。

【原文】明君之道，使智者尽其虑，而君因以断事，故君不穷于智；贤者敕其材，君因而任之，故君不穷于能；有功则君有其贤，有过则臣任其罪，故君不穷于名。是故不贤而为贤者师，不智而为智者正。臣有其劳，君有其成功，此之谓贤主之经也。（《韩非子·主道》）

【释义】圣明国君的方法是，让明智的人竭尽思虑，而国君以此决断事情，故而智虑无穷尽；让贤能的人发挥才能，国君以此来任用，故而能力无穷尽；成就功业则君主成就贤名，有了过错就让臣下承担罪过，故而名声无穷尽。因此，君主不贤却能成为贤者的老师，不智却能成为君长。臣下劳苦履职，君上能够成就功业，这就是贤名君主的准则。

【解读】法家治国重视法、术、势，乃是出于组织理性和对社会现实的观照，如贤人和不肖者就是经常被用来作为例子，一般而言贤人理应获得名位，但只要不肖者有了权势地位仍然可以驱从贤人，这一社会现象给法家学者带来较大的刺激。韩非与之前的商鞅、申不害、慎到等不同，他可能是受到了儒家的影响，意识到国君在统治集团中的重要性，故而没有像其他法家那样只要君主自然无为即可，强调君主要集权，并以成败论君主是贤是愚。从韩非在不同篇目里的说法，可以发现他对待"贤""贤者""任贤"往往因为立场和语境不同，表现不同的态度。在本段文字中，他还是肯定了"贤者""贤主"，把"贤"作为一种积极的评判人物的标准。对于"贤"的标准，韩非更加重视方、廉、直、光四个方面，他说："所谓方者，内外相应也，言行相称也。所谓廉者，必生死之命也，轻恬资财也。所谓直者，义必公正，公心不偏党也。所谓光者，官爵尊贵，衣裘壮丽也。"又说："方而不割，廉而不刿，直而不肆，光而不耀。"（《韩非子·解老》）韩非认为只有符合表里如一、淡泊生死、公正无私、尊荣显贵四方面条件，才是全身长生之道。

【原文】明主之为官职爵禄也，所以进贤材劝有功也。故曰：贤材者，处厚禄任大官；功大者，有尊爵受重赏。官贤者量其能，赋禄者称其功。是以贤者不诬能以事其主，有功者乐进其业，故事成功立。（《韩非子·八奸》）

【释义】明智的君主设立官职爵位俸禄，是为了奖掖贤能和有功的人。因此说，贤能有才的人，给他丰厚的俸禄担任很高的官职；功劳大的人，给他尊贵的爵位和重重的赏赐。授予贤者官职要考量他的能力，给予臣下俸禄要对应他的功劳。所以贤能的人不隐藏自己的才干来辅佐君主，有功劳的人乐于不断谋取业绩，那么君主必然能够事成功立。

【解读】韩非对贤才的态度，在为国家做事和服务君主上，无疑是主张任用贤能的。只不过，他强调即便对待贤能的人，也要去真实考量他的能力，而不要根据其美好的名声和影响力。说明韩非对任用贤才的设想是非常现实理性的，一是肯定贤才有能力，二是任用看结果。

贤能往往被不肖者排斥。韩非对社会现实有比较冷峻清醒的认识，"今则不然，不课贤不肖，不论有功劳，用诸侯之重，听左右之谒。父兄大臣上请爵禄于上，而下卖之以收财利，及以树私党。故财利多者买官以为贵，有左右之交者请谒以成重。功劳之臣不论，官职之迁失谬。是以吏偷官而外交，弃事而亲财。是以贤者懈怠而不劝，有功者隳而简其业，此亡国之风也"（《韩非子·八奸》）。

选用贤人是比较有难度的。韩非看到，君主往往是通过自己身边的人去寻找适合的人才，但身边的人未必靠得住，很可能被愚蠢的身边人误导，另外博取贤名而有利可图，并且很少有人认为自己是愚蠢的，所以任用贤人对于大国、小国的君主都具有挑战性。

当然，任用贤才是有前提的。只能有助于君主国家，而不能妨碍到君主的权威，这是韩非任贤的前提条件，同时也是他反复要君主注意的，"人主有二患：任贤，则臣将乘于贤以劫其君；妄举，则事沮不胜。故人主好贤，则群臣饰行以要君欲，则是群臣之情不效；群臣之情不效，则人主无以异其臣矣"（《韩非子·二柄》）。

由此可见，韩非对先秦"尚贤"政治的利弊有着比较全面的认识。

【原文】入国而不存其士，则亡国矣。见贤而不急，则缓其君矣。非贤无急，非士无与虑国。缓贤忘士，而能以其国存者，未曾有也。（《墨子·亲士》）

【释义】治理国家却不关照国家的贤士，国家就会灭亡。见到贤士而不急着招来任用，就是对君主的怠慢。没有比启用贤士更加急迫的事，没有比贤士更加可以共谋国事的了。怠慢和遗忘贤士，却还能让他的国家长治久安，这样的事是不曾有过的。

【解读】任用和优待贤才对于国家具有重要意义，齐桓公、晋文公、越王勾践等贤能君主和夏桀、商纣等昏庸君主对待贤士的两种截然相反的态度和国家兴亡之间存在必然联系。墨子此处强调贤才是要敢于直言进谏，矫正君主过失的人才。

【原文】归国宝，不若献贤而进士。（《墨子·亲士》）

【释义】向国君赠送国宝，不如向国君推荐贤能人士。

【解读】对于国家和国君而言，贤能人士比那些称为国宝的器物更加重要和珍贵，尚贤的首要任务就是要举荐比国宝还珍贵的贤士。

【原文】子墨子言曰：是在王公大人，为政于国家者，不能以尚贤事能为政也。是故国有贤良之士众，则国家之治厚；贤良之士寡，则国家之治薄。故大人之务，将在于众贤而已。（《墨子·尚贤上》）

【释义】墨子说：这是因为王公大人们在治理国家的过程中，不能把尊重贤才和使用能人作为执政措施。因此，国家的贤良人士多，国家的治理业绩就厚实；贤良人士少，治理业绩也就薄弱。所以，执政者的要务就在于聚集大量贤才而已。

【解读】尚贤是墨子人才观的重要思想，他认为贤才的多少决定了国家治政的强弱，是国家长治久安的基础。招揽贤才、启用贤才、尊重贤才是执政者的当务之急，并就具体方法给出了建议。

【原文】况又有贤良之士，厚乎德行，辩乎言谈，博乎道术者乎！此固国家之珍，而社稷之佐也，亦必且富之贵之，敬之誉之，然后国之良士，亦将可得而众也。（《墨子·尚贤上》）

【释义】何况具有贤良品德的人士，德行敦厚，能言善辩，学识广博。他们无疑是国家的珍宝、社稷的良佐，也一定要使他们富裕，尊贵，尊敬他们，赞誉他们，然后国家的贤良之士将会越来越多。

【解读】墨子提出了尚贤的具体措施：即把贤才看作国家珍宝，给予他们财富、显贵的身份、尊敬的态度和美好的赞誉。普通百姓看到贤良人士得到如此厚待，便会争相学习他们的言行举止，如此一来，社会上的贤才便会越来越多，整个社会的道德规范也会因此而得到提升。

【原文】故古者圣王之为政，列德而尚贤，虽在农与工肆之人，有能则举之。高予之爵，重予之禄，任之以事，断予之令。（《墨子·尚贤上》）

【释义】所以古代的圣王为治理政事，以德行作为用人的排位次序，尊重和崇尚贤才，即使是从事农业或手工业者，只要有能力就举荐他，给予高官爵位、丰厚的俸禄，给他职务和决断的权力。

【解读】墨子更进一步提出了对贤良人士"富之贵之，敬之誉之"的具体措施：一是在选举贤才的过程中，打破"世卿世禄"制度，从不同行业中选拔人才；二是对选拔出来的贤才，以德行高低作为任用官职的标准，依官职大小授予权力，并按照功劳大小来行赏。唯有如此"举公义"，才能打通官民之间的流通渠道，官不会永远富贵，民也不至于永远贫贱，才能赢得民心而

"避私怨"。

【原文】是故子墨子言曰:"得意,贤士不可不举;不得意,贤士不可不举。尚欲祖述尧舜禹汤之道,将不可以不尚贤。夫尚贤者,政之本也。"(《墨子·尚贤上》)

【释义】所以墨子说:"得意的时候不可不举用贤士,不得意的时候也不可不举用贤士。如果想继承尧舜禹汤之道,必须尊重贤才。尊重贤才是政治的根本。"

【解读】墨子列举了尧舜禹之禅让,及汤拔举伊尹,文王拔举闳夭、泰颠而实现天下大治,国家统一的故事,论述了贤士辅佐国君的重要性。贤士可引导社会道德规范,扬善避恶,使人人争相效仿做道德高尚之人,整个社会秩序就会安宁稳定。尚贤是政治的根本,这是墨子尚贤思想的核心。

【原文】故古者圣王甚尊尚贤而任使能,不党父兄,不偏贵富,不嬖颜色。贤者举而上之,富而贵之,以为官长;不肖者抑而废之,贫而贱之,以为徒役。(《墨子·尚贤中》)

【释义】所以古时的圣王非常尊重贤才和任用有能力的人。不与父兄结党营私,不偏袒富贵人士,不宠爱美色。凡是贤才就选拔上来居于高位,使其得到富贵,任用他做官职;凡是不肖之人就抑制并且免去他的职位,使他贫贱,让他去做学徒或奴役。

【解读】墨子此处不仅指出了如何尚贤使能,还对身居官位的不肖者也连带给出了处理建议。通过不拘一格的选举人才和赏罚分明的具体措施,营造争先恐后做贤人的社会氛围。这就是墨子的"进贤"之策。

【原文】若苟贤者不至乎王公大人之侧,则此不肖者在左右也。不肖者在左右,则其所誉不当贤,而所罚不当暴。王公大人尊此,以为政乎国家,则赏亦必不当贤,而罚亦必不当暴。若苟赏不当贤而罚不当暴,则是为贤者不劝,而为暴者不沮矣。(《墨子·尚贤中》)

【释义】倘若贤才不来到王公大人的身边,那就有不肖的人在其左右了。不肖的人在左右,则他们称赞的不会是真正的贤才,惩罚的也不会是真正的暴徒。王公大人遵从这些不肖之人的意见来治理国家,那么所赏的也一定不会是真正的贤才,所罚的也一定不会是真正的暴徒。如果赏的不是贤才,罚的不是暴徒，那么贤才就得不到勉励，暴徒也就无法阻止了。

【解读】举荐贤才和赏罚贤与不肖，是墨子尚贤思想的两个重要维度，此处墨子对不举贤才、不尚贤才可能导致的恶果进行了描述，警戒王公大人们不要过度贪恋权利和财富而不舍得分享给贤才，导致贤才的流失和国家秩序的失范，暴君桀、纣、幽、厉等导致国家消亡，社稷倾覆，就是这个缘故。

【原文】天下之王公大人皆欲其国家之富也，人民之众也，刑法之治也。然而不识以尚贤为政其国家百姓，王公大人本失尚贤为政之本也。（《墨子·尚贤下》）

【释义】天下的王公大人都希望自己的国家富足，人民众多，政治安定。但却不知道以尚贤作为治理国家和百姓的原则，王公大人从来就不知道尚贤是政治的根本。

【解读】墨子此处依然用循循善诱的口吻告诉为政者，要想使国家富足，人民众多，政治安定，就一定要懂得尚贤的重要性。对于不懂得尚贤重要性的为政者，墨子便通过举例向其说明，赏罚分明才能使为善的人得到勉励，让施暴的人受到阻止，社会才会效仿善行而减少暴力。

【原文】逮至其国家则不然，王公大人骨肉之亲、无故富贵、面目美好者则举之，则王公大人之亲其国家也，不若亲其一危弓、罢马、衣裳、牛羊之财与！（《墨子·尚贤下》）

【释义】但一到他治理国家就不这样了。王公大人的骨肉亲戚，无缘无故富贵或者相貌美丽的人，就举荐他。可见，王公大人爱他自己的国家，还不如爱他的一张坏弓、一匹病马、一件衣裳、一只牛羊这些财产啊！

【解读】墨子于此处列举了王公大人在涉及私利的几种情况下都能做到尚贤使能，其原因是怕自己的私有财产受到损失。与之形成鲜明对比的是，一旦他们治理国家便开始以权谋私，不以贤能为标准，而是以亲贵和外表作为举荐人才的标准。可见，无法尚贤使能并非王公大人不懂得其好处，无非是私利大于公义，墨子对此的分析可谓一针见血。

【原文】为贤之道将奈何？曰：有力者疾以助人，有财者勉以分人，有道者劝以教人。（《墨子·尚贤下》）

【释义】做贤人的方法是怎样的呢？回答说：有力气的赶快助人，有钱财的努力分人，有道的人勉力教人。

【解读】此处提出"为贤之道"的三个基本原则，一是有力出力帮助别人，二是有钱出钱与人分享，三是有理说理教化人们。这三条原则既是为贤能人士提出的行为标准，亦是衡量和考察一个人是否为贤能人士的道德标准。做到这三点，天下饥寒者能得以生存，混乱的局势也会治理好，人人都可以各安其生。

【原文】将者，智、信、仁、勇、严也。（《孙子兵法·始计篇》）

【释义】作为将领，要具备智慧、诚信、仁心、勇敢、严明这五种品格。

【解读】孙子认为好的将领是判断战争能否获胜的又一重要因素，智、信、仁、勇、严既是好的将领应该具备的基本品德，也为选拔贤良之将提供了标准。

【原文】故知兵之将，生民之司命，国家安危之主也。（《孙子兵法·作战篇》）

【释义】可以说，懂得用兵打仗的将领，主宰着民众的生死和国家的安危。

【解读】孙子把懂得分析战争利弊、尊重战争规律、灵活应用战略战术、领兵打仗的将领视为生民和国家命运的主宰，一方面指出了"知兵之将"的重要性，另一方面详尽地论述了"知兵之将"的用兵之法：不长途运输军需，不重复征兵、速战速决、善待俘虏等，这样的统帅必然是仁民慧物的贤良之才。

【原文】夫将者，国之辅也。辅周则国必强，辅隙则国必弱。（《孙子兵法·谋攻篇》）

【释义】将帅，是国君的辅佐。辅佐得周密，国家就强盛；辅佐有疏漏，国家必然衰弱。

【解读】孙子在《计篇》中将"将"视为判断战争胜负的五个因素之一，《谋攻篇》提出的"全胜""不战而屈人之兵"等"非战"理念，皆是"善用兵者"即贤良之将应具备的基本谋略和本领，可见将帅的作用不仅决定了战争的胜负，而且直接关系到国家的强盛与衰弱。

【原文】进不求名，退不避罪，唯人是保，而利合于主，国之宝也。（《孙子兵法·地形篇》）

【释义】作为将领，进不求个人的功名显赫，退不怕承担罪责，以保全民众为目的，又符合国君利益，这样的将领才是国家珍宝般的军事人才。

【解读】孙子强调贤能的将帅应考察并遵循地理原则指挥作战，关键时刻"君命可有所不受"。只要内心澄明，进攻不为贪求个人功名，退后也不回避罪责，而是以人为本，以君主利益为要，这是贤能将领应具备的素质，拥有这样的将领亦是国之幸事。

【原文】昔殷之兴也，伊挚在夏；周之兴也，吕牙在殷。故惟明君贤将，能以上智为间者，必成大功。此兵之要，三军之所恃而动也。（《孙子兵法·用间篇》）

【释义】昔日殷商兴起，是因为伊尹在夏朝做间谍；周朝的兴起，是由于姜子牙在殷为官。所以，明智的君主和贤能的将领，用智慧卓绝的人为间谍，就一定能获得极大成功。这是用兵的关键，整个军队都要依靠间谍提供的情报来部署安排。

【解读】孙子在《用间篇》列举了间谍的五种类型，并借古时明君圣主利用贤良国相辅佐而获成功的案例，来讲述战时的驭人之道。

【原文】教是先圣所传，不是惠能自智。愿闻先圣教者，各令净心。闻了，各自除疑，如先代圣人无别。（《坛经·行由品第一》）

【释义】顿悟教法乃是佛门历代古圣先贤所传授至今的，并非是我惠能自己的智慧创造。若有希望倾听先圣顿教法门的人，请先各自使心清净。在听闻教谕之后，若能各自消除心中旧有的疑虑，那你们就和古圣先贤类似了。

【解读】此句点明了佛教的主旨，从本质来看，佛教文化其实就是慕圣希贤的文化。由于它认为宇宙的生命形式有四圣六凡，佛在其中是级别最高的，因而它主张世人以佛为楷模，遵从佛门历代古圣先贤所留下的教育，学习他们自觉觉他、觉行圆满的言行，逐渐成为具备贤德的贤人。

【原文】苦口的是良药，逆耳必是忠言，改过必生智慧，护短心内非贤。（《坛经·疑问品第三》）

【释义】有效的好药通常是苦的，有用的真话通常是不悦耳的，因而各位要谨记，唯有勇于改正错误才有望生起智慧，如果对于自身缺点放任自流就会丧失贤德。

【解读】此乃六祖慧能为弟子门人所授《无相颂》的内容，它使人发觉，佛教禅宗对于贤德非常关注。这是因为在佛教的教义中，四摄、六度等基本理念提倡世人通过布施、爱语、忍辱等方法，努力使自己成为贤人，以便有效地与人为善。所以佛教在中国化的过程中所形成的禅宗，也主张人们积累贤德，以便悲智双运、自利利人。

第六章　慧物

水无私心，利万物而不争，谦下而容众，攻坚而无不胜，此为上善。企业亦如是，无私则容，容则公，公则无争，无争则无所不利。故贤者之德若水，和而不同，随方就圆，近者亲而远者悦；贤者慧物，见利思义，重义而兼利，责任为先，富国利民。

【原文】作结绳而为网罟，以佃以渔，盖取诸离。包牺氏没，神农氏作。斲（音"zhuó"，砍削之意）木为耜（音"sì"，早期农具），揉木为耒（音"lěi"，早期农具），耒耨之利，以教天下，盖取诸益。（《周易·系辞》）

【释义】伏羲氏发明绳子并将之制作成网兜，用来狩猎捕鱼，这大概是根据离卦的卦象。伏羲氏去世，神农氏兴起。他砍削树木制成耒耜，耒耜的作用在于教化天下百姓，这大概吸取了益卦的象征吧。

【解读】这里是说伏羲氏、神农氏根据离卦和益卦卦象发明罗网、耒耜，用来捕猎捕鱼和耕作，从而使得百姓的生活得以改善。工具的发明对于我们来说是极为重要的，工欲善其事，必先利其器。这个"器"就是一种工具，每一次时代的变革也基本都是由于生产工具发生了改变而引起的，比如纸张、指南针、蒸汽机、电话、互联网等等，因此，人们需要合理利用工具，这样才能更好地提高工作效率。当然也不能片面追求效率，要理性地对待工具，不能被工具物化。

【原文】《彖》曰：大哉乾元。万物资始，乃统天。云行雨施，品物流行。大明终始，六位时成，时乘六龙以御天。乾道变化，各正性命，保和太和，乃利贞。首出庶物，万国咸宁。（《周易·乾·彖》）

【释义】《彖传》说：乾阳元气多么伟大！万物因着它而始发，统治着天地万物。云雨流行布施，事物各分其类，畅流通行。事情的始末那样明了，六爻位置按时而成，乘着六条龙驾驭天地万物。乾阳之道千变万化，使得万物各正其位，和合相安，利物贞正。万事万物由此而出，天下通泰安宁。

【解读】这是对乾元（阳气）惠及万物的陈述。由乾元之气开始，而生发世间万事万物，产生了春夏秋冬四季运转，产生了事物的生生灭灭。对于人们而言，也要培养这种乾元之气。人们一出生时就像这样的一团阳气，但是在成长中，这种"乾元之气"不断消耗。因此，要懂得守护自己的这种气息，要谨慎对待，不可将之随意地浪费在不必要的地方。

【原文】无总于货宝，生生自庸。式敷民德，永肩一心。（《尚书·盘庚》）

【释义】（你们）不要只是关注自己的财物，不要只是为了增加自己的财物。要用心去感受百姓疾苦，改善他们的生活境况，和他们保持同一颗心。

【解读】这一段话是商王盘庚在迁都时对各诸侯、军事长官和各级官吏说的话。这里体现了盘庚的一种无私、为公精神。对于一个集体的领导者而言，这种精神是必不可少的，实实在在地惠泽于他人，自己才能更好地守住自己所拥有的。需要注意的是，经文在强调要给老百姓恩惠的同时，还特意强调了要保持心灵的洁净。这心灵的洁净就是一种包容无私的状态，不可只是纠缠于自己的几分田地，当常常进行反省，有过则改。需要明白的是，既然说到要保持心灵的洁净，那其实已经变相说明了心灵是常有私欲的。对于这些私欲不必要去隐藏逃避，而要时时刻刻面对它，如此方可反躬自省，慢慢去除私欲，提高自我控制能力，从而惠及他人、他物。

【原文】若网在纲，有条而不紊；若农服田，力穑乃亦有秋。汝克黜乃心，施实德于民，至于婚友，丕乃敢大言，汝有积德。（《尚书·盘庚》）

【释义】就像网都贯通在纲上面，只要提纲挈领便可以有条不紊；就像农民在田里种植庄稼那样，只要勤劳耕作便会有收成；你们要能够去除自己的私欲把实惠施予百姓，以至于亲朋好友，如此才能够说，你们是积了德。

【解读】经文首先以纲举目张，农事躬耕为比喻，说明做事情要讲究方法，才有可能提高效率，并更好地完成目标。由此而引出对百官的期待，希望他们去除私欲而后惠泽于民。其中的关键就是除去傲慢放纵之心，经文使用比喻的目的就在于强调要把握这个关键因素。然后由此心出发，规范自己的言行举止，并惠泽于亲友百姓。

【原文】三，八政：一曰食，二曰货，三曰祀，四曰司空，五曰司徒，六曰司寇，七曰宾，八曰师。（《尚书·洪范》）

【释义】第三，要组好八项政务：一是农业饮食，二是工商贸易，三是祭祀活动，四是民政问题，五是教育文化，六是司法公安，七是礼仪外交，八是军事行为。

【解读】这八项政务是恩泽于民以及稳定统治的八个方面，内容涵盖了经济、政治、文化、外交、军事等各个方面。这里需要格外注意的是"食"。农业生产是最根本的，所以放在第一位，因为这也是与老百姓最为密切相关的因素。而一个集体是否能够稳定，关键就在于它的基础是否稳定。一个国家的基础是普通百姓，一个人的基础就是他的身体，因此首先就要注意这个"吃"的问题，所以古人说"民以食为天"。米面油盐就是"吃"的重要组成部分，"为什么吃""吃什么""怎么吃""吃的态度"等问题是每个人都需要关注的问题。

【原文】南有樛木，葛藟累之。乐只君子，福履绥之。南有樛木，葛藟荒之。乐只君子，福履将之。南有樛木，葛藟萦之。乐只君子，福履成之。（《诗经·国风》）

【释义】南方有许多曲而高的树木，树上爬满了葛藟。有一位快乐的君子，按照礼节，用自己的善行安抚人们。南方有许多曲而高的树木，树上爬满了葛藟。有一位快乐的君子，按照礼节，用自己的善心送别人们。南方有许多曲而高的树木，树上爬满了葛藟。有一位快乐的君子，按照礼节，用自己的善行成就人们。

【解读】这一首诗歌叙述了一位君子，乐善好施，以符合礼节的行为，惠及他人、帮扶他人、成就他人。这里需要注意这个"履"字，《周易》言："履者，礼也。"履便有礼的意思，所以这个君子慧物的行为不是随随便便为之的，而是要按照礼的要求来做。同时，"履"当然还有行动的意思，也就是把想法都落实到具体的行动之中。是否慧物，主要体现在行动中，而不能只是停留在想象和规划之中。所以，当我们在做好自己的前提下，试图帮助他人时，也要遵循"履"的要求：一方面要依礼而行，另一方面要踏踏实实行动，这样才能真正做到慧物而不伤物。

【原文】以假以享，我受命溥将。自天降康，丰年穰穰。来假来飨，降福无疆。顾予烝尝，汤孙之将。（《诗经·商颂》）

【释义】祭祀先祖，我受命于天。天降下康宁，和年丰收。先祖享受祭品，降下无边福分。虔诚祭祀，先祖福降。

【解读】经文描述了"我"承天命，由此而使得天能够降下康宁，保佑年和国泰，百姓丰收。于是先祖也享用着丰厚的祭品，并降下福分，荫护子孙。"我"如何能够慧物？首先，需要敬天，承受天命；其次，需要勇于担当，敢于实践；再次，要常怀感恩之心，回应先祖。当然，这样的慧物对我们普通人而言是很困难的。但是我们每个人都可以自己进行定位，有一家的能力，便惠及一家；有一村的能力，便惠及一村；有一镇的能力，便惠及一镇；有一市的能力，便惠及一市。……重要的是，要有这种慧物之心，不能只是想着如何利己，还要想着如何利人。事实上，在利人的同时，多数情况都是利己的。而所谓损人利己是基本不存在的，在损人之前，就已经损己了，在损人之后，又进一步损己。

【原文】是月也，天气下降，地气上腾，天地和同，草木萌动。王命布农事，命田舍东郊，皆修封疆，审端径术。善相丘陵，阪险原隰，土地所宜，五谷所殖，以教道民，必躬亲之。田事既饬，先定准直，农乃不惑。（《礼记·月令》）

【释义】孟春之月，天的气体下降，地的气体上升，天地气息交感和合，草木因此萌动生发。国君下令颁布农事，命令农官居住在东郊，整修农田的封疆界限，审查田间小路、小沟，做好修缮工作。勘察各种地形，种植与不同地形相适宜的作物，五谷种植在它们所应种植的位置，将这些知识教授给百姓，并且要亲自为之。农田之事已经完成后，定好相关的准则，这样农民便不会迷惑。

【解读】经文中说到孟春之月（即农历正月），天地之气相交，万物复苏。这个时候农事是最重要的事情，所以国君要请专门负责农事的官员来把相应的事情做好，从而使得百姓能够各司其职，搞好生产。作为管理者，有自己相应的职责，因此要勇于担当自己的事情，从而惠及他人。对于一个普通员工而言，也是如此，做好自己的本职工作，那么自己所做的事情，便能够间接惠及与之相关的人。

【原文】此六君子者，未有不谨于礼者也。以著其义，以考其信，著有过，刑仁讲让，示民有常。如有不由此者，在埶者去，众以为殃。是谓小康。（《礼记·礼运》）

【释义】（禹、汤、文、武、成王、周公）这六位君子，没有不谨慎守礼的。彰显礼的义理，成就人们的诚信，考察人们的咎过，使得人们能够明礼谦让，让百姓知晓国家的制度。如果在位者没有遵守这些礼制，就要因此而受到相应惩罚，百姓以为这是一种灾殃，由此而谨省自己的行为。这就叫做小康。

【解读】经文说明了惠及百姓的两种不同角度，一个是守礼，一个是刑罚。两者的目的都在于为百姓君臣树立规范，人们因此有了行为准则，对自己的行为有更好的认知。统治者需要为百姓营造这样的社会氛围，从而让人们能够安居乐业。我们在家庭、工作中也应该有相应的规则，这些规则是家庭中、单位里所有人都应该遵守的，如此使得集体能够和谐相处、彼此互惠、顺利前行。

【原文】未有火化，食草木之实，鸟兽之肉，饮其血，茹其毛；未有麻丝，衣其羽皮。后圣有作，然后修火之利，范金合土，以为台榭、宫室、牖户；以炮以燔，以亨以炙，以为醴酪；治其麻丝，以为布帛。（《礼记·礼器》）

【释义】上古之时，没有火的使用，只能食用草木的果实，生吃鸟兽之肉，茹毛饮血；没有麻布，只能用羽毛兽皮来遮蔽身体。后来圣人改变了这种状态，于是有了火的使用，冶金炼土，有了台榭、居室、窗户；可以用火来烧烤食物，制作麻衣遮蔽身体。

【解读】经文对比了使用火前后的生活，说明圣人惠及于百姓，改变了人们的生活状态。这可以说是圣人的一种使命和责任。对于一个集体来说，领导者就相当于经文中说的"圣人"，他需要承担相应的责任和使命，需要惠及他所在集体中的每一个成员，让各个成员发挥出各自的特长，从而促进集体更好地发展。

【原文】乐也者，圣人之所以乐也，而可以善民心，其感人深，其移风易俗，故先王著其教焉。（《礼记·乐记》）

【释义】乐，是圣人所喜悦的东西，可以使得民心向善，能够感人至深，移风易俗，所以先王彰显了"乐"的教化作用。

【解读】经文说明了"乐"的重要作用。"乐"有利于人心向善，移风易俗，所以先王才会那么重视实施乐教。在当前时代，这种观念仍然是合理的。人们需要对平日所听的歌曲多一些关注，因为自己所听的这些歌曲也会在潜移默化中影响我们的心性。首先，我们需要选择合适的乐曲；其次，应该真正走进乐曲中，比如说你要对其中的乐器有所了解，不同的乐器有什么象征意义，这些乐器为什么要这样搭配，整个乐曲的节奏和旋律为什么这么安排等等问题。当人们对这些问题做进一步思考时，便可以对乐曲有更深一步的了解，那么慢慢地便可以透过"乐"，而获取更多有关心灵方面的信息。圣人作乐，便是希望音乐能够通过潜移默化的影响让社会变得更加和谐美好。

【原文】乐行而伦清，耳目聪明，血气和平，移风易俗，天下皆宁。（《礼记·乐记》）

【释义】好的乐一旦推行则伦常清明，百姓的血气平和，移风易俗，天下和宁，国泰民安。

【解读】礼乐能利于国泰民安，移风易俗。百姓在这样的环境中可以更好地发挥自己的潜能，推进国家朝着更好的方向发展。因此，礼乐的功能是显而易见的。我们在工作生活中也要懂得去营造一种好的环境，让外界环境能够滋养自己，让各种有利的因素能够尽量充盈在我们的工作生活周遭，使得内心的情感与之相感应，如此慢慢形成一种良性循环。

【原文】子钓而不纲，弋不射宿。（《论语·述而》）

【释义】孔子用鱼竿钓鱼，而不用网来捕鱼；用带生丝的箭射鸟，但不射归巢的鸟。

【解读】在捕鱼的时候，孔子"钓而不纲"；在射猎的时候，孔子"弋不射宿"。这就是节制欲望、取物有度。儒家一直非常重视人与自然的关系，主张万物和谐共存，主张天人合一。人类应该效仿上天的生生之德，不仅对人类自己，即便是对鸟兽，也应该心怀仁德。

【原文】色斯举矣，翔而后集。曰："山、梁、雌雉，时哉时哉！"子路共之，三嗅而作。（《论语·乡党》）

【释义】（孔子一行在山谷中行走，看见了几只野鸡。）野鸡飞向天空，盘旋了一阵后，又都落在了一处。孔子说："看这些青山、粱粟、母野鸡，得其时啊！得其时啊！"子路向它们拱拱手，它们又振几下翅膀飞走了。

【解读】孔子感到山谷里的野鸡能够自由飞翔，自由落下，这是"得其时"，从而有感而发，子路也知道孔子仁爱及物，因而拱手加挥手，愿其离去。这是儒家爱生慧物思想的反映。

【原文】子曰："道千乘之国，敬事而信，节用而爱人，使民以时。"（《论语·学而》）

【释义】孔子说："治理具有千辆兵车的国家，对待政事要恭敬谨慎，诚信无欺、节省费用，并且爱护百姓，征用民力要在农闲的时间。"

【解读】孔子在这里谈了从政的三个原则：敬事而信、节用而爱人、使民以时。"敬事而信"，首先是处理国家政事要严肃认真，也就是我们今天所提倡的敬业精神；其次是对老百姓要言而有信，不能朝令夕改，要在敬事的基础上取信于人；"节用而爱人"，是说管理国家财政开支以节约为原则，目的是减轻老百姓税收负担，爱护百姓；"使民以时"，是说使用老百姓为国家做事时要安排在农闲时节，不能干扰到百姓耕种、收割的农事。这其中，"节用而爱人""使民以时"是儒家慧物思想的体现。

【原文】子曰："臧文仲居蔡，山节藻棁，何如其知也？"（《论语·公冶长》）

【释义】孔子说："臧文仲为产自蔡地的大乌龟建造了一间房，斗拱雕刻成山形，梁柱上画着藻草，他这样做算是什么聪明呢？"

【解读】臧文仲，姓臧孙，名辰，"文"是他的谥号，是春秋时期鲁国的大夫。臧孙氏三代为鲁国掌龟大夫，臧文仲在大乌龟的屋子上刻有山形的斗拱和画有水藻的梁柱，这是国君的庙饰，而臧文仲却加以擅用，是违反礼制的，这样做当然称不上明智。孔子在这里讽刺臧文仲，认为其为大乌龟盖豪华的房子，不但僭越，而且太过奢侈。

【原文】不违农时，谷不可胜食也；数罟不入洿池，鱼鳖不可胜食也；斧斤以时入山林，材木不可胜用也。谷与鱼鳖不可胜食，材木不可胜用，是使民养生丧死无憾也。养生丧死无憾，王道之始也。

五亩之宅，树之以桑，五十者可以衣帛矣。鸡豚狗彘之畜，无失其时，七十者可以食肉矣。百亩之田，勿夺其时，数口之家可以无饥矣。谨庠序之教，申之以孝悌之义，颁白者不负戴于道路矣。七十者衣帛食肉，黎民不饥不寒，然而不王者，未之有也。（《孟子·梁惠王章句上》）

【释义】只要不违背农时，那粮食就吃不完；细密的渔网不入池塘，那鱼鳖水产就吃不完；砍伐林木有定时，那木材便用不尽。粮食和鱼类吃不完，木材用不尽，这样老百姓对生养死葬就没有什么不满的了。老百姓养生葬死没有缺憾，这正是王道的开始。

在五亩大的住宅田旁，种上桑树，五十岁以上的人就可以穿着丝绸了；鸡鸭猪狗的繁殖饲养，不要错过时节，七十岁以上的人就可以经常吃到肉食了。一家人种百亩的田地，不误农时及时耕种，数口之家就不会闹灾荒了。注重乡校的教育，强调孝敬长辈敬爱兄长的道理，须发花白的老人们就不会肩挑头顶重物在路上行走了。七十岁以上的人能穿上丝绸、吃上鱼肉，一般老百姓不缺衣少食，做到了这些而不称王于天下，是从来没有过的事情。

【解读】这段内容是孟子惜生观念及生态伦理思想最集中的体现。

孟子主张节约资源，保护生态环境的可持续发展。他劝告人们不要用细密的网打鱼，以留下小鱼继续生长；砍伐木材要遵循季节的规律，万物生发之时不要砍伐。孟子认为，一切自然界物种，都有其四时成长的规律，因此一定要顺应自然之道，依据万物生长变化的生态规律，按照一定的时序进行农业生产、砍伐取用和捕获渔猎，适度地获取生活资料，切勿取之无度，用之无节。

在此思想基础之上，孟子又以民生谈仁政，劝谏梁惠王施行"仁政"，使天下之民至矣。

【原文】君子之于禽兽也，见其生，不忍见其死；闻其声，不忍食其肉。是以君子远庖厨也。……

老吾老，以及人之老；幼吾幼，以及人之幼。天下可运于掌。《诗》云："刑于寡妻，至于兄弟，以御于家邦。"言举斯心加诸彼而已。故推恩足以保四海，不推恩无以保妻子。古之人所以大过人者，无他焉，善推其所为而已矣。今恩足以及禽兽，而功不至于百姓者，独何与？（《孟子·梁惠王章句上》）

【释义】君子对于飞禽走兽，看见它们活着，便不再忍心看到它们死去；

听到它们的悲鸣哀号，便不再忍心吃它们的肉。君子总是远离厨房，就是这个道理。……

孝敬我家里的长辈，从而推广到尊敬别人家的长辈；呵护我家里的儿女，从而推广到呵护别人家的儿女。如果一切施政措施都由此出发，治理天下就如同在手心转东西那么简单了。《诗经》上说："先给妻子做榜样，再扩展到兄弟，进而推广到封邑和国家。"就是说把这样的好想法扩展到其他方面就行了。所以由近及远地把恩惠推展开，便足以保有天下；不这样，甚至连自己的妻子儿女都保护不了。古代的圣贤之所以远远地超过一般人，没有别的诀窍，只是他们善于扩展推行他们的好行为罢了。如今您的恩情足以扩展到动物，百姓却得不到好处，这是为什么呢？

【解读】首先，孟子继承和发展了孔子"泛爱众而亲仁"思想，将"物"纳入了生态伦理思想中来，表达了对"物"的同情。孟子认为君子对于动物要有恻隐之心，提倡关心动物、保护动物。

其次，孟子将仁爱的范围从"禽兽"推广到"民"。"仁"是爱人，五谷禽兽之类，皆可以养人，故"爱"育之，这是"亲民慧物""仁民爱物"。

尊重生命，不仅是对动物的生命，更应该是对人民的关爱和保护。这就是"老吾老，以及人之老；对幼吾幼，以及人之幼"推己及人的思想。

【原文】当尧之时，天下犹未平，洪水横流，氾滥于天下，草木畅茂，禽兽繁殖，五谷不登，禽兽逼人，兽蹄鸟迹之道交于中国。尧独忧之，举舜而敷治焉。舜使益掌火，益烈山泽而焚之，禽兽逃匿。禹疏九河，瀹济漯而注诸海，决汝汉，排淮泗而注之江，然后中国可得而食也。当是时也，禹八年于外，三过其门而不入，虽欲耕，得乎？

后稷教民稼穑，树艺五谷；五谷热而民人育。人之有道也，饱食、暖衣、逸居而无教，则近于禽兽。圣人有忧之，使契为司徒，教以人伦，——父子有亲，君臣有义，夫妇有别，长幼有叙，朋友有信。放勋曰："劳之来之，匡之直之，辅之翼之，使自得之，又从而振德之。"圣人之忧民如此，而暇耕乎？

尧以不得舜为己忧，舜以不得禹、皋陶为己忧。夫以百亩之不易为己忧者，农夫也。分人以财谓之惠，教人以善谓之忠，为天下得人者谓之仁。是故以天下与人易，为天下得人难。孔子曰："大哉尧之为君！惟天为大，惟尧则之，荡荡乎民无能名焉！君哉舜也！巍巍乎有天下而不与焉！"尧舜之治

天下，岂无所用其心哉？亦不用于耕耳。(《孟子·滕文公章句上》)

【释义】当尧的时候，天下不安定，大水泛滥，四处横流，草木茂密地生长，鸟兽快速地繁殖，谷物却没有收成，飞禽走兽危害人类，到处都是它们的足迹。只有尧一个人为此忧虑，于是选拔舜来总管治理工作。舜命令伯益掌管火政，伯益便将山野沼泽分割成块，逐片焚烧，迫使鸟兽逃跑隐匿。禹又疏浚九河，治理济水、漯水，挖掘汝水、汉水，疏通淮水、泗水，引导众水流入长江，这样中国土地上的人民才可以种上地吃上饭。在这一时期，禹八年奔波在外，好几次经过自己家门都忙得没时间进去，即使他想种地，可能吗？

后稷教导百姓种庄稼，栽培谷物。谷物成熟了，老百姓便得到了养育。然而光是吃得饱，穿得暖，住得安逸，却没有教育，那也和禽兽差不多。圣人为这事忧虑深重，便让契做了司徒，教育人民明白人伦关系：父子之间有骨肉之亲，君臣之间有礼义之道，夫妻之间有内外之别，老少之间有尊卑之序，朋友之间有诚信之德。尧说："督促他们，纠正他们，帮助他们，使他们各得其所，然后再加以赈济和教诲"。圣人为百姓考虑达到这样的程度，还挤得出时间来种地吗？

尧为得不到舜而忧虑，舜为得不到禹和皋陶而忧虑。为了自己的百亩之田种得不好而忧虑的，那是农夫。把钱财分给别人，叫作惠；把好的道理教给大家，叫作忠；为天下找到好人才，叫作仁。因此，把天下禅让给别人容易，为天下找到好人才很难。所以孔子说："尧作为君主真是伟大！只有天最伟大，也只有尧能效法天。尧的圣德广阔无边，老百姓日日受其恩惠竟不知如何赞美他！舜真是个了不起的君主！天下坐得稳如泰山，却不去享受它，占有它！"尧舜治理天下，难道不用心思吗？只是不用在种地上罢了。

【解读】孟子说这段话，有个背景。孟子通过揭露一个叫许行的人言行中的自相矛盾，得出结论：社会分工各不相同，有大人之事，也有小人之事，尧舜等圣人之治天下，忙于救助万民、教育众生，怎么可能有空闲亲自耕种呢？

在叙述尧、舜、伯益、禹、后稷、契等圣贤的伟大功绩时，宇宙万物的四时生长、人对自然的征服和利用，百姓因善用自然节气而得到养育这些观点，均体现了孟子"慧物共生"的思想。

【原文】孟子曰："可以取，可以无取，取伤廉；可以与，可以无与，与

伤惠；可以死，可以无死，死伤勇。"（《荀子·离娄章句下》）

【释义】孟子说："可以拿也可以不拿时，拿了便是对廉洁有伤害，所以还是不拿；可以给也可以不给时，给了便是对恩惠的滥用，所以还是不给；可以死也可以不死时，死了便是对勇德的亵渎，所以还是不死。"

【解读】孟子这段话，主要是传达了"苟得其养，无物不长；苟失其养，无物不消"的观念。"养护"是十分重要的，不仅要取之有度，而且要尽量减少人向自然界的索取，即孟子上文所说的"可以取，可以无取，取伤廉；可以与，可以无与，与伤惠"，从而使自然界的万物繁育旺盛、和谐有序，维持良好的生态循环系统。

【原文】孟子曰："君子之于物也，爱之而弗仁；于民也，仁之而弗亲。亲亲而仁民，仁民而爱物。"（《孟子·尽心章句上》）

【释义】孟子说："君子对于万物，爱惜它，却不对它实行仁德；对于百姓，对他实行仁德，却不亲爱他。君子亲爱亲人，进而仁爱百姓；仁爱百姓，进而爱惜万物。"

【解读】孟子将仁爱的范围，从"亲亲"推广到"爱民"，又扩展到"爱物"。这是自孔子以来"泛爱众而亲仁"思想的延续，表现了孟子思想中"仁民爱物"的内涵。

【原文】圣王之制也，草木荣华滋硕之时，则斧斤不入山林，不夭其生，不绝其长也；鼋鼍、鱼鳖、鳅鳝孕别之时，罔罟毒药不入泽，不夭其生，不绝其长也。春耕、夏耘、秋收、冬藏，四者不失时，故五谷不绝而百姓有余食也；污池、渊沼、川泽谨其时禁，故鱼鳖优多而百姓有余用也；斩伐养长不失其时，故山林不童而百姓有余材也。（《荀子·王制》）

【释义】圣王的制度是这样的：草木正在开花长大的时候，就不准进入山林砍伐，这是为了使它们不过早夭折，不断绝它们的生长；鼋、鼍、鱼、鳖、泥鳅、鳝鱼等怀孕产卵的时候，渔网、毒药不准投入湖泽，这是为了使它们不过早夭折，使它们不断生长。春天耕种、夏天锄草、秋天收获、冬天储藏，这四件事都不能失去时节，所以五谷不断地生长而老百姓有多余的粮食；池塘、水潭、河流、湖泊，在一定时期内严禁捕捞，所以鱼、鳖丰饶繁多而老百姓有多余的资财；树木的砍伐与培育养护不错过季节，所以山林不会光秃秃而老百姓有多余的木材可用。

【解读】荀子提出合理开发利用自然，以期达到可持续利用及共同发展的目的。为此，荀子提出了一系列具体的措施。比如：草木正当开花结果的时候，不允许砍伐；甲鱼泥鳅鳝鱼等各种鱼类产卵的时候，不允许捕捞。采取这样保护性的措施，再加上不违背时令进行耕种，就可以取得良好的成效。

荀子强调"圣人之制"，换句话说，就是为政者要制定保护自然资源的制度，适时适度地开发利用并有效地保护自然资源。

【原文】列星随旋，日月递炤，四时代御，阴阳大化，风雨博施。万物各得其和以生，各得其养以成。不见其事，而见其功，夫是之谓神。皆知其所以成，莫知其无形，夫是之谓天。唯圣人为不求知天。（《荀子·天论》）

【释义】群星相随相转，日月交替映照，四季循环降临，阴阳交感，大化万物，风雨普施人间，万物得其调和而生，得其滋养而成，看不到天道化生万物的痕迹，只见到它的功效，这就是大自然的神妙啊。大家都知道他成就万事万物，却不知道他无形无迹，这就是"天功"。天道难测，只有圣人是不刻意去求了解天的。

【解读】宇宙的大化流行，显得那么神妙莫测而无痕迹，但是万事万物自然而然就会各就其位、各得其所了。荀子在这里对大自然的造化慧物之功，表达了惊叹之情。

【原文】大天而思之，孰与物蓄而制之？从天而颂之，孰与制天命而用之？望时而待之，孰与应时而使之？因物而多之，孰与骋能而化之！思物而物之，孰与理物而勿失之也？愿于物之所以生，孰与有物之所以成？故错人而思天，则失万物之情。（《荀子·天论》）

【释义】尊崇上天而仰慕它，哪里及得上把它当作物资积蓄起来而控制它？顺从自然而颂扬它，哪里及得上掌握自然规律而利用它？盼望天时而等待它，哪里及得上因时制宜而使它为我所用？随顺万物的自然生长而使它增多，哪里及得上施展才能而改造它？思慕万物而想把它们占为己有，哪里及得上促进万物生长而不失去它？希望了解万物产生的过程，哪里及得上促成万物的生长？所以放弃了人的努力而指望上天，那就违背了万物的本性。

【解读】荀子认为人类认识自然、尊重自然的最终目的在于利用自然为人类所用，所以他主张"物蓄而制之""制天命而用之""应时而使之""骋能而化之""理物而勿失之"，即把自然资源当作物资积蓄起来，因时制宜地加以利用，既要顺应季节的变化使之为人类生产服务，又要发挥人类的主观能动性促使其可持续发展，以确保人类社会与自然万物形成和谐发展、共生共存的良性互动。

【原文】礼起于何也？曰：人生而有欲，欲而不得，则不能无求；求而无度量分界，则不能不争；争则乱，乱则穷。先王恶其乱也，故制礼义以分之，以养人之欲，给人之求。使欲必不穷于物，物必不屈于欲。两者相持而长，是礼之所起也。（《荀子·礼论》）

【释义】礼是怎么产生的？回答说：人生来就有欲望；如果欲望得不到满足，就不会没有追求；如果一味追求而没有限度，就不能不发生争夺；一发生争夺就会有祸乱，一有祸乱就会陷入困境。先王厌恶这种祸乱，所以制定了礼义来区分人们的等级名分，以此来调养人们的欲望、满足人们的要求，使欲望不会由于物资的匮乏而不得满足，财物绝不会因为满足欲望而枯竭，使物资和欲望两者在互相制约中增长。这就是礼的起源。

【解读】荀子认为，人生而有欲，如果欲望不能满足，就会有索求、有争斗、有混乱，混乱就会导致国家陷入困境。为了使物和欲两者相互制约，保持长久的协调发展，古代的圣王制定了礼仪以使各安其分，既能节制人们的欲望，又适当满足人们的需求。因此要在礼义的指导下合理利用自然，"备养动时""取物不尽"，实现可持续的发展。

【原文】是故财聚则民散。财散则民聚。（《大学》）

【释义】所以财物聚敛在你一人手里，人民就会弃你而去。若财物散给了人民，人民就会团结在你的周围。

【解读】英明的君主不是使自己富有，而是要使天下的人都富有。好的企业的领导者一样，让企业员工及天下人获益，这样的企业才会有凝聚力和生命力。

【原文】生财有大道，生之者众，食之者寡，为之者疾，用之者舒，则财恒足矣。（《大学》）

【释义】生产财富也有正确的途径；生产的人多，消费的人少；生产的人勤奋，消费的人节省，财富便会经常充足。

【解读】财物虽为末端，然而是国家百务之所需，更是企业发展的命脉。

不是要鄙弃财物，而是要生之有度。掌握正确生财的方法，拓展收入的来源，减少不必要的浪费，财用才会充足。

【原文】是故言悖而出者，亦悖而入；货悖而入者，亦悖而出。（《大学》）

【释义】用不合情理的言语说别人，别人也会用不合情理的言语说你，用不合情理的方法获取的财富，也会被人用不合情理的方法夺走。

【解读】财富的获取一定要符合道义。若是不义之财，终将散去，不能长久，积之无益。况且，那不义之财不仅仅守不住，还可能招来各种灾祸。

【原文】诚者非自成己而已也，所以成物也。成己仁也；成物知也。性之德也，合外内之道也，故时措之宜也。（《中庸》）

【释义】真诚，并不只是完善自己就可以了，还要成就万物。完善自己是仁，成全万物是智。仁和智是发自本性的德行，是融合了内在和外在的道，因此，适合在任何时候实行。

【解读】这段话告诉人们，人生价值的实现在于完善自我人格的同时以自身的智慧成全万事万物。只关心自我的成长还不是真正意义的诚，在完善自我的同时，以大爱之所为促进万物之间的和谐美好关系，以奉献精神和自身的智慧成就万事万物。贤文化提倡的慧物，正是对中华优秀传统文化这种仁爱精神和博大情怀的继承，号召人们以无私之心，利万物而不争，谦下而容众；以无私则容、容则公、公则无争、无争则无所不利的道理警示现代企业。

【原文】今夫天，斯昭昭之多，及其无穷也，日月星辰系焉，万物覆焉。今夫地，一撮土之多。及其广厚，载华岳而不重，振河海而不泄，万物载焉。（《中庸》）

【释义】现在来说天，就我们看到不过是并不很大的一片光明，而它的整体无穷无尽，悬挂着日月星辰，覆盖着万物。现在来说地，我们眼前的不过是一撮土，而它的整体广大深厚，负载着华山不觉得重，收拢着江河湖海没有泄，承载着万物。

【解读】这段话描述的是天地的博大无私和承载精神，同时也在告诉人们不要被眼界局限住思想，要善于开阔视野，学习天地的博大精神，尽可能扩展大爱之胸怀和无私之精神，尽可能提升成就万事、利益万物的本领。贤文化以优秀传统文化为源头活水，结合现代生活而提出水无私心，利万物而不争，谦下而容众，攻坚而无不胜，此为上善。贤者之德若水，和而不同，随方就圆，近者亲而远者悦；贤者慧物，见利思义，重义而兼利，责任为先，富国利民。

【原文】鬼神之为德，其盛矣乎？视之而弗见，听之而弗闻，体物而不可遗，使天下之人齐明盛服，以承祭祀。洋洋乎如在其上，如在其左右。（《中庸》）

【释义】鬼神的功用真是宏大啊！看，看不到它；听，听不到它。它化育万物，没有一种事物可以缺少它。它以无声的语言，使天下人心悦诚服地斋戒沐浴，净身洁心，服装端正，恭恭敬敬地举行祭祀典礼。它浩浩荡荡，无所不在，好像在天之上，又好像在人身旁。

【解读】阴阳思想是中国哲学核心思想之一，《中庸》借鬼神之名称和变化，表达阴阳运动变化之功用，意在描述万物的生长变化皆是阴阳运化流行的结果。阴阳二气自然而然地生化万物，毫无私心杂念，利万物而不争，其生养万物的伟大能够被体会和感知，却不留下任何名声和形象，是一种博大和无私精神的体现。贤文化提倡的慧物理念，正是提倡人们学习天地阴阳的博大胸襟和无私精神。

【原文】博厚所以载物也；高明所以覆物也；悠久所以成物也。（《中庸》）

【释义】广博宽厚，所以能够承载万物；崇高光明，所以能够覆盖养育万物；悠远长久，所以能够成就万物。

【解读】这段话意在鼓励人们提升素养、完善人格、厚德以载物、自强以慧物，以广博的知识、宽厚的德行、仁爱的情怀，成就万事万物；以崇高的品行成全万事万物，以光明的智慧指引事物的前行之路，以长远的计划指引事物走向光明长久。《中庸》提倡的这种精神和情怀，在贤文化中以水为喻，号召人们无私心、利万物、不争、谦下、容众，成就上善人格；号召企业顾大局、以人为本、服务国家、反哺社会、见利思义、责任为先、富国利民。

【原文】虽公天下事，若用私意为之，便是私。（《近思录·警戒》）

【释义】天下的公事，若用私心去处理，便是私。

【解读】慧物的前提是要去私。天下的公事，当以公心，为众人谋，为天下谋，这样自然也能为自己谋。若有了一点私心，把自己放在第一位，就很难做到秉公办事了，这样事情就办不好。

【原文】董仲舒谓："正其谊，不谋其利；明其道，不计其功。"此董子所以度越诸子也。(《近思录·圣贤》)

【释义】董仲舒说："搞清楚义与不义，而不去图谋私利。弄明白圣人之道，而不去计较有无功效。"这就是董子超过诸子的原因所在。

【解读】以是否慧物作为判断做与不做的原则，在处理义与利的问题上，如果是正道，便无所顾虑，勇往直前。符合道义，就大胆地去行，完全可以不计其利，不计其功。

【原文】门人有居太学而欲归应乡举者，问其故，曰："蔡人鲜习《戴记》，决科之利也。"先生曰："汝之是心，已不可入于尧舜之道矣！夫子贡之高识，曷尝规规于货利哉？特于丰约之间，不能无留情耳。且贫富有命，彼乃留情于其间，多见其不信道也。故圣人谓之'不受命'。有志于道者，要当去此心而后可语也。"(《近思录·出处》)

【释义】门人中有在太学学习而想回乡去参加科举考试的，程颐问那人为什么要回去，这位门人回答说："我家乡很少有人学习《礼记》，这样对我应举有利。"程颐说："你有这样的想法，就不可学到尧舜之道了。以子贡的高远见识而言，何曾两眼盯着利润呢？只不过为了生存，不能不留心贫富而已。况且人的贫富自有天命，他却留心贫富，可见他不信道。所以圣人批评他不接受天命。有志于学道的人，一定要摒弃这种思想，然后才可以与他谈论圣人之道。"

【解读】从这段对话中可以感知先贤的观点：两眼只需盯着道义，不必计较于利润得失。如今的为学之人，总是顾虑太多，总以利害关系作为行动的准则和评判的标准，实则陷入了误区。当行与不当行，不是以利害为评判准则，而是以道义为评判准则。

【原文】赵景平问："'子罕言利'，所谓利者何利？"曰："不独财利之利，凡有利心，便不可。如做一事，须寻自家稳便处，皆利心也。圣人以义为利，义安处便为利。如释氏之学，皆本于利，故便不是。"(《近思录·出处》)

【释义】赵景平问："孔子很少谈到利，所谓利是什么呢？"程颢说："他说的不仅是财利的利，凡是有利己之心，就不可。如做一件事，就只考虑对自己方便，就是利己之心。圣人以义为利，从义的角度看稳妥就是利。至于佛教的学说，都是从利出发立论的，所以不对。"

【解读】为义还是为利，是区别行为性质的标准。为私利，存私心，便离义理相去甚远了。很多人遇事算计，只因为了利害。如果没有利害关系，哪里会计较呢？关心利害，是人之常情，人人都知道趋利避害。圣人处事时则不谈利害，唯有根据义所当为或不当为，天命也就包含其中了。

【原文】天下皆知美之为美，斯恶矣；皆知善之为善，斯不善已。故有无相生，难易相成，长短相较，高下相倾，音声相和，前后相随。是以圣人处无为之事，行不言之教，万物作焉而不辞，生而不有，为而不恃，功成而弗居。夫唯弗居，是以不去。（《道德经》）

【释义】天下人都知道美之所以为美，是由于有丑的存在。都知道善之所以为善，是因为有恶的存在。所以有与无互相转化，难与易互相形成，长与短互相显现，高与下互相充实，音与声相谐和，前与后互相接随。因此，圣人以无为行事，以不言施教。万物兴起而不加以主宰，生育万物而不占为己有，培育万物而不恃己能，事业有成而不居功自傲。正因为不居功，所以就不会失去。

【解读】相互对立的事物之间，也可以相互转化。

【原文】上善若水。水善利万物而不争，处众人之所恶，故几于道。居善地，心善渊，与善仁，言善信，正善治，事善能，动善时。夫唯不争，故无尤。（《道德经》）

【释义】最大的善就像水一样。水善于滋润万物而不与万物相争，处于众人厌恶之地，所以，水最接近于"道"。居处善于择地，心态善于沉静，待人善于仁爱，言语善于诚信，为政善于治理，做事善于发挥所长，行动善于把握时机。正因为不与万物相争，所以没有过失。

【解读】水的柔弱、流低、顺势、包容、变化、不争，以及涵育万物、目标如一，都是值得人们学习的德行。

【原文】绝学无忧。唯之与阿，相去几何？善之与恶，相去若何？人之所畏，不可不畏。荒兮其未央哉！众人熙熙，如享太牢，如春登台。我独泊兮其未兆，如婴儿之未孩。傀傀兮若无所归。众人皆有馀，而我独若遗。我愚人之心也哉！沌沌兮。俗人昭昭，我独昏昏；俗人察察，我独闷闷。淡兮其若海，飚兮若无止。众人皆有以，而我独顽似鄙。我独异于人，而贵食母。（《道德经》）

【释义】应诺和呵斥，相距多远？美好和丑恶，相差多少？人们都畏惧的，就不能不畏惧。古往今来，一向如此。众人熙熙攘攘、兴高采烈，好像去参加盛大宴会，好像春天登台望远。唯有我淡泊宁静，无动于衷，混混沌沌，好像婴儿还不会发笑；疲倦闲散，好像无家可归。众人都觉得丰衣足食，唯独我好像远远不够。我真是愚人之心。众人都明明白白，唯独我糊里糊涂；众人都洞察精明，唯独我懵懂无知。恍惚安然，就像沉静的大海；自由奔放，就像漂泊的疾风。世人都有所作为，唯独我愚昧笨拙。只有我与众不同，重视那养育万物的"道"。

【解读】屈原吟唱"举世皆浊我独清，众人皆醉我独醒"。老子则恰恰相反，众人熙熙、俗人昭昭、俗人察察，我独昏昏、我独闷闷、我独顽似鄙。但这样我才是尊道者、得道者，"独异于人，而贵食母"。

【原文】大道泛兮，其可左右。万物恃之而生而不辞，功成而不名有，衣养万物而不为主。常无欲，可名于小。万物归焉而不为主，可名为大。以其终不自为大，故能成其大。（《道德经》）

【释义】大道广泛，左右逢源。万物依赖它生长而不推辞，完成功业而不占有。它养育万物而不去主宰，可以说它是微小的；万物归附于它而不去主宰，可以说它是伟大的。正因为他不自以为伟大，所以才能成就它的伟大。

【解读】付出了、涵养了、成就了，却又不占有，正道如是。

【原义】信言不美，美言不信；善者不辩，辩者不善；知者不博，博者不知。圣人不积，既以为人，己愈有。既以与人，己愈多。天之道，利而不害。圣人之道，为而不争。（《道德经》）

【释义】诚信的言语不漂亮，漂亮的言语不诚信。善良的人不巧辩，巧辩的人不善良。智慧的人不广博，广博的人不智慧。圣人不存私心，尽力帮助别人，他自己反而更富有；尽力给予别人，自己反而更丰富。自然的法则，是利于万物而不伤害它们。圣人的准则，是帮助别人而不与他们争夺。

【解读】不争，不仅是不同别人争，还要不同自己争。

【原文】惠子谓庄子曰："吾有大树，人谓之樗。其大本臃肿而不中绳墨，其小枝卷曲而不中规矩。立之涂，匠者不顾。今子之言，大而无用，众所同去也。"庄子曰："子独不见狸狌乎？卑身而伏，以候敖者；东西跳梁，不避高下；中于机辟，死于罔罟。今夫斄牛，其大若垂天之云。此能为大矣，而不能执鼠。今子有大树，患其无用，何不树之于无何有之乡，广莫之野，彷徨乎无为其侧，逍遥乎寝卧其下。不夭斤斧，物无害者，无所可用，安所困苦哉！"（《庄子内篇·逍遥游》）

【释义】惠子对庄子说："我有一棵大树，人称其为臭椿；它树干上有很多赘瘤，不合绳墨，它枝条弯弯曲曲，不合规矩。它生长在大路边，木匠不看它一眼。现在你所谓的大而无用，没人会信。"庄子说："你没见过野猫和黄鼠狼吗？屈身蛰伏，等待捕捉小动物；它东跳西跃，不避高下；一旦踏中捕兽的机关陷阱，就死在网中。你再看那牦牛，大如天边之云，却不会捕捉老鼠。如今你有一棵大树，却担忧它一无所用，何不将它种在虚无之乡，广阔之野，徘徊其旁，逍遥自在地躺在其下。大树不会遭到斧头砍伐，没什么能伤害到它"。

【解读】世间万事万物，虽有小大之别、寿夭之分，却皆有所待、无一例外。认清事物的本质，才能更好地发挥它的作用。

【原文】天下非一人之天下也，天下之天下也。阴阳之和，不长一类；甘露时雨，不私一物；万民之主，不阿一人。伯禽将行，请所以治鲁，周公曰："利而勿利也。"刑人有遗弓者，而不肯索，曰："荆人遗之，荆人得之，又何索焉，"孔子闻之曰："去其'荆'而可矣。"老聃闻之曰："去其'人'而可矣。"故老聃则至公矣。天地大矣，生而弗子，成而弗有，万物皆被其泽、得其利，而莫知其所由始，此三皇、五帝之德也。（《吕氏春秋·孟春纪第一》）

【释义】天下不是一个人的天，而是天下人的天下。阴阳调和，不只是一类事物生长而已。甘露时雨，也不只滋润一物而已，万民的君主，不仅仅偏爱一人而已。伯禽将要去鲁国时，向周公请教治理鲁国的方法，周公对他说："要施利于人，而不要谋取私利。"有位楚国人丢了弓，却不肯去寻找，他说："楚人丢的，还要被楚人拾到，何必去寻呢？"孔子听了，说："（他的话）去掉'荆'字就合适了。"老子听了，就说："再去掉'人'字就更好了。"所以老子是至公无私的。天地之大，生育了人却不把他作为自己的儿子，成就万物而不占为己有。万物都接受恩泽和好处，却不知道这恩泽好处是怎么来的，这正是三皇五帝的功德。

【解读】天地对万物的恩德至高至大，万物接受天地阴阳的调和、雨露的滋润，得以生长，然而天地总是默默无言，不违时地尽着自己的责任，从不向万物索取什么，也不向万物声张什么，施与恩惠却不索取，施利与人却不谋取私利，这就是慧物，天地在这一点上是人类至高至上的表率。

【原文】天无私覆也，地无私载也，日月无私烛也，四时无私行也。行其德而万物得遂长焉。黄帝言曰："声禁重，色禁重，衣禁重，香禁重，味禁重，室禁重。"尧有子十人，不与其子而授舜；舜有子九人，不与其子而授禹：至公也。(《吕氏春秋·孟春纪第一》)

【释义】上天没有偏私地覆盖万物，大地没有偏私地承载万物。日月无偏私地照耀万物，四时无偏私地运行不息。它们施行恩德所以万物得以生长。黄帝说："音乐禁止过分淫靡，色彩禁止过分绚丽，衣服禁止过分华美，香气禁止过分浓烈，食物禁止过分丰盛，房屋禁止过分华丽。"尧有十个儿子，却把天子的位子禅让给了舜，舜有九个儿子，却禅让给了禹，他们是最公正无私的了。

【解读】要做到慧物，就要祛除私心，遵循公义。人一旦有了私心，就会追求过分的音乐、色彩、衣服、食物和房屋。上天是没有一点私心的，企业的经营者乃至国家的治理者都应该学习这种无私。就国家而言应该把老百姓的利益放在第一位；就企业而言，应该把企业员工的权益放在第一位。

【原文】人自生至终，大化有四：婴孩也，少壮也，老耄也，死亡也。其在婴孩，气专志一，和之至也；物不伤焉，德莫加焉。其在少壮，则血气飘溢，欲虑充起，物所攻焉，德故衰焉。其在老耄，则欲虑柔焉，体将休焉，物莫先焉；虽未及婴孩之全，方于少壮，间矣。其在死亡也，则之于息焉，反其极矣。(《列子·天瑞》)

【释义】从出生到死亡，人的变化分为四个阶段：婴孩、少壮、耄耋、死亡。婴孩时，意气专一和谐，外物不能伤害。少壮时，血气横溢渐壮，外物开始入侵。耄耋时，欲望思虑减弱，外物不屑与争。及至死亡，生命完全停息，复归到出生前的状态。

【解读】天地自然不过是气之回转，生老病死皆是自然法则。明白了这一点，就可以试着放开一己之狭隘、固执、偏私、不甘，让生命的能量和谐流转。

【原文】地者，人之真母。人生于天地之间，其本与生时异事，不知其所职者何等也。故孝子事之宜以本，乃后得其实也。生时所不乐，皆不可见于死者，故不得过生，必为怪变甚深。（《太平经·卷三十六》）

【释义】地是世人的真母。人活在天地之间，对死者的侍奉本来就应该和生前不一样，不清楚对死者应尽的职责究竟该是些什么，所以，孝子侍奉已故的双亲，应当凭借根本去做，然后才获得到侍奉的实情。在生前从未感到过欢乐的东西，不适合出现在死者面前，不能超过他们生前的时候。

【解读】这段话表明了祭祀先人应有的态度和方法，体现《太平经》不主张在祭祀上浪费财物的思想。《太平经》主张以善心对待养育万物的大地，侍奉生养之父母，以深厚的感情对待祭祀，不以自己的想法、不去毫无根据地代替逝者的意愿，不把过多财物浪费在并非先人所需的祭祀上。

【原文】欲得知凡道文书经意，正取一字如一竟。比若甲子者何等也？投于前，使一人主言其本，众贤共违而说之，且有专长于天文意者，说而上行，究竟于天道；或有长于地理者，说而下行，洽究于地道……或有究于内，或有究于外，本末根基华叶皆已见，悉以类象名之。书凡事之至意，天地阴阳之文，略可见矣。（《太平经·卷五十》）

【释义】打算探求道经文书的义旨，该择取一个术语就彻底弄清这个术语的全部意义。比如"甲子"，究竟是什么含义呢？把这两个字摆在面上，让一个人讲说它的本义，众贤士各抒己见，从不同侧面提出各自的看法。在天文方面擅长的人，解说"甲子"时往天文方面引申，以穷尽天道。在地理方面擅长的人，往地理方面引申，以穷尽地道。……有的从内部穷尽"甲子"的含义，有的从外部穷尽其含义。这样一来，本末根基花枝叶都已显现出来，全部再用物类事象做出归纳概括，写明所涉及的各种事情的底蕴所在，天地阴阳之文也就大略可以看出来龙去脉了。

【解读】这段话以如何全面理解"甲子"一词的含义为例，列举了从天文、地理、堪舆、哲学、历史、内涵、外延等诸多方面解释该词语，然后汇总归纳出尽可能全面反映该词语意思的内容，以准确解释该词语，使人能够正确理解该词语的含义，弄清楚该词语所表达意思的来龙去脉。《太平经》关于理解词语的这种主张，体现出正确认识事物的科学方法和严谨包容的态度，是放下自我偏见、突破认识局限的合理方法，体现出尊重事物本身和正确对待事物的态度。贤文化亦提倡这种严谨和包容的心态，有利于正确认识和科学处理遇到的各类事物，提出利万物而不争，谦下而容众，和而不同，随方就圆，责任为先，富国利民。

【原文】至静之道，律历所不能契。爰有奇器，是生万象，八卦甲子，神机鬼藏。阴阳相胜之术，昭昭乎进乎象矣。(《阴符经》)

【释义】至静之道是乐律和历法所不能契合的。于是就有了奇妙的《易》，它产生了各种象征，是以八种卦象为本，并贯以六十甲子，来演化种种玄机。这样一来，阴阳循环相生也就能很清楚地蕴涵于各种象征之中了。

【解读】《阴符经》指出，天地万物之间隐藏着微妙的规律，《易》以八卦贯穿阴阳五行、天干地支象征各种事物之间微妙的关系，以便于人们由此认清万物之间的联系，从而恰到好处地对待各种事物，惠及万物，富国利民。

【原文】心生于物，死于物，机在于目。(《阴符经》)

【释义】心因万物而躁生，因万物而寂灭，关键在于眼。

【解读】人生在世，需要处理人与万物之间的关系。以正确的方式方法处世做事，有利于人与自然及社会的和谐；如果缺少科学的态度和方法，则会造成人与万物之间的相互伤害。能否处理好人与万物之间的各种关系，关键在于认识问题的视角和观念。以无私之心，见利而思义，利万物而不争，谦下而容众，则为上善。

【原文】愚人以天地文理圣，我以时物文理哲。(《阴符经》)

【释义】愚昧之人常以懂得天地准则为聪明，我却以遵循时令、洞悉外物为智慧。

【解读】日月星辰、自然万物有其自身的规律，不以人的意志为转移；人们应该做到的是在日常生活中做好自己该做的事，顺应自然及人事的规律，如水之随方就圆，义利兼顾，责任为先，推动事物向着合理合法、造福万民的方向发展。这就是做事应有的准则，也是待人接物的哲理。

【原文】日月之明无私，故莫不得光。圣人法之，以烛万民，故能审察，则无遗善，无隐奸。无遗善，无隐奸，则刑赏信必。刑赏信必，则善劝而奸

止。(《管子·版法解》)

【释义】日月光明而无私，故而没有得不到光照的地方。圣人以此效法，洞悉万民，所以能够明察，如此则良善无有遗漏，奸邪无法隐藏。良善无有遗漏，奸恶无法隐藏，则赏罚分明。赏罚分明，则劝勉良善而遏止奸邪。

【解读】《管子》自然主义的认识方式，主张敬天尊道，以所理解的天道来规训人的生产生活乃至思维行为方式。从"天公平而无私，故美恶莫不覆；地公平而无私，故小大莫不载"(《管子·形势解》)，以及日月无私光照的自然现象出发，认为人类世界也应参验天地、效法日月，以无私为准则：第一，就天下而言，所以有动乱出现，是因为"私"，"私者，乱天下者也"(《管子·心术下》)，因此要"参于日月，无私葆光。无私而兼照之则美恶不隐"(《管子·版法解》)；第二，处理国家政事，都要废私立公。无私是参与政事的前提，"无私者可置以为政"(《管子·牧民》)；君主尤其要注意，"任公而不任私"(《管子·任法》)，"举人无私，臣德咸道"(《管子·正》)，"爱人不私赏也，恶人不私罚也"(《管子·任法》)，"不私近亲，不孽疏远，则无遗利，无隐治"(《管子·版法解》)；第三，对于贤人乃至大众而言，也需要无私，"言而语道德忠信孝弟者，此言无弃者。无弃之言，公平而无私，故贤不肖莫不用。故无弃之言者，参伍于天地之无私也。"否则，就会亲族之间也无法和睦，"废天道，行私为，则子母相怨"(《管子·形势解》)。贤文化继承传统文化思想，提出"水无私心，利万物而不争，谦下而容众，攻坚而无不胜，此为上善"。

【原文】以法制行之，如天地之无私也，是以官无私论，士无私议，民无私说，皆虚其胸以听于上。上以公正论，以法制断，故任天下而不重也。(《管子·任法》)

【释义】以法度处理事情，犹如天地一样无私，所以官员没有私论，士人没有私议，民众没有私说，都虚心听命于国君。君上以公正处理政事，以法度裁断是非，故而肩负天下大任也不感到沉重。

【解读】《管子》强调人要像天地一样"无私"，有私则必须摒弃，去"私"是为了存"公"，而"公"在《管子》中有国家利益、公正、公道等多个方面，且各有论说，但总的来说，去私存公必然要表现在具体的治理方式和行为原则上，那就是可以作为衡量国家、社会与个人的统一尺度——法。即以公去私，奉公守法以修身办事就是去私的最好途径，《管子》大量阐述这一理念，如其曰"公法行而私曲止"（《管子·五辅》），"公道不违，则是私道不违者也"（《管子·君臣上》），"私说日益，而公法日损，国之不治，从此产矣"（《管子·任法》）。虽然把礼义廉耻作为国之四维，但《管子》一书中还提出并阐述过"道""德""法""公"等多个重要概念，并且在实际治国理政中也占有重要地位，因为讨论和提倡这些都是为了构建良好的统治，在这一点上它的自然哲学、道德学说、社会治理思想等都是一致的，"天之裁大，故能兼覆万物。地之裁大，故能兼载万物。人主之裁大，故容物多而众人得比焉"（《管子·形势解》）。不过，《管子》采纳固多，论说也详，失之无统序，但已然可以为法家提供丰富的理论资源。

【原文】尧舜之位天下也，非私天下之利也，为天下位天下也，论贤举能而传焉，非疏父子亲越人也，明于治乱之道也。故三王以义亲，五霸以法正诸侯，皆非私天下之利也，为天下治天下。是故擅其名而有其功，天下乐其政，而莫之能伤也。今乱世之君臣，区区然皆擅一国之利，而管一官之重，以便其私，此国之所以危也。故公私之交，存亡之本也。（《商君书·修权》）

【释义】尧舜的君临天下，不是为了私占天下的利益，而是为了天下人治理天下，选贤用能并把天下传给他，这不是疏远父子关系而亲近外人，乃是晓明国家治乱的道理。故而三王（夏禹、商汤、周武王）以道义亲取天下，五霸（齐桓公、晋文公、楚庄王、吴王阖闾、越王勾践）以法度匡正诸侯，都不是为了私占天下的利益，而是为天下人而治理天下。所以，他们既得美名又建立功业，天下人欢迎他们的统治，没有人能损害他们的统治。当今乱世的君臣，得意于独专一国的利益和独擅一官的职权，以谋求私利，这就是国家之所以危险的原因。故而，公私的界限，是存亡的根本。

【解读】圣人、天下是商鞅法家理论中较为特殊的被寄予极高政治理想的价值依归，这里可能是他现实政治功利的一种掩盖，但与其强调公共利益、公私有别也是一致的。在国家利益、公共利益面前，商鞅没有把国君作为特殊对待，时常提醒国君公私分明。"为天下"，由尧舜禹汤等圣王垂范后世，目的是实现和维护最广大、最普遍的公共利益，是验证政治的最高标准，存公弃私是确定不移的政治治理原则。慎到、商鞅都有着"为天下"的政治理想，表明法家开阔的政治胸襟，这可能对法家治理理论独树一帜、政治实践的开物成务也是极为重要的。

【原文】法虽不善，犹愈于无法，所以一人心也。夫投钩以分财，投策以分马，非钩策为均也，使得美者不知所以德，使得恶者不知所以怨，此所以塞愿望也。故蓍龟，所以立公识也；权衡，所以立公正也；书契，所以立公信也；度量，所以立公审也；法制礼籍，所以立公义也。凡立公，所以弃私也。(《慎子·威德》)

【释义】法纪虽不完善，还是比没有法纪好，原因是其能够统一人心。用投钩的方法来分配财物，用投鞭的方法来分配马匹，不是说用钩子和鞭子能达到公平，而要让得多者不对谁感恩，让得少者不对谁抱怨，以此来杜绝人的愿望欲求。故而蓍占龟卜用以树立公共认同，秤锤秤杆用以树立公共标准，文书契约用以树立公共信誉，尺度测量用以建立公共的审核办法，法制礼文用以形成公共的道义原则。凡是建立公共法则，都是用来弃绝私心。

【解读】立公弃私是慎到社会治理的核心观点，并将之推至无以复加的程度，"天下为公"的信念不亚于儒家。在实行方法上，他列举了投钩、投策、蓍龟、权衡、书契、度量、法制、礼籍等获取公正性的手段，这些方法都是尽可能排除人的主观干涉、私欲泛滥，让社会资源、社会事务得到比较合理的分配。值得一提的是，慎到的社会治理观念甚至还有一些超前，他说："古者立天子而贵之者，非以利一人也。曰：天下无一贵，则理无由通，通理以为天下也。故立天子以为天下，非立天下以为天子也。立国君以为国，非立国以为君也；立官长以为官，非立官以为官长也。"(《慎子·威德》)这些体现出利民利天下理念。

【原文】公私不可不明，法禁不可不审，先王知之矣。(《韩非子·饰邪》)

【释义】公私界限不可以不分明，法度禁令不可以不审明，先王对这些都很清楚。

【解读】法家非常强调公、私之分，因为关乎"法"的权威、实施，关乎整个统治集团和治理体系的成败。韩非尤其强调，君主应该以身作则，"明主之道，必明于公私之分，明法制，去私恩"。在韩非的思想体系中，君主在治理组织中的地位十分关键，法是整个国家治理体系的关键，赏罚是君主运用法律实现治理最重要的方法，所以韩非乃至整个法家都十分强调"令必行，禁必止"，把所知落实于行为之中。

【原文】圣人为政一国，一国可倍也；大之为政天下，天下可倍也。其倍

之，非外取地也，因其国家去其无用之费，足以倍之。(《墨子·节用上》)

【释义】圣人在一个国家主政，一个国家的财富可以翻倍增长，扩大到主政整个天下，那天下的财富也可翻倍增加。这种增加不是依靠向外夺取土地，而是因为国家省去了没有用处的开支，就足以使财富增加几倍了。

【解读】节用是墨子的重要主张之一，他沿袭一贯的"兼爱""非攻"思想，提倡适度利用财物，反对劳民伤财的战争和奢靡浪费的生活方式，这样社会财富就可以增加，人民也可以安居乐业。墨子的节用主张既包含了慧物思想，亦体现了民本思维。

【原文】故子墨子曰："去无用之费，圣王之道，天下之大利也。"(《墨子·节用上》)

【释义】所以墨子说："除去没必要的费用开支，就是圣王行政的原则，也是天下最大的利益啊。"

【解读】墨子将节用思想看作是圣王之道的一个方面，其内在逻辑依然是秉持了上利于天、中利鬼神、下利百姓的"三利"原则。

【原文】诸加费，不加于民利者，圣王弗为。(《墨子·节用中》)

【释义】那些多余增加的费用，对民生无利的事情，圣贤之王是不做的。

【解读】墨子分析认为，古代圣贤之王制定了衣食住行的节用标准：手艺百工以能够供给人民使用为止；饮食以补充气血、强壮筋骨、耳聪目明为基准；衣服保证冬暖夏凉就够了；车船以能负重并快速到达就好；丧葬以三套衣服、棺木厚三寸、向下不要污染泉水、向上不能散发气味为准；房屋可以遮风挡雨，区别出男女居住的房间即可。墨子朴素的节用思想对节约社会资源、增加社会财物、安民治国具有一定的积极意义。但不难看出，墨子把对物质生活的需求定位在最低水平，相对地限制了消费需求，因此实行起来也较为困难。

【原文】细计厚葬，为多埋赋之财者也；计久丧，为久禁从事者也。(《墨子·节葬下》)

【释义】仔细计算一下厚葬之事，就是把大量钱财埋于地下，计算一下长久服丧这件事，实际是在长久地禁足从事各行各业的人。

【解读】墨子的慧物思想还体现在节葬主张中。他认为厚葬久丧有诸多不利，如：厚葬浪费社会财富、久丧耽误生产生活，损耗人的身体，影响人口增加，这些都不利于社会稳定和人民的安居乐业。以墨子"兴天下之利、除天下之害"的标准来看，厚葬久丧实在是没有什么好处，因此墨子坚决反对，并制定出了相应的简葬之法，以利于天下。

【原文】孙子曰：凡用兵之法，驰车千驷，革车千乘，带甲十万，千里馈粮，则内外之费，宾客之用，胶漆之材，车甲之奉，日费千金，然后十万之师举矣。（《孙子兵法·作战篇》）

【释义】孙子说，根据一般规律，凡是用兵打仗，都需出动轻便战车千辆，辎重运输车千辆，武装十万大军，辗转千里运送粮食，前后方的日用支出，人员往来费用，制造、修缮军事武器的开支，每日须耗费千金之巨，计划筹备好这些才可发动十万大军！

【解读】兵马未动，粮草先行。后勤保障是军事战争获胜的前提和基础。孙子详尽列举了十万大军出发需要准备的军事物资和可能耗费的国力、财力，以此告诫统治者，发动战争之前需细致衡量国力能否承担如此之大的开支和损耗。在此，孙子表达了对因战争而造成物资大量消耗的担忧，再次体现出"慎战"立场和"安民""慧物"的主张。

【原文】善用兵者，役不再籍，粮不三载。（《孙子兵法·作战篇》）

【释义】善于用兵的人，不会重复征兵，不会再三转运粮饷。

【解读】重复征兵会影响百姓安居乐业，反复转运粮饷会造成人力、物力、国力的损耗。因此，会用兵的人应重视百姓的生命、节省国家开支，即安民慧物。

【原文】世界虚空，能含万物色像。日月星宿、山河大地……一切大海、须弥诸山，总在空中。世人性空，亦复如是……心量广大，遍周法界。用即了了分明，应用便知一切。（《坛经·般若品第二》）

【释义】虚空虽然无形，但能包含万事万物及其各种现象。太阳、月亮和星辰，大地山川与河流，乃至所有大海、须弥山及其周边，都全被包纳于虚空之中。与之类似，世人的自性真空也是如此……自性广博浩大，可以遍布天地宇宙。其功用便是能令一切清楚明白，运用它便可体认一切。

【解读】此句蕴含了佛教哲学的心物一元观，在佛学看来，人的自性如同虚空容纳万物一样，也可囊括天地宇宙，并令万物清楚明白。佛学认为世人只要积极开发自性智慧，就能通晓万物规律，运用合理的方式开发万物以促成圆满。

【原文】自心既无所攀缘善恶，不可沉空守寂，即须广学多闻，识自本心，达诸佛理，和光接物，无我无人，直至菩提，真性不易。(《坛经·忏悔品第六》)

【释义】自心不仅要防止刻意攀援善恶，而且也不能执着于空见，并固守枯寂的空相。所以应当做的便是，积极广泛地学习，多听别人的建议，辨识自己的本心，努力通达所有的佛教真理；逐步实现待人接物时和光同尘，消融二元对立之我执等无上觉悟、真性不变的境界。

【解读】此句解析出佛学的慧物观，它使人明白，佛学认为若要实现慧物这一境界，至少可以从三个层面做出努力。首先，不能有攀缘善恶的心思；其次，不能执着于空见、空相；再次，要通过广学多闻明心见性。唯有在这些基础上，世人才能逐渐在待人接物和光同尘中做到利万物而不争、慧物圆满。

第七章　贵和

礼者，企业之法度也；乐者，企业之伦理也。以礼治企，可辨秩序；以乐和人，其乐融融。礼之用，和为贵。治企之道，选贤任能，贤者在位，赏罚有制，见贤思齐。员工博学于文，约己以礼，文之以乐，礼乐兼备，则人莫不敬也。

【原文】鸣鹤在阴，其子和之。我有好爵，吾与尔靡之。（《周易·中孚》）

【释义】鹤在山阴鸣唱，其子与其应和。我有好酒，愿与你举杯共饮。

【解读】这里的意象非常高雅优美。取鹤鸣子和之象，又从此意象中推及人事，用饮酒来比喻这种和谐的状态。此处需要说明的就是"和"与"乐"的关系。"和"指一种内在的平衡；"乐"指一种内在的愉悦。因为"和"，所以"乐"，因为"乐"，又能更好地实现"和"，两者相得益彰。

【原文】元者，善之长也；亨者，嘉之会也；利者，义之和也；贞者，事之干也。君子体仁足以长人，嘉会足以合礼，利物足以和义，贞固足以干事。（《周易·乾·文言》）

【释义】元始，是善性的开始；亨通，是美好的事物相互会合；利物，是事物的义理能够和合；正固，是处理事情的基本原则。君子以仁心作为本体，便可以成为他人的榜样；美好的事物得以相会便符合"礼"的标准；有利于其他事物就符合"义"的要求；正固就可以办好事情。

【解读】这里是解释"元、亨、利、贞"四个概念。四个概念一贯的特性就是"和"。没有和，则善不得长，嘉不得会，义不得和，事不得干。所以要格外注意这个"和"的重要性。《说文解字》言：和，相应也。这说明"和"

的原意是指要有相互感应与交流。因此所谓贵和，也需要建立在相互感应的基础上。这里需要注意的是感应包括自我与外界的感应，也包括自我与自我的感应。我们常常忽略了自我与自我的感应，所以这一点恰恰是我们在工作、生活中应该注意的。

【原文】君子安其身而后动，易其心而后语，定其交而后求，君子修此三者故全也。（《周易·系辞》）

【释义】君子先安定自己的身体然后才可以有所行动，去除自己的私欲而后才可以言语，确定自己的标准然后才可以有所求。君子能修炼这三种德行，便可以称之为全人了。

【解读】经文说到君子贵和，当从三个方面来进行规范：第一，安其身；第二，易其心；第三，定其交。第一方面是从身体的角度来说，即一个人要有自己的目标；第二个方面是从内心角度来说的，这是说需要洁净内心，反省自我；第三个方面则是从实践的角度来论述，就是要审视清楚自己的合作伙伴。三者都做好了，才可以更好地实现生命的和谐。我们在工作生活中也要注意从这三方面进行审视，调整自我状态，适应外部环境，从而为自己创造和谐的工作环境和心灵环境。

【原文】克明俊德，以亲九族。九族既睦，平章百姓。百姓昭明，协和万邦。黎民于变时雍。（《尚书·尧典》）

【释义】（帝尧）能够明达德行，使得各个氏族和睦相处。各个氏族和睦相处，又辨明彰显朝中百官，协调处理他们的职守。百官和谐了，各个部落便团结稳定了。于是老百姓都移风易俗，和睦相处。

【解读】经文说到由帝尧自身的明达德行而产生的连锁效应。这也是我们文化中对圣王极为推崇的一个重要原因。但是这也造成了一个不太好的结果，就是把希望都寄托在一个人的身上。这其实是当前多元化的社会中需要避免的一种心理。当然这并不是说一个集体中好的领导不重要，而是更强调应该在相互制约与平衡中挖掘每个人的主动性，从而更好地促进集体和个人的健康发展。这段话逻辑结构和《大学》中的"修身""齐家""治国""平天下"是相通的，其基本点就是落在"修身"上。

【原文】慎微五典，五典克从。纳于百揆，百揆时叙。宾于四门，四门穆

穆。(《尚书·尧典》)

【释义】尧帝让舜谨慎地推行"父义、母慈、兄友、弟恭、子孝"五种伦常礼教，舜实施得很顺利。又让舜置于百官之上，舜各种政务处理得井井有条。又叫舜开四方之门以接待各方诸侯来朝者，宾客都肃然起敬。

【解读】上述这些不同方面，舜都能很好地处理，家庭和，政务和，宾朋和。《说文解字》曰：和，相应也。所以这里的关键就是主体和对象之间要建立起理性的关系，要相互呼应，这样才有可能达到"和"的状态。对于人们而言，当明白在企业和其他组织中要相互沟通。沟通就是提高效率和达到和谐状态的重要前提。

【原文】诗言志，歌永言，声依永，律和声。八音克谐，无相夺伦，神人以和。(《尚书·尧典》)

【释义】诗歌是用来抒发、宣导高尚志节，歌咏是用来进一步宣畅诗中所言所寄之意，按歌咏的需要来运用宫、商、角、徵、羽五音，由律管来校定五音的音高。这样所有乐器才能和谐演奏不走调，也能使人和神都和谐快乐。

【解读】这里说到了诗歌和音乐对"中和"概念的阐述。诗抒发志向，古时候诗是唱出来的，唱的这个声调就要符合诗所抒发的志向。宫、商、角、徵、羽五音就相当于我们现在的"1、2、3、5、6"，五音和谐才能更好地表达诗所要表达的情感。在工作生活中就应该关注诗和歌，因为诗歌有助于人们更好地理解文化，也有利于人们审美能力的提高。当然音乐和诗歌也是很好的一种放松方式。人们可以选择适合自己的音乐和诗歌，从而培养自己更加多元、健康、和谐的生活方式。

【原文】桃之夭夭，灼灼其华。之子于归，宜其室家。桃之夭夭，有蕡其实。之子于归，宜其家室。桃之夭夭，其叶蓁蓁。之子于归，宜其家人。(《诗经·国风·桃夭》)

【释义】桃花开放，其花鲜艳。这女孩嫁过门后，有利于家庭相宜。桃花开放，果实累累。这女孩嫁过门后，有利于家庭美满。桃花开放，叶子茂盛。这女孩嫁过门后，有利于家庭和睦。

【解读】经文说到一个女孩嫁人之后，对这家人的影响，她使得这个大家庭和谐美好，由此反复赞美了女性的美好品行如若桃花那样鲜艳灿然。

【原文】既和且平，依我磬声。於赫汤孙！穆穆厥声。庸鼓有斁，万舞有奕。我有嘉客，亦不夷怿。（《诗经·商颂》）

【释义】演奏的音乐和美平易，磬的声音起伏有序，婉转协调。商汤子孙多显赫！乐声穆穆荡天地。鼓声洪亮涨势气，众人齐舞明志向。我有嘉宾多贤善，敬天尊贤和且乐。

【解读】经文讲到了和谐与音乐之间的重要关系。音乐是古人表达"和"观念的重要中介，同时"乐"也是社会的一个重要规范，和"礼"一起，一内一外共同规范着人们的身心状态。贵和，在我们的生活中一个重要方面就是要借鉴音乐。音乐中节奏的快慢、曲调的高低起伏、五音之间的配合协调、乐器的相互搭配等等，都值得我们去思考。我们每个人就像是乐曲中的一个音符，既是一个独立的个体，又是构成整个乐曲的有机组成部分，不能脱离整体而存在。我们生命中的"和"就是要找到自己在乐曲中的位置，同时又要明白自我作为一个独立"音符"所具有的价值，如此才能更好地做到"和"。

【原文】皎皎白驹，贲然来思。尔公尔侯，逸豫无期？慎尔优游，勉尔遁思。（《诗经·小雅》）

【释义】皎皎洁白的马儿，速速到我这儿来吧。那些尊贵的公侯啊，逸乐享受无限度。君且谨慎言与行，莫要遁避图闲暇。

【解读】经文强调了纵情享受当有所节制，不能过分。贵和就在于有所节制，德尔菲神庙门口镌刻了两句话，一句是"认识你自己"，另一句是"凡事皆勿过度"。箴言"凡事皆勿过度"，说的就是要求一种平衡、一种和的状态。要做到"凡事皆勿过度"，就需要先"认识你自己"，即所谓"吾日三省吾身"，凡事要反求诸己，反省己过。这样自己才会踏踏实实地在事情中一点一点进步，逐渐向"和"靠近。

【原文】敖不可长，欲不可从，志不可满，乐不可极。（《礼记·曲礼上》）

【释义】傲慢之气不可任其滋长，不可放纵自己的欲望，心志不可过满，逸乐之情不可越过界限。

【解读】此处经文的核心思想便是告诫人们言行当有个界限，正如古希腊太阳神庙门口镌刻的一句名言便是"凡事皆勿过度"。这个界限便是"和"的一种表达。讲究和，便是要做到恰到好处，要依具体时空做出具体判断。此段经文更多是从心理层面提出要求，因为这是更容易被人们忽视的。当人的身体出现问题时，会立刻察觉并做出反应，但是心理出现问题时，却相对不容易察觉。随着社会节奏、工作节奏越来越快，心理问题也会日渐增多。因此，从这段经文中，人们要学会时刻省察自己的内心状态，尽量保持内心的平衡，保持身心健康协调。

【原文】何谓人情？喜、怒、哀、惧、爱、恶、欲，七者弗学而能。何谓人义？父慈、子孝、兄良、弟弟、夫义、妇听、长慧、幼顺、君仁、臣忠，十者谓之人义。讲信修睦，谓之人利；争夺相杀，谓之人患。故圣人之所以治人七情，修十义，讲信修睦，尚辞让，去争夺，舍礼何以治之？（《礼记·礼运》）

【释义】什么称为人情呢？欢喜、愤怒、悲哀、恐惧、爱意、厌恶、欲望，这七种感情是不用学而自然就能够感知，这就是人之情。什么叫做人义呢？父亲慈祥、孩子孝顺、兄长温良、弟弟尊长、丈夫行义、妻子顺听、长者施惠、幼童顺从、君王仁义、臣子忠诚，这十者称为人义。讲求诚信修德和睦，称为人利；相互争夺厮杀，则称为人患。圣人保护人的利益，去除人的忧患，于是整治人的七情，修美十种人义，讲究诚信，修德和睦，崇尚辞让，避免争夺，要做到这些，如果舍弃礼制那还有其他什么办法呢？

【解读】经文强调了礼是修身治世的重要规范，人们因此而相互和谐。贵礼之和，则首先会更深刻地认识自我；其次会更清晰地认识规则。认识自我表现在对七情的体会上；认识规则表现在对各种关系的感悟上。只有厘清自己的情感，条分缕析自我与外界的各种关系，才能更加明白自己所处的位置，与人相安，这就是经文说的"人利"，否则就容易引起相互争夺的"人患"。但这里有一点需要注意，即七情虽然是人的自然情感，但是每一种情感都需要经过严格训练才能够被认识和掌控。比如说"爱"，人们并非都具有爱的能力，而只是潜在地具有爱的意识。爱的能力需要人们不断训练才可以做到，才能真正爱自己、爱别人。要训练爱的能力，便自然要运用"礼"对之进行约束和打磨，从而达到一种和美的状态。

【原文】心中斯须不和不乐，而鄙诈之心入之矣；外貌斯须不庄不敬，而慢易之心入之矣。故乐也者，动于内者也；礼也者，动于外者也。乐极和，礼极顺，内和而外顺，则民瞻其颜色而不与争也，望其容貌而众不生慢易焉。（《礼记·祭义》）

【释义】心中稍微有不平和不快乐，鄙陋伪诈之心就会趁虚而入；外貌只要稍有不庄重不恭敬，轻慢之心就会乘虚而入。乐是一种内在精神，礼则是一种外在规范。乐的极致是内心的和谐，礼的极致是外表的谦顺。内心和谐，外表谦顺，则人们单单看到他的仪表就不会与之争夺，远远看到他的容貌就不会生轻慢之心。

【解读】经文一方面强调了内心和谐的重要性，另一方面强调了外表和顺的重要性。内心的和谐要靠乐来实现，外表的和顺要靠礼来规范。二者相互统一，相得益彰。因此，礼乐文化的重要作用就是有助于人内心的中和。在平日的工作和生活中要细心审视自我身心状态，一旦有不好的情绪出现时，要及时地发现它，并将它往好的方向进行引导，否则就很容易日积月累最后导致疾病出现，身体疾病尚且好解决，心理疾病则非常棘手。因此，对自我身心状态要及时省察，不可掉以轻心。经文指出，只要稍微不和谐，鄙陋伪诈的东西就会乘虚而入，所以不可不慎。

【原文】大乐与天地同和，大礼与天地同节。和，故百物不失；节，故祀天祭地。（《礼记·乐记》）

【释义】大乐与天地共通和谐，大礼与天地同和有序。和谐，所以百物不失其常；有序，所以祭祀天地。

【解读】经文说到大乐与天地是融通和谐的。这里在"乐"前面加了一个"大"字，说明了这里的"乐"不是普通意义上的"乐"，而是指一种"天地之乐"，这个大乐是与天地和谐的，不仅仅只是做给人听的，就像冯友兰先生把人的境界分成：自然境界、功利境界、道德境界和天地境界。这大乐就是天地境界，是一种大和、大美。在日常工作和生活中，也存在这样的小乐、大乐、小和、大和。人们的生命也存在小生命和大生命。这时候就需要对自己有一个理性的定位。定位是非常重要的，定位清楚后，才能够有明确的目标，也才更容易达到一种和谐的身心状态。并且，定位一定是在事情当中琢磨出来的，所以也是不能着急的，并且要随着时势的变化而做出适当的调整。因此，对于定位、生命状态、和谐、目标等概念，要有清醒的认知，不可为了和而和，和的状态是在事情之中自然而然呈现出来的。

【原文】天地之道，寒暑不时则疾，风雨不节则饥。教者，民之寒暑也，教不时则伤世；事者，民之风雨也，事不节则无功。（《礼记·乐记》）

【释义】天地运行有其规律，寒暑如果不符合时宜便会有疾病出现，风雨如果不协调就会有饥荒出现。乐教对于百姓而言，就像天地运行过程中的寒暑变化一样，教育如果不符合时宜则会对百姓造成伤害；礼教对于百姓而言，就像风雨一般，如果风雨不调则百姓便会劳而无功。

【解读】经文强调了礼乐要和谐才能发挥出具体的作用。天地自然中的寒暑变化有其规律、风雨往来亦有其节奏，如果当寒冷的时候不寒冷、当下雨的时候不下雨，则会给百姓造成很大的麻烦。那么礼乐之于百姓的意义也是如此。所以管理者要注重礼乐规范，要贵和同心，要看到成员不同的性格特征，并将之应用于相应的地方，和而不同。

【原文】是故乐在宗庙之中，君臣上下同听之则莫不和敬；在族长乡里之中，长幼同听之则莫不和顺；在闺门之内，父子兄弟同听之则莫不和亲。故乐者，审一以定和，比物以饰节，节奏合以成文。（《礼记·乐记》）

【释义】所以乐在宗庙之中，君臣上下共同倾听而没有不和合敬畏的；在家族乡里之中，长幼老少共同倾听而没有不和谐顺意的；在家庭里面，父子兄弟共同倾听而没有不和善亲亲的。所以乐，审查不同人的情感而将之和谐统一，配合上各种不同的乐器，使得这些节奏和合成为乐章。

【解读】经文中所说乐的重要作用就是和。无论宗庙、家族乡里还是闺门之内，人们听乐而感到内心安详和谐。制礼作乐的目的也在于使不同人各处其位、各安其分、并行不悖、和睦同居。中和是儒家哲学的核心思想。仁、义、礼、智、信都要做到中和，可以说"中和"是内在的，散而表现为仁、义、礼、智、信。乐的重要作用就是将人们引导至中和状态，因此，人们在生活中要认真地去体会"乐"，去感受其中所蕴含的和谐思想，将之与自我的工作生活、身心状态相结合。

【原文】有子曰："礼之用，和为贵。先王之道，斯为美，小大由之。有所不行，知和而和，不以礼节之，亦不可行也。"（《论语·学而》）

【释义】有子说："礼的功用，以恰当合适为可贵。过去，圣明君主治理国家，最可贵的地方正在于此。他们做事，无论事大事小，都按这个原则去做，当然有些事情也不一定行得通。如遇到行不通的，仍一味地追求恰当合适，却并不用礼法去节制它，也是行不通的。"

【解读】礼是对人们社会行为的一种规定，一种规范。对于"礼"的功用，有子说得很清楚，那就是"礼之用，和为贵"。在有子看来，推行"礼"的目的，在于追求和谐和适度。但是一定要注意，推行"礼制"的目的是营造"和"，不能为了"和"而破坏制度。

【原文】子曰："君子无所争，必也射乎！揖让而升，下而饮。其争也君子。"（《论语·八佾》）

【释义】孔子说："君子没有什么可与别人争的事情。如果定要有所争，那就一定是比射箭。比赛时，相互作揖谦让后上场竞赛。射完后，下堂喝酒。这是一种君子之争。"

【解读】在孔子看来，真正的君子不必与他人相争，如果硬要分出高低的话，他们也会光明磊落、有礼有节地进行比试。事实上，这一句话的核心是君子不争，和而不同。

【原文】子语鲁大师乐，曰："乐其可知也。始作，翕如也；从之，纯如也，皦如也，绎如也，以成。"（《论语·八佾》）

【释义】孔子告诉鲁国乐官奏乐的道理。他说："奏乐是可以了解的。开始演奏时，奔放而热烈，听众也为之振奋；乐曲展开后美好而舒缓，节奏分明，不绝如缕，直至乐章结束。"

【解读】孔子所处的时代，已是"礼崩乐坏"，这让他非常伤心。孔子对鲁国乐官的指导，也是期望能把礼乐精神传承下来。从孔子对奏乐过程的分析可以感受到，音乐具有和谐舒缓、以正人心的作用。

【原文】子曰："兴于《诗》，立于礼，成于乐。"（《论语·泰伯》）

【释义】孔子说："人的修养开始于学《诗》，自立于学礼，完成于学乐。"

【解读】儒家理想人格的养成是有进阶的。孔子在这里提出了以诗歌来促使个体具备向善求仁的自觉，以礼制来实现人的自立自强，最后在音乐的教育熏陶下实现最高人格的养成。这就是诗、礼、乐的作用。

【原文】子曰："君子和而不同，小人同而不和。"（《论语·子路》）

【释义】孔子说："君子追求与人和谐，将一切都做到恰到好处，而不是盲从附和；小人只是人云亦云、盲目附和，而不能与人和谐相处。"

【解读】"和而不同"是儒家思想的精华。君子可以与他周围的人保持和

谐融洽，但他对待任何事情，都有自己的独立思考，而不是人云亦云，盲目
附和；小人则没有自己独立的见解，表面上虚与委蛇，却不能与别人保持和
谐的关系。

【原文】孟子见梁惠王。王立于沼上，顾鸿雁麋鹿，曰："贤者亦乐此
乎？"

孟子对曰："贤者而后乐此，不贤者虽有此，不乐也。《诗》云：'经始灵
台，经之营之，庶民攻之，不日成之。经始勿亟，庶民子来。王在灵囿，麀
鹿攸伏，麀鹿濯濯，白鸟鹤鹤。王在灵沼，于牣鱼跃。'文王以民力为台为
沼，而民欢乐之，谓其台曰灵台，谓其沼曰灵沼，乐其有麋鹿鱼鳖。古之人
与民偕乐，故能乐也。《汤誓》曰：'时日害丧，予及女偕亡。'民欲与之偕亡，
虽有台池鸟兽，岂能独乐哉？"（《孟子·离娄章句上》）

【释义】孟子晋见梁惠王。王站在池塘边，一边欣赏着鸟兽，一边说："有
道德的人也享受这种快乐吗？"

孟子答道："只有有德行的人才能体会到这种快乐，没有德行的人即使有
这一切，也没法享受。怎么这样说呢？我拿周文王和夏桀的史实为例来说说
吧。《诗经·大雅·灵台》中说：'开始筑灵台，勘测又标明。大家都来做，很
快就落成。王说不要急，百姓更努力。王到鹿苑中，母鹿正栖息。母鹿肥又
亮，白鸟毛如雪。王到灵沼上，满池鱼跳跃。'周文王虽然用了百姓的力量来
建筑高台深池，但百姓乐意这样做，他们管这台叫'灵台'，管这池叫'灵
沼'，还高兴他有许多种类的禽兽鱼鳖。古时候的圣君贤王因为能与老百姓同
乐，才能得到真正的快乐。夏桀却恰恰相反。《汤誓》中便记载着百姓的怨
歌：'太阳啊，你什么时候灭亡呢？我宁肯和你一道去死！'老百姓恨不得与
他同归于尽，即使有高台深池，珍禽异兽，他又如何能独自享受呢？"

【解读】孟子在这里与梁惠王探讨了"仁政"与"快乐"之间的关系。孟
子认为，贤者当然"亦有此乐"，只不过贤者之乐是与民同乐，所以是真正的
快乐；不贤者之乐是狭隘之乐，不可能与民同乐，所以只能是"一己之私乐"。
孟子在此想说服梁惠王施行仁政，将灵台池沼等场所开放给百姓，与民同乐。

此段之中，文王与百姓之间融洽无间、相互爱护的场景，体现出上下一
体、和气同声的社会生活。

【原文】孟子曰："天时不如地利，地利不如人和。三里之城，七里之郭，

环而攻之而不胜。夫环而攻之，必有得天时者矣；然而不胜者，是天时不如地利也。城非不高也，池非不深也，兵革非不坚利也，米粟非不多也；委而去之，是地利不如人和也。故曰：域民不以封疆之界，固国不以山溪之险，威天下不以兵革之利。得道者多助，失道者寡助。寡助之至，亲戚畔之；多助之至，天下顺之。以天下之所顺，攻亲戚之所畔；故君子有不战，战必胜矣。"（《孟子·离娄章句上》）

【释义】孟子说："天时不及地利，地利不及人和。比如有一座小城，每一边三里长，外郭每边有七里。敌人围攻它，却不能取胜。能够围而攻之，一定是得到了天时，然而不能取胜，这就说明得天时不及占地利。有时城墙不是不高，护城河不是不深，兵器和甲胄不是不坚锐，粮食不是不多，然而敌方来攻就弃城逃跑，这就说明占地利不及得人和。因此，限制人民不必用国家的疆界，巩固国家不必靠山川的险阻，威慑天下不必凭兵器的锐利。行仁政帮助他的人民很多，不行仁政的人很少有人帮助他。帮助的人少到了极点，就连亲戚都反对他；帮助的人多到了极点，普天之下都顺从他。用普天之下顺从的力量去攻打连亲戚都反对的人，那么，君子要么不战，若战必胜。"

【解读】孟子在这里表达的一个核心思想是"得道多助，失道寡助"。这里的"道"，是"仁义之道"，只有站在正义、仁义的一方，才会得到多数人的支持帮助；违背道义、仁义，必然陷于孤立。

孟子提出了三个概念："天时""地利""人和"，并将这三者加以比较，层层递进，论证了"天时不如地利，地利不如人和"的道理。"人和"于统治者来说，关键在于"得道"。所谓"得道"，指统治者有仁德，推恩于民，能施行"仁政"，护民，养民，爱民，教民。如此，天下百姓就会归顺，就能达到"人和"的境界。

【原文】孟子曰："尽其心者，知其性也。知其性，则知天矣。存其心，养其性，所以事天也。夭寿不贰，修身以俟之，所以立命也。"（《孟子·尽心章句上》）

【释义】孟子说："充分扩张善良的本心，这就是懂得了人的本性。懂得了人的本性，就懂得天命了。保持人的本心，培养人的本性，这就是对待天命的方法。短命也好，长寿也好，我都一心一意，只是培养身心，等待天命，这就是安身立命的方法。"

【解读】孟子谈天命，谈人的本性，既顺性而为，又积极主动。对待天命，不过是涵养人之所以为人的本心、本性；安身立命，也不过是一心一意修养自身、修身养性罢了。

尽心、知性，则知天，是孟子提出的个体生命与道德生命、宇宙生命的合一，是儒家"和合"思想和"天人合一"思想的体现。

【原文】公孙丑曰："道则高矣，美矣，宜若登天然，似不可及也；何不使彼为可几及而日孳孳也？"

孟子曰："大匠不为拙工改废绳墨，羿不为拙射变其彀率。君子引而不发，跃如也。中道而立，能者从之。"（《孟子·尽心章句上》）

【释义】公孙丑说："道很高很美好，几乎像登天一般，高不可攀，为什么不使它变成可以有希望攀求，而叫人每天去努力呢？"

孟子说："高明的工匠不因为拙劣的工人改变或者废弃规矩，羿也不因为拙劣射手变更拉开弓的标准。君子教导别人如同射手，张满了弓，却不发箭，做出跃跃欲试的样子。他在正确道路之中站住，有能力的便跟随着来。"

【解读】君子之道没有任何捷径可走，它就在那里，就是如此，愿意行仁义的人、能行仁义的人自然能按照仁义之道来处事。

君子要做的就是"中道而立，能者从之"，任何时刻都不降低自己的道德要求，不偏不倚、居中处正，涵养中和。

【原文】治气养心之术：血气刚强，则柔之以调和；知虑渐深，则一之以易良；勇胆猛戾，则辅之以道顺；齐给便利，则节之以动止；狭隘褊小，则廓之以广大；卑湿重迟贪利，则抗之以高志；庸众驽散，则劫之以师友；怠慢僄弃，则炤之以祸灾；愚款端悫，则合之以礼乐，通之以思索。凡治气养心之术，莫径由礼，莫要得师，莫神一好。夫是之谓治气养心之术也。（《荀子·修身》）

【释义】理气养心的方法是：血气刚强的人，就用心平气和来柔化他；思虑深沉的人，就用坦率善良来改造他；勇猛暴戾的人，就用训导来辅助他；行动急速的人，就用举止安静来节制他；胸怀狭隘气量很小的人，就用宽宏大量来扩展他；卑下迟钝贪婪的人，就用高尚的志向来激发他；庸俗愚钝散漫的人，就用良师益友来影响他；怠慢轻浮自暴自弃的人，就用灾祸来警醒他；愚钝老实拘谨的人，就用礼乐来调和他，用思考探索来开通他。大凡理气养心的方法，没有比遵循礼义更直接的了，没有比得到良师更重要的了，没有比专心致志更神妙的了。这就是理气养心的方法。

【解读】荀子在此提到的"理气养心"方法，主要是对人性格的调养。对于不同性格的人，使用不同的方法，使他们的性格趋于中和平静，而根源性的方法仍在于遵守"礼义"。

【原文】先王之道，仁之隆也，比中而行之。曷谓中？曰：礼义是也。道者，非天之道，非地之道，人之所以道也，君子之所道也。（《荀子·儒效》）

【释义】先王的政治原则，是仁德的最高体现，是顺着中正之道来实行它的。什么叫作中正之道呢？回答说：礼义就是这种中正之道。我所谓的"道"，不是天之道，也不是地之道，而是指人类所要遵行的准则，是君子所遵循的原则。

【解读】无礼义，则欲望不能节制，陷入各种争斗与混乱；礼义出，则不偏不倚，人的行为处事有原则，有标准。因此，礼义就是"中正之道"，是人要奉行的准则。

【原文】故法而不议，则法之所不至者必废；职而不通，则职之所不及者必队。故法而议，职而通，无隐谋，无遗善，而百事无过，非君子莫能。故公平者，职之衡也；中和者，听之绳也。其有法者以法行，无法者以类举，听之尽也。偏党而无经，听之辟也。故有良法而乱者有之矣；有君子而乱者，自古及今，未尝闻也。传曰："治生乎君子，乱生乎小人。"此之谓也。（《荀子·王制》）

【释义】制定了法律而不加讨论，那么法律没有涉及之处就一定会被废弃不管。规定了职权而不彼此沟通，那么职权范围涉及不到的地方就必然会出现漏洞。所以制定了法律又加以讨论，规定了职权又彼此沟通，那就不会有隐藏的图谋，不会有没发现的善行，而各种工作也就不会有失误了，不是君子是不能做到这样的。公正，是处理政事的准则；中和，是处理政事的准绳。那些有法律依据的就按照法律来办理，没有法律条文的就按照类推的办法来处理，这是处理政事的最好办法。偏袒而没有准则，是处理政事的歪道。所以，有了良好的法制而产生动乱的国家是有的；有了德才兼备的君子而发生国家动乱的，从古到今，还不曾听说过。古书上说："国家的安定产生于君子，国家的动乱来源于小人。"说的就是这种情况啊。

【解读】荀子在这里探讨了处理政事的要领，那就是有张有弛、宽猛相济。

因为如果过分威猛严格的话，就会由于惧怕而产生隐瞒；如果随和而没有分寸的话，歪门邪说就会无所节制。所谓"公平者，职之衡也；中和者，听之绳也"，公正，是处理政事的准则；中和，是处理政事的准绳。只有做到了公正、中和，才能处理好政事。

【原文】礼者，以财物为用，以贵贱为文，以多少为异，以隆杀为要。文理繁，情用省，是礼之隆也；文理省，情用繁，是礼之杀也。文理情用相为内外表里，并行而杂，是礼之中流也。故君子上致其隆，下尽其杀，而中处其中。步骤、驰骋、厉骜不外是矣。是君子之坛宇、宫廷也。人有是，士君子也；外是，民也；于是其中焉，方皇周挟，曲得其次序，是圣人也。故厚者，礼之积也；大者，礼之广也；高者，礼之隆也；明者，礼之尽也。《诗》曰："礼仪卒度，笑语卒获。"此之谓也。（《荀子·礼论》）

【释义】礼，把财物作为工具，把贵贱作为文饰，把多少作为差别，把隆重和简省作为要领。礼节仪式繁多，但所要表达的感情、所要起到的作用却简约，这是隆重的礼。礼节仪式简约，但所要表达的感情、所要起到的作用却繁多，这是简省的礼。礼节仪式和它所要表达的感情、所要起到的作用之间相互构成内外表里的关系，两者并驾齐驱而交错配合，这是适中的礼。所以君子对大礼要极尽它的隆重，对小礼就极尽它的简省，而对适中的礼仪也就做适中的处置。慢步、快跑、驱马驰骋、剧烈奔跑都不越出这个规矩，这就是君子的安身所在。人能在礼的范围内行动，就是士君子，如果越出了礼的范围，就是普通的人；如果在这个范围中间，来回周旋，处处符合它的次序，这就是圣人了。所以圣人的厚道，是礼的积累；圣人的大度，是礼的深广；圣人的崇高，是礼的高大；圣人的明察，是礼的透彻。《诗》云："礼仪全都合法度，说笑就都合时务。"说的就是这种情况啊。

【解读】荀子在这里详细分解了礼的三种方式，大礼、中礼和小礼。与此相对应，君子对礼也要有三态度。对大礼要极尽它的隆重，对小礼就极尽它的简省，而对适中的礼仪也就做适中的处置。而在礼的范围之内，处处恰当，最为中正平和的，只有圣人才做得到。

【原文】故乐在宗庙之中，君臣上下同听之，则莫不和敬；闺门之内，父子兄弟同听之，则莫不和亲；乡里族长之中，长少同听之，则莫不和顺。故乐者，审一以定和者也，比物以饰节者也，合奏以成文者也；足以率一道，

足以治万变。是先王立乐之术也，而墨子非之，奈何？（《荀子·乐论》）

【释义】音乐在宗庙之中，君臣上下一起倾听，就再也没有不和谐恭敬的；音乐在家中，父子兄弟一起听了它，就再也没有不和睦相亲的；音乐在乡里家族之中，年长的和年少的一起听，就再也没有人不和谐顺从的。音乐，是审定一个主音来确定其他和音的，是配上各种乐器来调整节奏的，是共同演奏来完成乐曲的；完全可以用来统帅大道，完全能够用来治理各种变化。这就是先王设置音乐的方法啊。可是墨子却反对音乐，又能怎么样呢？

【解读】音乐最大的作用，就在于"和"，荀子认为，音乐可以使君臣和敬，父子和亲，长幼和顺。因此，乐的作用不容小觑。

【原文】所谓修身在正其心者，身有所忿懥则不得度其正，有所恐惧则不得其正，有所好乐则不得其正，有所忧患则不得其正。心不在焉，视而不见，听而不闻，食而不知其味。此谓修身在正其心。（《大学》）

【释义】所以修身的功夫全在正心之上。如果心中有忿懥，有恐惧，有偏好，有忧患，心都不能正。如果心不正，人虽然在看，却像没有看见一样；虽然在听，却像没有听见一样；虽然在吃东西，但却一点也不知道是什么滋味。所以说，要修养自身的品性必须要先端正自己的心思。

【解读】人心为一身之主宰，要修身，必先正其心。然而心之本体，湛然常虚，如明镜一般。如若欲动情胜，则让湛然纯洁的心灵如明镜上惹上了尘埃。心若不在，眼虽看着，也如不见，耳虽听着，也如不闻，虽吃着饮食，也不知滋味。所以心不能正，则身不能修。心正，则喜怒哀乐当符合节度，故心正才能中和。

【原文】中也者，天下之大本也；和也者，天下之达道也。致中和，天地位焉，万物育焉。（《中庸》）

【释义】中是天下最为根本的状态，和是天下最普遍的原则。达到了中和境界，天地便各得其位，万物便生长发育了。

【解读】《中庸》认为情感未发的"中"是天下最根本的状态，情感显露而符合节度是万物普遍遵守的法度，也就是万事万物共处的最重要原则。《中庸》认为这种"和"是要建立在合宜的礼节法度基础上的。继承中国优秀传统文化并且产生于现代社会实践基础上的贤文化认为"和"是做人做事及企业经营管理中应该普遍遵守的法则，要以符合传统美德及现代实际的纪律规矩等礼节法度为准绳，建设秩序井然、其乐融融的现代企业。

【原文】忠恕违道不远，施诸己而不愿，亦勿施于人。(《中庸》)

【释义】做到了忠恕，距离正道就不远了，不愿施加于自己身上的，也不要去施加给别人。

【解读】这句话强调了做人的基本原则是要做到忠恕，也就是要做到诚信，严格要求自己，宽容对待他人，做到换位思考、为他人着想，营造宽松、和谐的生活和工作氛围，在和谐的氛围中提高生活和工作的质量及幸福感。贤文化提倡贵和，正是要人们诚信做人，诚心做事，严以律己，宽以待人，以礼治企，以乐和人，其乐融融，和谐愉快，营造美好生活，建设受人尊重的企业。

【原文】在上位不陵下，在下位不援上，正己而不求于人，则无怨。上不怨天，下不尤人。(《中庸》)

【释义】居上位，不欺凌下级。在下位，不攀附上级。端正自己不苛求他人，这样就没有怨恨，上不怨恨天命，下不归咎他人。

【解读】在上位者不依仗权力压榨下级。在下位者，不通过谄媚讨好上级，各司其职，安守本分，这样遵守法度及伦理的集体是美好而和谐的。每一个人都端正自己的心态和行为，不断提升自我的素养和完善人格，不怨天尤人，不责备他人，这正是保障社会和谐的基本伦理。贤文化把这种贵和思想用于指导现代企业建设，指出治企之道，选贤任能，贤者在位，赏罚有制，见贤思齐。员工博学于文，约己以礼，文之以乐，礼乐兼备，则人莫不敬也。

【原文】明乎郊社之礼、禘尝之义，治国其如示诸掌乎！(《中庸》)

【释义】(郊社祭是用于侍奉上天的。庙宇的祭礼，是祭祀祖先的)明白了郊社、禘尝等祭祀礼仪，治理国家就如同展示手掌一样容易了！

【解读】郊社的祭礼是用来祭祀天地的，禘尝之义是祭祀祖先的礼仪，这些礼仪是情感、志向的真实流露，而不是随便做出来的样子。一个人如果知道了各种礼仪的真正含义，他就必然具备了相应的德行，这样有德行的人治理国家就如展示手掌一样容易。这句话表明了礼仪行为及礼仪所体现出的内在德行对于治理的重要性，真挚的情感和仁厚的德行表现出彬彬有礼的行为，营造和善友好的氛围和井井有条的秩序，这正是建设和谐美好世界需要的内在德性和外在行为。贤文化旨在提升员工内在素养的同时建设受人尊重的现代企业，重礼而贵和，提出礼为企业之法度，乐为企业之伦理，以礼治企，以乐和人，见贤思齐，博学于文，约己以礼，成就受人尊敬的人生和事业。

【原文】仁者，天下之正理，失正理则无序而不和。（《近思录·道体》）

【释义】仁，是天下的正理，失去这个正理，社会就会陷入无序，无序就意味着失去和谐。

【解读】天地万物之所以保持和谐，是因为仁的存在。各种自然现象，看似自然而然，却缺一不可，缺少了就会让万物的生长陷入混乱，这便是仁构建了秩序，所谓万物并育而不相害，道并行而不相悖。人类社会也是如此，因为仁，所以人与人才能和谐相处，老弱皆有所有，各有所归。

【原文】凡天下至于一国一家，至于万事，所以不和合者，皆由有间也，无间则合矣。以至天地之生，万物之成，皆合而后能遂。凡未合者，皆有间也。若君臣、父子、亲戚、朋友之间，有离贰怨隙者，盖谗邪间于其间也。去其间隔而合之，则无不和且洽矣。《噬嗑》者，治天下之大用也。（《近思录·治体》）

【释义】大凡上至天下，下至一国一家，以至于万事，之所以不能和谐合一，都是因为有隔阂。没有隔阂就能相合了。大至天地，小至万物，都是由于相合才能生成。凡不能相合都因为隔阂而起。如君臣、父子、亲戚、朋友之间，有离贰之心，有怨恨不协的，是由于谗邪之人从中挑拨。消除隔阂使之相合，则互相之间和合融洽。《噬嗑》卦的道理，对治理天下有很大的作用。

【解读】大凡企业治理的道理也是如此，如果上下之间因为沟通不畅，心思不一，就会产生隔阂，一有隔阂，就会有异心，就不能集合众人之力提升效益。和，并非是为了营造一团和气而故意去隐瞒过失。上下之间，你我之间因为共同的志向和兴趣而彼此相合，心心相印，则能达到和的境界。

【原文】刚善，为义，为直，为断，为严毅，为干固；恶，为猛，为隘，为强梁。柔善，为慈，为顺，为巽。恶为懦弱，为无断，为邪佞。惟中也者，和也，中节也，天下之达道也，圣人之事也。故圣人立教，俾人自易其恶，自至其中而止矣。（《近思录·教学》）

【释义】刚之性，表现为善，是正义，是刚直，是决断，是严毅，是干练贞固；若刚之性表现为恶，则是猛悍，是狭隘，是强梁。柔之性表现为善，那就是仁慈，是和顺，是谦让；柔之性表现为恶，是懦弱，是无断，是邪佞。唯有中则表现为和，为中节，这是天下共走的道路，是圣人要做的事情。所以圣人立教，是教人去抛弃身上的恶，自行达到中和并保持于中和。

【解读】刚柔在善恶上偏移，就会有不同的表达。唯有中节，是合着当然的节度，不偏不倚，平常而不可改易。人的喜怒哀乐当合着当然的节度，无所乖戾，就是和。所谓在修养上做到贵和，就是要做到自持，防止偏离中和之道。

【原文】先生曰："古人为治，先养得人心和平，然后作乐。比如在此歌诗，你的心气和平，听者自然悦怿兴起，只此便是元声之始。《书》云：'诗言志'，志便是乐的本；'歌言永'，歌便是作乐的本；'声依永，律和声'，律只要和声，和声便是制律的本。何尝求之于外？"（《传习录·黄省曾录》）

【释义】先生说："古人想要大治，先将人心存养得心平气和，然后谱写音乐。比如吟咏诗歌，若心气平和，听的人自然愉悦，这就是元声的发端。《尚书》说：'诗言志'，志就是音乐的根本；'歌永言'，歌就是作乐的根本；'声依永，律和声'，律只要求和声，这'和声'就是制定音律的根本，何尝求之于外？"

【解读】以礼治企，可辨秩序；以乐和人，其乐融融。心气平和是音乐的"元声"，是制定音律的根本。把人心存养得心气平和，谱写出来的音乐必然端正和谐，以这样的音乐熏陶人，就不会有什么偏误。

【原文】澄问："喜、怒、哀、乐之中和，其全体常人固不能有，如一件小事当喜怒者，平时无有喜怒之心，至其临时，亦能中节，亦可谓之中和乎？"

先生曰："在一时一事，固亦可谓之中和。然未可谓之大本、达道。人性皆善。中、和是人原有的，岂可谓无？但常人之心既有所昏蔽，则其本体虽亦时时发见，终是暂时暂灭，非其全体大用矣。无所不中，然后谓之大本；无所不和，然后谓之达道。惟天下之至诚，然后能立天下之大本。"（《传习录·陆澄录》）

【释义】陆澄问："要做到喜怒哀乐都符合中节，要求全面具备，一般人固然做不到，如果面临一件小事本应欢喜或发怒的，平时没有喜怒之心，事来临时也能发而中节，这也可算是中和吗？"

先生回答说："在一时一事上当然也可以算作中和，但是还不能说已经到达了'大本'、'达道'。人性都是善的，中和本是人人都有的，怎能说没有呢？但是我们凡人的心既然被私欲遮蔽，心的本体虽然时闪时现，终究是时明时暗，并非心的全体大用了。无所不中，才叫作'大本'，无所不和，才叫作'达道'，只有天下至诚，才能立天下的大本。"

【解读】就修行的功夫而言，贵和是指要做到中和。我们的喜怒哀乐都要符合中节，不偏不倚。不只是一时一事上，若能够在任何时候任何事情上，都无所不和，就到达了"达道"的境界，若要做到这一点，唯有至诚。

【原文】古之善为士者，微妙玄通，深不可识。夫唯不可识，故强为之容。豫兮若冬涉川，犹兮若畏四邻，俨兮其若容，涣兮若冰之将释，敦兮其若朴，旷兮其若谷，混兮其若浊。孰能浊以静之徐清？孰能安以动之徐生？保此道者不欲盈，夫唯不盈，故能蔽不新成。（《道德经》）

【释义】古时善于行道之人，微妙通达，深刻玄远，难以理解。正因为不能理解，所以只能勉强地形容他：小心谨慎，像冬天踏冰过河；警觉戒备，像防备邻国进攻；恭敬郑重，像要去赴宴做客；自由洒脱，像冰凌缓慢消融；纯朴厚道，像未经雕琢之木；旷远豁达，像幽深山谷；浑厚宽容，像一汪浊水。谁能在浑浊中沉静下来？谁能在安静中慢慢生长？持"道"之人，不会自满。正因为从不自满，所以能辞旧更新。

【解读】老子教导的为人处世之道，宁静淳朴、谨严审慎。

【原文】善行无辙迹，善言无瑕谪，善数不用筹策，善闭无关楗而不可开，善结无绳约而不可解。是以圣人常善救人，故无弃人；常善救物，故无弃物，是谓袭明。故善人者，不善人之师；不善人者，善人之资。不贵其师，不爱其资，虽智大迷，是谓要妙。（《道德经》）

【释义】善于行走者，不留下痕迹；善于言谈者，不发生瑕疵；善于计数者，不需要筹策；善于关闭者，不用栓梢而使人打不开；善于捆缚者，不用绳索而使人解不开。因此，圣人善于救人，没有被遗弃者；善于物尽其用，没有被废弃的。这就叫内藏智慧。所以，善人是不善人的老师，不善人是善人的借鉴。不尊重自己的老师，不珍惜他的借鉴，虽然自以为智慧，却是大糊涂。这就叫精要玄妙。

【解读】现代人常说"长袖善舞"，老子"至善无为"，实在是极妙的道理。

【原文】知者不言，言者不知。塞其兑，闭其门，挫其锐，解其纷，和其光，同其尘，是谓玄同。故不可得而亲，不可得而疏；不可得而利，不可得而害；不可得而贵，不可得而贱。故为天下贵。（《道德经》）

【释义】知道的人不说，说的人不知道。塞住孔窍，关闭门户，磨去锋芒，消解纷争，挫去锋芒，解脱纷争，调和光芒，混同尘世，这就叫作"玄同"。达到"玄同"境界的人，已经超脱亲疏、利害、贵贱，所以为天下人珍重。

【解读】韬光养晦，和光同尘，人在寰中，超然物外。

【原文】和大怨，必有余怨，安可以为善？是以圣人执左契，而不责于人。有德司契，无德司彻。天道无亲，常与善人。（《道德经》）

【释义】调和大的怨恨，定会留有余恨，这怎么说是好办法呢？因此，圣人保存借据存根，却并不强迫人还债。有德之人就像持有借据的圣人那样宽容，无德之人就像征收税收的人那样苛刻计较。自然法则没有偏私，总是在帮助善人。

【解读】"和大怨，必有余怨，安可以为善？"所以最好的是无偏无怨。

【原文】凡乐，天地之和，阴阳之调也。始生人者，天也，人无事焉。天使人有欲，人弗得不求；天使人有恶，人弗得不辟。欲与恶，所受于天也，人不得兴焉，不可变，不可易。世之学者，有非乐者矣，安由出哉？

大乐，君臣、父子、长少之所欢欣而说也。欢欣生于平，平生于道。道也者，视之不见，听之不闻，不可为状。有知不见之见、不闻之闻、无状之状者，则几于知之矣。道也者，至精也，不可为形，不可为名，强为之，谓之太一。（《吕氏春秋·仲夏纪第五》）

【释义】凡音乐都是天地和谐、阴阳调和的产物。最初生成人的是天，人只能听从天的安排而不能参与天的事情。天使人生来就有了欲望，人不得不追求。天使人生来就有了憎恶，人不得不去躲避，欲望和憎恶都是从上天而来，人不能自主，不能改变，不能移易。世上有人反对音乐，他们的理由是什么呢？

大乐是君臣、父子、老少欢喜快乐的产物。欢喜产生于平和，平和产生于道。所谓道，看不见，听不到，没有形状。有谁能够懂得不见中包含见，不闻中包含闻，无形中包含形，那么他就接近道了。道，最为精妙，无法描摹出形状，无法叫出名称，勉强给它起个名字，可以叫作"太一"。

【解读】万物在上天的安排之下，总是井然有序。正如有昼便有夜，有寒就有热，有阴便有阳，这些事物交替运行，这就是秩序，就是和的体现。古人把音乐当成是和的表现，所以音乐朴素，百姓就能受到感化，欲望就能被中和。企业的治理可以从中得到启发。以礼治企，可辨秩序；以乐和人，其乐融融。

【原文】夫乐于道何为者也？乐乃可和合阴阳，凡事默作也，使人得道本也。故元气乐，即生大昌；自然乐，则物强；天乐，即三光明；地乐，则成有常；五行乐，则不相伤；四时乐，则所生王；王者乐，则天下无病；蚑行乐，则不相害伤；万物乐，则守其常；人乐，则不愁易心肠；鬼神乐，即利帝王。故乐者，天地之善气精为之，以致神明。（《太平经·乙部》）

【释义】和乐对于真道来说，是起什么作用的东西呢？和乐才可以使阴阳协调和谐。任何事情都不人为地强加干预来进行，就会使人获取真道的根基。元气和乐，就会施生，非常繁盛。自然和乐，就会万物茁壮。上天和乐，就会日、月、星大放光明。大地和乐，就会使万物各得其所而不发生反常的情况。五行和乐，就会彼此不相妨害。春夏秋冬和乐，就会使所生长的东西兴旺。帝王和乐，就会天下没有灾异。动物和乐，就会相互之间不伤害。万物和乐，就会遵循各自的生长规律。世人和乐，就会不忧愁也不改变。鬼神和乐，就会有利于帝王。所以，和乐是天地的善气精灵造就的，用来达到神明。

【解读】这段话突出了和乐的意义。其中所说的"乐"，意为和乐，指自然界及人类社会所呈现的一种协调和谐的理想状态，文中称之为"天地善精气"的直接产物。这段话描绘了元气、自然、天地、五行、四时、王者、万物在和乐中的美好状态，意在表明和乐对于万事万物的重要性，并且从根本上指明了和乐乃阴阳和合、万物默作之状态，是"无为"而平衡的和谐状态，是成就万事万物的最理想状态。这段话对于现代社会仍具有启发意义，建设和谐社会，科学发展观，提倡的正是这样的理念，也是人民向往的美好生活应有状态。贤文化融合传统智慧，指出：礼者，企业之法度也；乐者，企业之伦理也。以礼治企，可辨秩序；以乐和人，其乐融融。礼之用，和为贵。

【原文】"吾欲使帝王立致太平，岂可闻邪？""但大顺天地，不失铢分，瑞应并兴。……欲太平也，此三者常当心腹，不失铢分，使同一忧，合成一家，立致太平，延年不疑矣。"（《太平经·乙部》）

【释义】"我想让帝王立即实现太平，能否听一听这方面的秘密呢？""只要大顺天地，不差毫厘，立刻就会实现太平，吉祥的征兆也一起涌现。……想要太平，就应当保持各方面之间亲密和谐的关系，分毫不差，使各人都关心相同的问题，组合成一家似的大家庭，立刻就会实现太平，健康长久毋容置疑。"

【解读】这段话体现注重和谐的贵和思想。建设太平美好社会，是《太平经》的社会理想。如何实现太平？《太平经》提出要和顺事物之间的各种关系，公正对待事物的各个组成部分，使组成事物的各要素和谐平衡，使组成社会组织的各成员亲密和谐，形成共同的理想和奋斗目标，这样就能够使事物久盛不衰，使社会和谐美好。

【原文】是故和平气至，三光不复战斗蚀也；三光不相蚀，乃后始可言得天地之心矣。（《太平经·卷九十二》）

【释义】所以协和安平的那股气到来，日月星辰就不再相互争斗而交食了；日月星辰不再交食，然后才可以宣称获取到天地的心意了。

【解读】这段话指出，和顺之气充盈天地之间，天地万物就会平安祥和，日月星辰有序运行而不相互冲撞；只有这样，万物之间不再相互冲撞争斗，宇宙万象一片祥和，才是顺应了天地之意，才能够说治国理政顺应了天地之心。

【原文】元气不和，无形神人不来至。天气不和，大神人不来至。地气不和，真人不来至。四时不和，仙人不来至。五行不和，大道人不来至。阴阳不和，圣人不来至。文字言不真，大贤人不来至。万物不和得，凡民乱财货少。（《太平经·卷四十二》）

【释义】元气不和，无形委气神人就不来到；天气不和，大神人就不来到；地气不和，真人就不来到；四时不和，仙人就不来到；五行不和，大道人就不来到；阴阳不和，圣人就不来到；文书所讲的东西不真确，大贤人就不来到；不各得其所，普通老百姓就动乱；财货少，奴婢就逃亡。

【解读】这段话表达的最突出思想就是"贵和"，分别指明了天地、四时、五行、阴阳等方面和谐则瑞应常现、不和则困顿局限的道理；并且指出了文辞教化之"和"在于真切、笃实，虚浮而脱离实际的文辞无法培养出真正的贤人；顺应自然之理，使万物各得其所，才能够令百姓生活和谐；倘若给予的财物太少，劳动者就不愿意听从指挥而选择逃离。

【原文】天发杀机，移星易宿；地发杀机，龙蛇起陆；人发杀机，天地反覆；天人合发，万化定基。（《阴符经》）

【释义】上天若出现五行相克，就会使星宿移位；大地若出现五行相克，就会使龙蛇飞腾；人体内若出现五行相克，就能使小天地颠倒。倘若人能顺应自然、顺应五行生克关系，就能使各种变化稳定下来。

【解读】这段话指出，万物相克则混乱，相生则和谐。天地万物混乱不和，星宿偏离应有的位置，万物出现不安宁的状态；人的身心不和则自身之小宇宙混乱，表现出生理功能紊乱，疾病痛苦，机能衰退。由此可见，和为贵，人只有与天地万物和顺一致，才能够和谐宁静，生机焕发，幸福美好。

【原文】天之无恩，而大恩生。迅雷烈风，莫不蠢然。（《阴符经》）

【释义】上天无声无言，而能产生大恩德；响雷暴风，只会使万物发生骚动。

【解读】宁静有助于产生智慧，和谐有利于生养万物。狂躁、喧闹是不和的表现，会引发骚动和不安。贤文化提倡以礼治企，明法度，守秩序，和为贵，辛而不躁，劳而不愠，其乐融融。

【原文】阴阳相推，而变化顺矣。（《阴符经》）

【释义】阴阳相胜相生，则变化和谐。

【解读】《阴符经》指出，万物的生长是阴阳交融、和谐相生的结果，自然及社会秩序的和谐，更是人类生存发展的基础。如何营造和谐的生存环境，建设美好的生活呢？明礼节，守法度，讲伦理，提素养，这是生活和谐的基础，也是人格完善的一场修炼。贤文化引导员工博学于文、约己以礼，成为德才兼备的贤者。

【原文】三盗既宜，三才既安。（《阴符经》）

【释义】只要天地、万物与人之间各得其宜，那么它们就会安定下来。

【解读】顺天地自然之道，应五行相生之序，合阴阳交融之理，敬畏自然及社会的规律，人与天地万物的运行和谐一致，这样，天地、万物、人就能够在和谐中各安其位，各得其序。

【原文】食其时，百骸理；动其机，万化安。(《阴符经》)

【释义】休养要遵循时令，身体才会得到调理；行动要把握时机，万物才会变得安定。

【解读】生活与季节时令的规律一致，才会身体健康，精力充沛；行为与时机和谐，做事才会顺利，做人才能够体会到幸福和价值。养生之道在和，做人之道在和，做事之道仍在和。

【原文】人故相憎也，人之心悍，故为之法。法出于礼，礼出于治。治、礼，道也。万物待治、礼而后定。(《管子·枢言》)

【释义】人与人之间历来相互憎恨厌恶，人心也有凶狠蛮横的一面，所以要制定法度。法度出于礼节，礼节出于治理。治理和理解，都是属于道。安定万事万物需要一定的治理和礼节。

【解读】《管子》内容尽管庞杂，但理论比较系统，对于礼、法，需要在来源、关系方面做出解释。其一，礼的出现是人类社会的常道，"天有常象，地有常刑，人有常礼，一设而不更，此谓三常"(《管子·君臣上》)。其二，礼的出现具有社会基础，它与现实社会紧密相关，尤其是出于社会治理的需要，而法度是在礼仪节文基础上的进一步制度化、规范化、威权化，"仪者，万物之程式也。法度者，万民之仪表也；礼义者，尊卑之仪表也。故动有仪则令行，无仪则令不行"(《管子·形势解》)。其三，外在的礼节行为必须落实在人的内在修养上，"守礼莫若敬，守敬莫若静"(《管子·心术下》)，"质信以让，礼也"(《管子·小问》)。贤文化提倡贵和理念，指出"礼者，企业之法度也""礼之用，和为贵"。

【原文】夫人必知礼，然后恭敬；恭敬，然后尊让；尊让，然后少长贵贱不相逾越；少长贵贱不相逾越，故乱不生而患不作。(《管子·五辅》)

【释义】人必先懂得礼仪，然后才会恭敬；恭敬，然后才会尊重谦让；尊重谦让，然后少长、贵贱才能不相逾越；少长、贵贱不相逾越，故而国家不发生动乱也不会有祸患。

【解读】礼是带有约定俗成、规定性并且具有某些道德、风俗、信仰观念的仪节，有些在古代会逐渐成为典章制度、行为规范。《管子》认为人知礼最后才能保持整个社会的秩序稳定，这是因为与它设定"礼"有"八经"有关，即上下有义、贵贱有分、长幼有等、贫富有度，目的是保持等级稳定、减少社会冲突。《管子》对礼的重视建立在对社会全面认知的基础上，其一，认识到经济与社会礼俗、制度的关系，强调社会与民众富足，提出著名的"仓廪实则知礼节，衣食足则知荣辱"（《管子·牧民》）；其二，将礼纳入"国之四维"，强调国家在政治教化、社会管理上都予以贯彻，君主在此应当作为表率，"人主身行方正，使人有礼，遇人有理，行发于身，而为天下法式者，人唯恐其不复行也"（《管子·形势解》），具体如："举发以礼，时礼必得"（《管子·幼官》）、"中正比宜，以行礼节"（《管子·五辅》）、"明君饰食饮吊伤之礼，而物属之者也"（《管子·君臣下》）；第三，人的内在修养上，礼能起到节制、调节的作用，"凡民之所生也，必以正平。所以失之者，必以喜乐哀怒。节怒莫若乐，节乐莫若礼，守礼莫若敬。外敬而内静者，必反其性"（《管子·心术下》）。

【原文】畜之以道，养之以德。畜之以道则民和，养之以德则民合。和合故能习，习故能偕，偕习以悉，莫能伤也。（《管子·幼官》）

【释义】道可蓄，德可养。蓄道则民众和顺，养德则民众团结。和合故能训习，训习故能偕同，偕习所以能尽其力，天下就没有能伤害的了。

【解读】先秦时期，"和"的理念已经成为比较普遍的政治文化的重要概念、现实追求。《管子》对"和"的讨论不太集中，但很多篇都涉及，有着比较完整的认识体系：其一，"和"的哲学思想基础，按照《管子》的思想脉络，自然脱离不了天地、道德等方面，如其云"天地和调，日有长久"（《管子·度地》），"凡人之生也，天出其精，地出其形，合此以为人。和乃生，不和不生"（《管子·内业篇》）。"和"是天地运行的基本样态、人与万物生成之枢机，效法天地、蓄养道德，必然以和作为价值追求和最终结果。其二，"和"与社会、政治的运行有密切关系，既是社会治理所要达到的目标，又是实现这一理想的方法原则。其三，"和"同样是人之修养、行为和生活都要重视的，它关乎身心和顺。在《管子》而言，和是天地之程式，人效法而修身，政治治理以和为本并把调节社会和谐共处作为重要目的和手段。

【原文】明君动事分功必由慧，定赏分财必由法，行德制中必由礼。故欲不得干时，爱不得犯法，贵不得逾亲，禄不得逾位……若是者，上无羡赏，下无羡财。(《慎子·威德》)

【释义】贤明的君主做事论功一定要出于明智，论赏分财一定要根据法纪，施以恩惠制约朝廷一定要依据礼仪。因而君主的欲求不能触犯天时，爱好不能违反法纪，贵望不能超过亲族，俸禄不能超过职位……如果能够这样，君上就没有不正当的赏赐，臣下就没有不正当的财富了。

【解读】从法家的人性论，到儒家荀子的"隆礼重法"，社会动荡和人与人之间争斗似乎成为思想家非常焦灼的问题，人性本善的理论在社会现实特别是社会治理层面显得无力，所以稷下学派的学者普遍强调以超强的国家工具、组织力量来应对失衡的秩序。作为儒家的荀子提出"隆礼重法"，开始强调"法"的功能，而法家就更不遗余力地以法为尊了，慎到说："法之所加，各以其分蒙其赏罚，而无望于君也。是以怨不生而上下和矣。"(《慎子·君人》)这体现出注重秩序和稳定的思想主张。

【原文】今至大为不义攻国，则弗知非，从而誉之，谓之义。此可谓知义与不义之别乎？(《墨子·非攻上》)

【释义】现在扩大至随意攻伐别的国家这件事上，却不知道不对了，反而来称赞它，说是道义的。这能说是知道道义和不道义的分别吗？

【解读】墨子以偷别人家果园水果、偷家畜家禽、牵走别人家牛和马、杀死无罪之人夺其随身之物为例，层层递进引出战争罪恶深重，是为最大不义。偷盗损害别人财物等小不义人们会谴责，执政者会处罚，但对于以攻打其他国家、掠夺别人物资为目的的最大不义之战争，不仅得不到谴责还广受赞誉，说明了王公大人发动战争的欺骗性，即以义之名行不义之事。所谓"春秋无义战"，墨子在此背景下，抨击了打着"义"的旗号侵略他国的非正义性，呼吁人们停止不义之战，以"兼爱"为原则，做到"非攻"，体现了墨子关心大众疾苦，崇尚和平的思想主张。

【原文】国家发政，夺民之用，废民之利，若此甚众。然而何为为之？曰：我贪伐胜之名，及得之利，故为之。子墨子言曰：计其所自胜，无所可用也；计其所得，反不如所丧者之多。(《墨子·非攻中》)

【释义】国家发动战争，剥夺百姓的财用，荒废百姓的利益，像这样的事太多了，然而为什么还去这样做呢？回答说："我贪图战胜的声名和获得的利益，才去这样做。"墨子说："算算他获得的胜利，是没什么用处的；算算他所得到的东西，还不如他所失去的多呢。"

【解读】春秋战国时期，王室衰微，礼崩乐坏，社会秩序遭到破坏。诸侯之间为了争霸天下和掠夺利益，常常假以公义之名发动不义之战。墨子对此逐一进行反驳，不仅点名了无端攻伐的不义，同时连用八个不可胜数，列举了战争造成的利益损失和伤亡惨重。告诫统治者为了贪图一点"胜名"而发动战争，实际造成的损失远比得到的利益要多得多。值得一提的是，墨子计算的并非只是诸侯与国家的利益，而是站在平民百姓的立场上，反对"夺民之用，废民之利"，牺牲百姓性命的不义之战。墨子倡导和维护的和平是天下太平和黎民百姓的安居乐业。

【原文】今万乘之国，虚数于千，不胜而入；广衍数于万，不胜而辟。然则土地者，所有余也；王民者，所不足也。今尽王民之死，严下上之患，以争虚城，则是弃所不足，而重所有余也。为政若此，非国之务者也。（《墨子·非攻中》）

【释义】如今拥有万辆战车的国家，空城数以千计，住都住不过来；广阔平衍绵延之地数以万计，开辟都开辟不过来。可见土地是有多余的，而人民是不足的。现如今让百姓去送死，加重全国上下的祸患，去争夺一座虚城，这是摒弃不足而重视多余的啊。这样施政，并不是治理国家的要务呀！

【解读】一般来说，战争的目的无非是为了掠夺城邑和争夺土地。墨子对这一颠倒的认知进行了驳斥。他认为诸侯所拥有的大大小小的城邑数以千、万计，住都住不过来，广袤的土地延绵万里都开辟不过来。统治者缺的不是城池和土地，而是生活于其中的人民，用本来就缺少的人民冒着死伤无数的风险去攻打别人，夺取本来就很多的城邑，这是本末倒置、不分轻重，并非正确的国家事务。墨子从攻伐的利弊得失说起，沿袭他一贯的兼爱、非攻主张，突出了人民比城邑更重要的和平主义色彩。

【原文】将为其上中天之利，而中中鬼之利，而下中人之利，故誉之。今天下之所同义者，圣王之法也。今天下之诸侯，将犹多皆免攻伐并兼，则是有誉义之名，而不察其实也。（《墨子·非攻下》）

【释义】一个人的行为对上能符合天的利益，中间能符合鬼神的利益，对下能符合人民的利益，所以赞誉他。现在天下共同认可的"义"，是圣王行事的法则。现在天下的诸侯，还有很多致力于攻伐兼并的战争，只是徒有义的虚名，而没有去考察其实际罢了。

【解读】墨子提出了判断"义"的三条基本原则，那就是上利于天、中利于鬼神、下利于人。凡是符合这三者利益的行为才是义举，相反即为不义。诸侯们热衷于攻伐兼并，于此三者无一有利。因此，判断诸侯的行为是否符合义的标准，不能听其言，而要观其行。紧接着，墨子历数发动战争造成的灾难，进一步揭示和驳斥了攻伐之战的残酷性和欺骗性，阐发了他追求天下和平的理想。

【原文】今逮夫好攻伐之君，又饰其说，以非子墨子曰："以攻伐之为不义，非利物与？昔者禹征有苗，汤伐桀，武王伐纣，此皆立为圣王，是何故也？"子墨子曰：子未察吾言之类，未明其故者也。彼非所谓"攻"，谓"诛"也。（《墨子·非攻下》）

【释义】如今那些喜好攻伐的国君，又粉饰其说，用来刁难墨子，他们说"你认为攻伐为不义，那不是有利的事情吗？"过去夏禹征服有苗族，商汤讨伐夏桀，周武王讨伐商纣王，但他们都被立为圣贤之王，这是为什么呢？墨子说"你没有弄明白我说的话的区别，也没有明白其中的缘故"。他们进行的不是"攻伐"，而是"诛"。

【解读】墨子回应好攻伐之人的质疑，考察了商汤、周武王等圣贤之王发动战争的原因，说明圣者发动战争是"奉天承运"，按照上天的旨意来消灭上不利天、中不利鬼神、下不利人民的残暴国君。这样的战争行为是符合上天、鬼神、人民利益的"诛"，而不是为了一己私利不惜损害天、鬼神、人利益的"伐"。墨子对"攻"和"诛"的区别实际上也就划清了"不义"之战和"义"战之间的界限。

【原文】今若有能信效，先利天下诸侯者，大国之不义也，则同忧之；大国之攻小国也，则同救之，小国城郭之不全也，必使修之，布粟之绝则委之，币帛不足则共之。（《墨子·非攻下》）

【释义】现在如果有以信义相交，先利于天下诸侯的人的话，对于大国的不义，就共同为之担忧；对于被大国攻打的小国，就共同去救助；小国的城池残破不全，一定要帮他修好；衣食匮乏就送给他，货币不足就分享给他。

【解读】墨子的"贵和"思想或追求和平的理想是沿着正反两条线索展开的，一是从限制性角度提出"非攻"，直接反对破坏和平的攻伐之战，二是从勉励性角度倡导"交相利"，以义为先，相互帮助以克服攻伐之战可能带来或已经带来的伤害。

【原文】是故子墨子曰："今且天下之王公大人士君子，中情将欲求兴天下之利，除天下之害，当若繁为攻伐，此实为天下之巨害也。"（《墨子·非攻下》）

【释义】现在天下的王公大人士君子们，从内心来说都希望求得天下之利，除天下之害，但如果频繁地进行攻伐，那实际上是天下最大的灾祸。

【解读】墨子指出，王公大人们的理想信念是求得天下之利，但现实中却常常发起攻伐，给天下带来祸害。破解这种理念和现实之间的悖论，需要广纳贤良之士、秉持圣人王道、仔细研究"非攻"的道理。"求天下之利，除天下之害"是墨子追求的和平境界，当然这里的"天下"是天下人的天下，而非王公大人们的天下，求的是苍生百姓的最大化利益，而非王公大人们的一己私利。

【原文】故不尽知用兵之害者，则不能尽知兵之利也。（《孙子兵法·作战篇》）

【释义】因此，不能全面了解战争带来害处的人，就不能真正了解战争的利处。

【解读】战争带给人类的灾难和害处已无需赘言，孙子再三指出要全盘衡量战争可能带来的害处，体现了孙子"贵和"的精神。

【原文】国之贫于师者远输，远输则百姓贫。近于师者贵卖，贵卖则百姓财竭，财竭则急于丘役。（《孙子兵法·作战篇》）

【释义】国家兴兵打造导致贫困的一个重要原因就是长途转运军需。长途转运军需会使百姓贫穷，靠近驻地的物价就会上涨，物价上涨必然会耗费百姓的财富，最终导致国家财力的损耗，国家财力损耗必然会急于征收军赋。

【解读】孙子在《作战篇》中详尽论述战时长途转运军需与百姓贫富、通货膨胀、国力强弱、征集军赋之间的关系。以此告诫统治者随意发动战争可能导致的严重后果。孙子在这一问题上反复论述，不难看出他"贵和"的思想主张。另一方面，作为军事家，孙子并不是一味地回避战争，他在充分分析战争利弊之后，提出"因粮于敌"，即不得不面对战争的时候，应从敌方获取物资补充军需的策略。

【原文】孙子曰：夫用兵之法，全国为上，破国次之；全军为上，破军次之；全旅为上，破旅次之；全卒为上，破卒次之；全伍为上，破伍次之。是故百战百胜，非善之善者也；不战而屈人之兵，善之善者也。（《孙子兵法·谋攻篇》）

【释义】孙子说：凡用兵打仗的原则，是保全敌国的完整性使其不战而降为上策，攻破敌国取得胜利是次等策略；保全敌军不战而降是上策，攻击敌人获取胜利是次等策略；使敌军全旅不战而降是上策，击溃敌旅而取胜是次等策略；使敌人一个完整的卒不战而降是上策，击破敌人一个卒获得胜利是次等策略；使敌全伍不战而降是上策，击破敌伍而取胜是次等策略。因此，百战百胜，并非好的用兵策略中最好的，不通过战争而使敌人屈服，才是用兵策略中的最上策。

【解读】战争的实质和最直接目的是捍卫和获取国家利益，而捍卫和获取国家利益却可以通过比战争更胜一筹的"谋攻"来实现。"谋攻"的最高境界则是"不战而屈人之兵"。孙子用"全"和"破"、"战"和"屈"的比较诠释了用兵之上策和下策的区别。"全"意味着保全敌国、使之完整，"破"意味着伤亡杀戮使之溃败；"战"意味着兴师动众、劳民伤财，"屈"则不用一兵一卒即可使敌人投降。使敌人"全"而"屈"，而非"战"而"破"不仅能减少自我损伤，还能扩充自我力量。因此，通过攻城拔寨获取胜利和使用"谋攻"不战而胜，善与非善已清晰无比，再次彰显了孙子追求和平、反对战争的理想和仁民爱物的价值观。孙子的"不战而屈人之兵"不仅是著名的军事理念，应用于商业领域亦有同理之处。

【原文】故上兵伐谋，其次伐交，其次伐兵，其下攻城。攻城之法为不得已。（《孙子兵法·谋攻篇》）

【释义】因而，最好的用兵之策是采取谋略战胜敌人，其次是采用外交手段胜敌，再次是出兵打仗而战胜敌人，最下等的是攻城。攻城是在不得已的情况下进行的。

【解读】孙子采用递进的手法指出"谋""交""兵""攻"四种获胜方式的利弊高下，是从具体方法上对"不战而屈人之兵"理念的进一步探讨和补充。

【原文】故善用兵者，屈人之兵而非战也，拔人之城而非攻也，毁人之国而非久也，必以全争于天下，故兵不顿而利可全，此谋攻之法也。(《孙子兵法·谋攻篇》)

【释义】因此，善于用兵的人，使敌军降服而不依靠战争的手段，夺取敌人城池而不采用蚁附强攻的办法，摧毁敌国而不长久用兵。以"全胜"的策略与天下诸侯相争，就可做大军队不受挫而保全利益，这就是以"谋攻"取胜的基本原则。

【解读】此处是衔接上文，进一步对"谋攻"而"全胜"的策略做出总结。再次点明了"非战""全胜""谋攻"的重要意义。

【原文】是故屈诸侯者以害，役诸侯者以业，趋诸侯者以利。(《孙子兵法·九变篇》)

【释义】因此，用有害的事情使诸侯屈服，用建功立业使诸侯为我所用，以利益为诱使诸侯归附。

【解读】在孙子看来，使诸侯屈服归附并为我所用，不一定采取战争的方式，而是可以晓之以利害，用不利的事情使之畏惧降服，用利益诱惑使之甘愿归附。此处体现了孙子"不战而屈人之兵"的军事精髓和"慎战"的思想主张。

【原文】明主虑之，良将修之。非利不动，非得不用，非危不战。主不可以怒而兴师，将不可以愠而致战。合于利而动，不合于利而止。怒可以复喜，愠可以复悦，亡国不可以复存，死者不可以复生。故明君慎之，良将警之，此安国全军之道也。(《孙子兵法·火攻篇》)

【释义】英明的君主应考虑，贤良的将领应认真贯彻执行。不是于国有利不要采取行动；不能稳操胜券就不要随便动用兵力，不到危难时刻不要轻易发动战争。国君不可因情绪愤怒而兴师打仗，将帅不可因恼怒而发起战争。符合国家利益才能采取行动，不符合国家利益就要停下来。愤怒过后可以重新喜悦，恼怒之后也可再次开心，但国家亡了就不复存在了，死去的人亦不

可能再活过来。所以明智的君主对战争之事一定要慎之又慎，贤良的将领一
定要对此常怀警惕，这才是使国家安宁和军队完整的根本原则。

【解读】常言道，水火无情。战争中使用火攻的战法必然使敌方士卒死伤
惨烈，若有所差错还会玩火自焚。孙子的《火攻篇》开头介绍了火攻的几种
方式和注意事项，而在结尾却语重心长地道明了火攻的弊端，孙子以国破无
法恢复，人死不能复生的严重后果，对统治者和指挥者发出谆谆告诫。兴兵
打仗必须以国家利益为重，在确定能赢或面对危难的情况下才可以进行，切
不可受主观情绪的左右，因个人喜好而发起战争。可见，火攻对孙子而言是
不得不采取的下下策，再次体现了孙子"慎战""贵和"的思想。

【原文】若真修道人，不见世间过，若见他人非，自非却是左，他非我不
非，我非自有过，但自却非心，打除烦恼破。(《坛经·般若品第二》)

【释义】真正修道的人，不会特别关注别人的过失。如果经常关注别人的
过错，那自己的过失就大了。如果遇到别人讲是非，我们不能跟着讲，若是
跟着讲是非，那就是我们自己的过错。只要不去关注他人的是非与过失，就
能消除很多烦恼，减少很多争执。

【解读】此句属于慧能所授《无相颂》的内容，它不仅蕴含有佛教所倡观
心护念等思想，而且体现出禅宗六祖慧能大师的修道方法。佛教重视和平、
和谐，为此，早期佛教经典曾主张观心、制心，并提倡僧众以六和敬为相处
原则。在此基础上，禅宗六祖慧能大师更是倡导僧众多看自身的缺点，不找
别人的过错，以便维持僧团的和睦，进而将精力集中于自我改善、自我提升
的修道大业中。可以说，贵和是佛教团体生存发展的重要原则，在历朝历代
为各宗各派所倡导。

【原文】心平何劳持戒，行直何用修禅，恩则孝养父母，义则上下相怜。
让则尊卑和睦，忍则众恶无喧。(《坛经·疑问品第三》)

【释义】心平气和比持戒更为根本，行为正直比参禅更加重要，人生在世
应该谨记感恩知义，谦让能营造和睦相处的氛围，忍耐有助于化解争执喧闹。

【解读】此句直观明晰地诠释了佛教哲学的贵和理念，而且它使人注意到，
佛教禅宗对于六和敬这一原则高度重视。追溯历史可知，佛教为了促使僧众
和睦共处，早在初创期就提出了六和敬这一基本理念。当聚众山林、协作共
生的禅宗于中国诞生后，为了确保群体生活的团结有序，历代禅门大德都主

张僧众和睦相处。特别是六祖慧能大师，更是明确倡导互相谦让、忍耐，以便杜绝争执喧闹，营造和睦氛围。

【原文】若言下相应，即共论佛义，若实不相应，合掌令欢喜。此宗本无诤，诤即失道意……时徒众闻说偈已，普皆作礼。并体师意，各各摄心，依法修行，更不敢诤。（《坛经·付嘱品第十》）

【释义】你们今后到外面去弘扬佛法，如果遇到相应的，就可一起探讨无上的法义；如果实在不相应，就应合掌恭敬，令对方欢喜。因为禅宗不是提倡争论的，或是跟人辩论，就违背了禅宗真实的道义……当时，弟子门人听闻此偈后，全都行礼致敬。并且各自体悟慧能大师的良苦用意，收摄身心，依照大师所教法门认真修行，不再心生争执。

【解读】此句使人明白，佛教禅宗注重和睦、和谐，不主张言语上的争论，对于冲突更是坚决反对。在佛教的教义中，曾有无诤三昧理念，它将避免争执的处世方法称为无诤三昧。结合《坛经》的相关文字可知，其中很多思想不仅蕴含贵和精神，而且与无诤三昧高度契合。

第八章　致远

　　诚实无欺，是为信也。员工无信不立，企业无信不兴，故讲信为企业兴盛之源。睦者，和也，讲信则人和事齐。然世事复杂，贤者如有源之水，盈科而后进，以己之信，平沟壑，涤污杂，讲信修睦而致远。

　　【原文】夫大人者，与天地合其德，与日月合其明，与四时合其序，与鬼神合其吉凶。（《周易·乾·文言》）

　　【释义】乾卦九五爻辞所说的"大人"，他的道德与天地相符合，他的光明像日月一样煊赫无碍，他的行为像四时一样井然有序，他的预言像鬼神一样莫测难识。

　　【解读】经文一方面说的是"大人"的德行，另一方面也可以认为是"大人"的目标。这个目标与"天地""日月""四时""鬼神"相结合，由此也反映出该目标的高远深刻。这也告诉我们一个人要想走得更远，他不能只是停留在"人"的层面，更应该从"人"的层面超越出来，以一种更大的包容性去探索与思考"物"的层面，在天地、日月、四时等中寻找智慧，从对自我的执着中摆脱出来，提高自我生命的宽度和厚度。

　　【原文】《象》曰：天行健，君子以自强不息。（《周易·乾》）

　　【释义】《象传》说：天上的太阳日复一日地东升西落，君子看到后当效法它自强不息的精神。

　　【解读】这句话主要说明了人的生命就像天地的运行一样，四时行焉，百物生焉，昼夜交替，丝毫不差。人应当效法天地，对自我负责，完成自己所处位置的使命，不可懈怠。人们在生活中，想要实现自己的目标，从而行至远方，就需要有这种不懈努力的过程，这也就是《道德经》说的"千里之行，始于足下"。所以，每个人在自己的人生长河中都需要自强不息、乾乾终日。这是一种对自我、对他人负责的态度，是我们可以完成千里之行的必要条件。

【原文】子曰："危者，安其位者也；亡者，保其身者也；乱者，有其治者也。是故君子安而不忘危，存而不忘亡，治而不忘乱，是以身安而国家可保也。"（《周易·系辞》）

【释义】孔子说："危险是因为曾经安逸于其位。消亡是因为过度看重所拥有的物品。混乱是因为曾经沉湎于和平之中。所以君子当居安思危，存而思亡，治而思乱。这样才可以使得身体安定，国运延续。"

【解读】经文强调，一个人想要致远，则必须谨慎，要居安思危，放低姿态。否则，便容易得意忘形，由高转低。从经文中，还可以得出一个重要结论，即生命要保持一种必要的紧张状态，不可松懈，一旦沉迷于酒食歌舞，则会有相应的不良结果出现。这种合理的紧张感是能够走得更远的必要条件。因此，人们在工作生活中，也要有相应的忧患意识，为自己制定合理的目标，从而给予自己相应的压力，这样则有利于明晰自我目标，提高做事效率，克服惰性，稳健前行。

【原文】肆类于上帝，禋于六宗，望于山川，遍于群神。（《尚书·尧典》）

【释义】以类礼祭天，以精一洁净的禋祀之礼祭六代祖先，以望礼祭祀名山大川，祀礼遍及众神。

【解读】《论语》中曾子说"慎终追远"，其中一层重要意思便是要追思我们的先祖。经文中所说要祭祀的对象不仅包括先祖，还有天地山川都在其中，这也意味着对天地的敬畏之心。在现代社会，在任何一个集体中，也都要常怀一种敬畏之心，要懂得彼此尊重，如此，个人才能更好地成长，企业才能走得更远。

【原文】无有作好，遵王之道；无有作恶，尊王之路。无偏无党，王道荡荡；无党无偏，王道平平；无反无侧，王道正直。（《尚书·洪范》）

【释义】不能只顾私人利益，应当遵循君王正道而前进。不要为非作恶，要遵循君王的正路行走。不要偏私，不要结党，君王的道路将无比宽广。不要结党，不要偏私，君王的道路将无比平坦。不要反复，不要倾侧，君王的道路中正平直。

【解读】经文告诉人们应当坦坦荡荡地前行，反反复复地强调不要偏私结党，不要反复倾轧。作为个体，必然都是要在集体中生活，集体在给个体安全保障的同时，也必然要限制个人的自由，同时会使个体墨守陈规地去遵守一些习惯。所以，面对集体时，个体就需要有自己的态度。经文所说的不偏不党就是建立在自我对集体进行理性思考的前提下，这就要求人们首先要有独立的思考能力，不能随波逐流，同时又要找到自我价值与集体价值的统一之处，切不可将集体的规章制度简单地视为个体自由选择的对立面。恰恰我们需要在集体的约束之下，实现一种个体的内在自由。个体的内在自由程度有多高，就决定了个体究竟能走多远，个体走得越远，这个集体才会走得越远。因此，在根本上，集体和个体的利益是一致的，两者相得益彰，相互保障，相互进退，相互成全。个体不能单纯认为集体的规章制度就是对自己的限制，集体也不能把个体的个性抹去而仅仅追求所谓的一致性。

【原文】猗与漆沮，潜有多鱼。有鳣有鲔，鲦鲿鰋鲤。以享以祀，以介景福。（《诗经·周颂》）

【释义】美好的漆水和沮水，许多鱼儿在此悠游。有鳣鱼有鲔鱼，鲦鲿鰋鲤游其中。用这鱼来祭祀先祖，先祖降下福分延绵不绝。

【解读】经文描述了一幅鱼儿悠游的和谐景象。由此而说到祭祀先祖，先祖降下福泽，以护佑子孙能够和睦致远。文中所描绘的和谐景象是适合行稳致远的外部环境。如果没有漆水和沮水，就没有鳣鱼、鲔鱼、鲦鲿、鰋鲤，因此外部环境是非常重要的。人必然会被环境所塑造，由此可知，要致远，先要学会为自己选择一个好的外部环境，同时还要通过自身努力来改善外部环境。也要努力营造好内部环境，这就是经文中说的"以享以祀"，说的就是敬畏之心和虔诚行为。这样内外因素相互配合协调，才能够行稳致远。

【原文】死生契阔，与子成说。执子之手，与子偕老。于嗟阔兮，不我活兮。于嗟洵兮，不我信兮。（《诗经·邶风》）

【释义】生离死别，我们说过要相知相守。牵起君之手，与君相老去。哎，太遥远了，我将如何寻得你？哎，太漫长了，我将如何履诺言？

【解读】这首诗更多被解读为男女相许终身，白头偕老之愿，也可以理解为一个人对自己修行的要求。"死生契阔，与子成说。执子之手，与子偕老"

说的是一个人自我修行的愿景和决心，希望能够修行而致远；"于嗟阔兮，不我活兮。于嗟洵兮，不我信兮"说的是一个人在修行过程中所遇到的困难。一个人的修行之路并非平平稳稳，而是充满了各种坎坷磨难，所以道路是非常漫长、非常遥远的。但是路在脚下，修行便是从眼前的路一点点开始，就像《道德经》说的"千里之行，始于足下"。这句话强调实践，强调一点一点地积累。

【原文】男有分，女有归。货恶其弃于地也，不必藏于己也；力恶其不出于身也，不必为己。是故谋闭而不兴，盗窃乱贼而不作，故外户而不闭。是谓大同。（《礼记·礼运》）

【释义】男子各安其分，女子各嫁其人。所厌恶的是，东西被随便弃于地上，物不尽其用，不必说东西一定要藏在自己身上；力量厌恶的是不从身体发出来，不必只是为了自己。因此，阴谋之门被关闭，无法兴起，偷盗窃取的行为便无法进行，人们的大门都可以不用关闭。这就是所谓的大同。

【解读】这里描述的是一个极其和谐的社会景象，即经文所谓的"大同"。要实现这样的理想，便要开放心胸，不要私藏货品，要懂得分享，如果有用的东西只是藏为己有，久而久之，这个东西便会失去其价值；有能力的人要贡献出自己的才能，而不能将才能掩藏起来，或者只是为了实现自己的利益。因此说要有一个高远的理想，从而开阔胸怀，分享才能，这样才能走得更远。

【原文】父母虽没，将为善，思贻父母令名，必果；将为不善，思贻父母羞辱，必不果。（《礼记·内则》）

【释义】父母虽然去世了，但孩子仍然要行善，将行善的美名归诸父母，所以一定要有行善之决心；即将要做不善之举，那么就要想到这将会羞辱父母之名，因此一定不能如此行之。

【解读】经文从为善去恶的角度，延伸了自我与父母之间的生命关系，从而使得个体将自我的行为选择与生命的延续和传承结合起来，如此有利于确立更高的目标，向着更远的地方前行。在工作生活中，需要确立远大的目标，应该把自身放在更加广阔的背景中去审视，追求更好的生命状态。

【原文】君子有三患：未之闻，患弗得闻也。既闻之，患弗得学也。既学之，患弗能行也。君子有五耻：居其位，无其言，君子耻之。有其言，无其行，君子耻之。既得之而又失之，君子耻之。地有余而民不足，君子耻之。

众寡均而倍焉，君子耻之。（《礼记·杂记》）

【释义】君子有三种忧患：知识没有听闻，忧患无法听闻。已经听闻了之后，忧患无法进一步踏实地学习。已经学习了之后，忧患无法将之落实到具体实践之中。君子有五种耻辱：在一个位置上，却说不出这个位置所当说的承诺，君子以之为耻。说出一个承诺，却无法践行它，君子以之为耻。得到一个东西复又失去它，君子以之为耻。土地有余而百姓却不足，君子以之为耻。数量的多与少与他人相类似，可他人却能产出成倍于自己的成果，君子以之为耻。

【解读】经文述说了君子的三种忧患和五种耻辱，力图告诫人们要有高远的志向。首先是闻、学、行，三者要统一，不可偏废，尤其是要有立志于学的志向，以及将所学知识落实到具体实践的决心和胆略。这三种忧患主要是针对自我而言的。五种耻辱则是从效果的角度进行阐述，主要是针对自我与他人的关系来说的，强调一个人要有言有信，要学会守住财富（包括物质财富和精神财富），并且提高做事效率，如此方可踏实地行至远方。

【原文】是故先王之制礼乐也，非以极口腹耳目之欲也，将以教民平好恶，而反人道之正也。（《礼记·乐记》）

【释义】所以先王制定礼乐，不是为了穷极口腹耳目的欲望，其目的是为了教导百姓平衡自己的好恶，从而返回人的中正之道。

【解读】先王制定礼乐，其目标是非常高远的，是为了让百姓能够达到一种更好的生命状态和生活状态。在部门工作中，也需要有一个合理的长期规划，动员所有人都参与进来，提高每个成员的积极性；即使是普通成员，也要有目的地为自己制定好目标，将礼乐观念融入自己的生活学习之中。

【原文】君子曰：礼乐不可斯须去身。致乐以治心，则易、直、子、谅之心油然生矣。易、直、子、谅之心生则乐，乐则安，安则久，久则天，天则神。（《礼记·乐记》）

【释义】君子说：礼乐每时每刻都不可离开身心。致力于乐则可以治理内心，则平易、正直、慈爱、诚信之心就会油然而生。平易、正直、慈爱、诚信之心油然而生则会引起快乐，内心感到快乐就会安定，安定就会长久，长久便能符合天道，符合天道则感动神灵。

【解读】礼乐何其重要，不可须臾去身。因为一旦离开，那么思想就会被非礼乐的东西侵占。所以经文强调待人接物要格外谨慎，内在的"乐"和外在的"礼"都要时刻存在，并将之作为自己的行为准则。如此言行，才能产生平易、正直、慈爱、诚信的品质。内心的安稳正是在这些品质的基础上产生的。所以一个人想要致远，则要对自我有严格要求，如经文所说的"礼乐不可斯须去身"。对于有志于提高自己生活品质、生命厚度的个体来说，这种持续性的自我要求是必不可少的阶段，并且在自我的意识中，要对这一点有清晰的认知。意识方面和行动方面缺一不可，如果缺乏明确的意识，则行动会模糊而摇摆不定；如果缺乏行动，则意识就会落空而成为梦幻泡影。因此，可以说生活乃是一件非常严肃的事情，容不得半点马虎，并且随着年龄的增长，这种严肃性会日渐增强。

【原文】子曰："人而无信，不知其可也。大车无輗，小车无軏，其何以行之哉？"（《论语·为政》）

【释义】孔子说："一个人如果不讲信誉，真不知他怎么办。就像大车没有輗，小车没有軏，怎么能行驶呢？"

【解读】古代用牛拉的车叫大车，用马拉的车叫小车。两者都要把牲口套在车辕上。车辕前面有一道横木，就是驾牲口的地方。那横木，大车上的叫作鬲，小车上的叫作衡。鬲、衡两头都有关键（活销），輗就是鬲的关键，軏就是衡的关键。车子没有輗和軏，自然无法套住牲口，那怎么还能行驶呢？

孔子在这里强调了信守承诺的重要性，唯信能致远也。

【原文】丘也闻，有国有家者，不患寡而患不均，不患贫而患不安。盖均无贫，和无寡，安无倾。夫如是，故远人不服则修文德以来之，既来之，则安之。（《论语·季氏》）

【释义】我（孔子）听说，有国家或有封地的人，不怕人口少而担忧财富不均；不怕贫困而担忧不安定。因为财富均衡就没有贫穷，社会和谐就不觉得人口少，境内安定就不会有灭亡的危险。这些都做到了，远方的人还不归服，那就再修仁义礼乐来招致他们。他们来归服了，就要使他们安心生活。

【解读】就季氏将伐颛臾一事，孔子与弟子冉有和子路展开了辩论。孔子在这里提出了治国的三个原则，即"均无贫，和无寡，安无倾"。做到了这三点，国家才能长久致远。

【原文】曾子曰："士不可以不弘毅，任重而道远。仁以为己任，不亦重乎？死而后已，不亦远乎？"（《论语·泰伯》）

【释义】曾子说："读书人不可以不宏大刚毅，因为他负担沉重，路程遥远。以推行仁德于天下为己任，难道不沉重吗？兢兢业业、到死方休，难道不遥远吗？"

【解读】读书人应该以天下为己任，将个体的生命价值，投身到治国平天下的社会理想之中，只有这样，才能获得长久的道德生命。

后世张横渠有言："为天地立心，为生民立命，为往圣继绝学，为万世开太平。"这种"以天下为己任"的崇高使命，是中华文化生命得以延续的根本，也是民族精神延续的根本。

【原文】孟子曰："道在迩而求诸远，事在易而求诸难：人人亲其亲、长其长，而天下平。"（《孟子·离娄章句上》）

【释义】道在近处却往远处求，事情本容易却往难处做——只要人人都亲爱自己的父母，尊敬自己的长辈，天下就太平了。

【解读】安定天下的"大道"并不遥远，就在我们的身旁，可是人们有时候反而向外去攀求；事情也并没有那么难，人们把它搞得太复杂，把它想得太困难。怎么样能达到和谐的社会呢？就是"人人亲其亲，长其长，而天下平"，每个人都孝顺父母、友爱兄长、尊重长辈，家庭不就和乐了吗？社会不就安定了吗？做好自己，推己及人，天下太平就不远了。

【原文】孟子曰："伯夷辟纣，居北海之滨，闻文王作，兴曰：'盍归乎来，吾闻西伯善养老者。'太公辟纣，居东海之滨，闻文王作，兴曰：'盍归乎来，吾闻西伯善养老者。'天下有善养老，则仁人以为己归矣。五亩之宅，树墙下以桑，匹妇蚕之，则老者足以衣帛矣。五母鸡，二母彘，无失其时，老者足以无失肉矣。百亩之田，匹夫耕之，八口之家足以无饥矣。所谓西伯善养老者，制其田里，教之树畜，导其妻子使养其老。五十非帛不暖，七十非肉不饱。不暖不饱，谓之冻馁。文王之民无冻馁之老者，此之谓也。"（《孟子·尽心章句上》）

【释义】孟子说："伯夷躲避纣王，住到北海海边，听说文王兴起来了，便说：'何不归向西伯呢！我听说他是善于赡养老者的人。'姜太公躲避纣王，住到东海海边，听说文王兴起来了，便说：'何不归向西伯呢！我听说他是善于赡养老者的人。'天下有善于赡养老者的人，那仁人便把他那儿作为自己的归宿了。五亩地的宅子，在墙下栽植桑树，妇女养蚕缫丝，老年人足以有丝绵衣穿了。五只母鸡，两只母猪，按时节加以饲养，使它们繁殖，老年人足以有肉吃了。百亩的土地，男子去耕种，八口之家足以吃饱了。所谓西伯善于赡养老者，在于他制定了土地制度，教育人民栽种和畜牧，引导百姓奉养老人。五十岁，没有丝绵便穿不暖；七十岁，没有肉吃便感到饥饿。穿不暖，吃不饱，叫作挨冻受饿。文王的百姓中没有挨冻受饿的老人，就是这个意思。"

【解读】 孟子列举了周文王爱民而供养老人的事例，说明周朝之所以得到天下，不在于武力的征服，而是获得了民心。因此，施行仁政、养民爱民，是天下归心、达于长远的根本之道。

【原文】 孟子曰："孔子登东山而小鲁，登泰山而小天下，故观于海者难为水，游于圣人之门者难为言。观水有术，必观其澜。日月有明，容光必照焉。流水之为物也，不盈科不行；君子之志于道也，不成章不达。"（《孟子·尽心章句上》）

【释义】 孟子说："孔子登上东山，便觉得鲁国渺小；登上泰山，便觉得天下渺小；所以对于见过海洋的人，别的水便难以吸引他了；在圣人门下学习过的人，别的议论便很难吸引他一听了。观看水波也有讲究，一定要看它汹涌澎湃的壮观。太阳月亮的光辉，一点小缝隙都能照到。水流不把洼地灌满，就不再向前流；君子有志于道，不到一定的程度，也就不能通达。"

【解读】 这段话包含两方面的含义：首先，立志要高远，胸襟要开阔，人的境界会随着站位的增高而不断提升，人的格局也会因为视野的开阔而不断拓展；其次，基础要扎实，要循序渐进，逐步通达，君子之道同样如此，久久为功，方能致远。

【原文】 孟子曰："由尧舜至于汤，五百有余岁，若禹、皋陶，则见而知之。若汤，则闻而知之。由汤至于文王，五百有余岁，若伊尹、莱朱，则见而知之；若文王，则闻而知之。由文王至于孔子，五百有余岁，若太公望、散宜生，则见而知之；若孔子，则闻而知之。由孔子而来至于今，百有余岁，去圣人之世若此其未远也。近圣人之居若此其甚也，然而无有乎尔，则亦无有乎尔！"（《孟子·尽心章句下》）

【释义】 孟子说："从尧舜到汤，经历了五百多年，像禹、皋陶那样的人，便是亲眼看见尧舜之道而继承的；像汤，便是听说了尧舜之道而继承的人。从商汤到周文王，又有五百多年，像伊尹、莱朱那样的人，是亲眼看见商汤之道而继承的；像文王，则是听说商汤之道而继承的。从周文王到孔子，又是五百多年，像太公望、散宜生那样的人，是亲眼看见文王之道而继承的；像孔子，则是听说文王之道而继承的。从孔子到现在，一百多年了，离开圣人在世的年代这样的不远，距离圣人的家乡这样的近，但是却没有亲眼看见圣人之道而继承的人了，以后恐怕也没有听说圣人之道而继承的人了吧。"

【解读】这是《孟子》全书收尾的一章，一方面，孟子以"五百年"为一阶段，历述了过去时代那些具有里程碑性质的圣贤，形成了一个儒家世代相传的"道统"；另一方面，儒家道统自孔子之后，瓜果飘零，无有继承者，孟子又表达了对圣贤的道统即将中断的忧虑。当然，另一层隐喻的意涵是，孟子还表达了对祖述尧舜、宪章文武、续接孔子的自我期许。

从孔孟到现在，儒家文化确实成了中华文明的主干脉络，被长久继承和发展下来了。

【原文】爱有大物，非丝非帛，文理成章；非日非月，为天下明。生者以寿，死者以葬。城郭以固，三军以强。粹而王，驳而伯，无一焉而亡。臣愚不识，敢请之王？

王曰："此夫文而不采者与？简然易知而致有理者与？君子所敬而小人所不者与？性不得则若禽兽、性得之则甚雅似者与？匹夫隆之则为圣人，诸侯隆之则一四海者与？致明而约，甚顺而体，请归之礼。"（《荀子·赋》）

【释义】这里有个重要东西，既不是丝也不是帛，但其纹理清晰、斐然成章。既非太阳也非月亮，但给天下带来明亮。活人靠它享尽天年，死者靠它得以殡葬；城郭靠它来巩固，军队靠它而强大。完全按照它的要求做就能称王，错杂按照它的要求做也能称霸，完全不用它就会灭亡。我很愚昧不知其详，大胆请教君主。

王说："这东西有文饰而不华丽吧？简单易懂而非常有条理吧？君子敬重它而小人轻视它吧？人性没得到它熏陶就会像禽兽、得到它熏陶就很端正吧？一般人尊崇它就能成为圣人、诸侯尊崇它就能使天下统一吧？极其明白而又简约，非常顺理而得体，把它归结为礼吧。"

【解读】礼是荀子思想最核心的概念之一。在这里，荀子采用一问一答的形式、反问排比的句式，对于"礼"的特征和作用，做了详细的说明。普通人想成为圣人，诸侯君王想一统天下，社会想长治久安，离不开此"致明而约，甚顺而体"之礼。

【原文】皇天隆物，以施下民；或厚或薄，帝不齐均。桀、纣以乱，汤、武以贤。涽涽淑淑，皇皇穆穆。周流四海，曾不崇日。君子以修，跖以穿室。大参乎天，精微而无形。行义以正，事业以成。可以禁暴足穷，百姓待之而后泰宁。臣愚不识，愿问其名。

曰："此夫安宽平而危险隘者邪？修洁之为亲而杂污之为狄者邪？甚深藏而外胜敌者邪？法禹、舜而能弇迹者邪？行为动静，待之而后适者邪？血气之精也，志意之荣也，百姓待之而后宁也，天下待之而后平也，明达纯粹而无疵也，夫是之谓君子之知。"（《荀子·赋》）

【释义】上天降下一种东西，用来施给天下百姓。有人丰厚，有人微薄，常常不会整齐平均。夏桀、商纣因此昏乱，成汤、武王因此贤能。有的混沌有的清明，有的盛大有的细微。它遍行天下，还不到一天的时间。君子靠它修行，盗跖靠它行窃。它的高大和天相并，细微而无影无形。德行道义靠它端正，事情功业靠它完成。可以用来禁止暴行，可以用来致富脱贫；百姓依靠了它才能太平。我很愚昧不知其情，希望打听它的名称。

回答说："它使宽厚平和的安全，而使阴险狭隘的危险吧？它亲近美好廉洁之德，而疏远杂乱肮脏之行吧？它很深地藏在心中，而对外能战胜敌人的吧？它是效法禹、舜，而能沿着他们的道路的吧？行为举止依靠了它，然后才能恰如其分吧？它是血气的精华，是意识的精英。百姓依靠了它然后才能安宁，天下依靠了它然后才能太平。它明智通达纯粹而没有任何瑕疵，这就叫作君子的智慧。"

【解读】中华传统文化特别是儒家文化具有重视"德"（道德）而不重视"知"（理性）的倾向。荀子在这里强调了"知"的重要性。知是聪明，是见解，是认知，也是智慧，百姓依靠了它然后才能安宁，天下依靠了它然后才能太平。在"尊德性"之外，荀子另外开辟了一条"道问学"的路径，对于中华文化产生了深远影响。

【原文】所谓诚其意者，毋自欺也。如恶恶臭，如好好色，比之谓自谦，故君子必慎其独也。（《大学》）

【释义】所谓诚其意者，是要人于意念发动之时，就真真实实禁止了那自己欺谩的意思，使其恶恶如恶臭一般，是真心恶他。好善如好好色一般，是真心好他，这就叫作心中快足，所以君子在独处时一定谨小慎微。

【解读】修行的起步在于诚意，然要诚意，首先要做到不自欺，然后才不欺人。不自欺，就要发自真心。当一个人独处一室，在无他人监管的时候，就有可能恣意妄为，露出他本来的面目。所以独处之时，最是考验一个人真心真意的时候，更应该谨慎，充满诚意。

【原文】富润屋，德润身，心广体胖，故君子必诚其意。（《大学》）

【释义】财富可以修饰房屋，道德可以修饰身心，心胸宽广可以使身心舒坦，所以君子一定要做到意念诚实。

【解读】人若富足，自然华美其屋；人若有德，自然诚中形外，华美其身。所以有德的人，自然心境宽广，体态自然，然而德自诚意中来，所以为学的人必须慎独以诚其意。

【原文】齐明盛服，非礼不动，所以修身也；去谗远色，贱货而贵德，所以劝贤也；尊其位，重其禄，同其好恶，所以劝亲亲也；官盛任使，所以劝大臣也；忠信重禄，所以劝士也；时使薄敛，所以劝百姓也；日省月试，既廪称事，所以劝百工也；送往迎来，嘉善而矜不能，所以柔远人也；继绝世，举废国，治乱持危，朝聘以时，厚往而薄来，所以怀诸侯也。（《中庸》）

【释义】清心寡欲，服饰端正，无礼的事不做，这是修养德行的方法；摒弃谗言，疏远美色，轻视财物而重视德行，这是勉励尊重贤人的方法；尊崇亲族的地位，奉献给他们财物，与亲族有共同的爱和恨，这是尽力亲爱亲族的方法；为大臣设足够的下官以供任用，这是鼓励大臣的方法；以诚待之，厚禄养之，这是体谅士的方法；根据节令使役，赋税微薄，这是爱惜百姓的方法；规范考核，给他们的收入与他们的工作相称，这是鼓励工匠的方法；盛情相迎，热情相送，奖励有才干的，同情才干不足的，这是优待边远异族的方法；承续中断的家庭世系，复兴没落的国家，整治混乱，解救危难，定按时朝见聘问，赠礼丰厚，纳贡微薄，这是安抚诸侯的方法。

【解读】这段话描述了修身养性及治理天下的一些方法，提倡通过合理的治理手段，对不同类型社会群体给以其所需的应有待遇，修身立德，以诚待人，任贤使能，孝亲重义，关心下属，厚禄群臣，爱惜百姓，轻徭薄赋，体谅士人，鼓励工匠，优待异族，解救危难，整治混乱，安抚诸侯，取信于民，以达到长治久安、天下太平的治理效果。这种长久太平的理想局面，正是贤文化引领现代企业发展所追求的目标之一。贤文化主张以诚信为基础，从提升员工素养开始，培养诚实守信的员工队伍，践行诚实无欺的经营管理理念，营造真诚和谐的企业氛围，建设讲信修睦而致远的现代企业。

【原文】凡事豫则立，不豫则废。言前定则不跲，事前定则不困，行前定则不疚，道前定则不穷。（《中庸》）

【释义】凡事提前做好计划就容易成功，没有计划就容易失败。说话之前想好了怎么说就不会语塞，做事之前预谋好了就不会感到困难，行动之前想好了充分的理由就不会后悔和愧疚，道路和方法事先想好了就不会陷入绝境。

【解读】这段话强调了规划和远见的重要性，只有事先做好细致的考虑和周密的计划，才不至于说话做事的过程中手忙脚乱，才有利于过程的顺畅，有利于克服各种困难把所做的事业发展壮大，有利于在纷繁复杂的变化中井井有条地处理好各种事务。贤文化提倡真诚面对生活、诚实做人、诚信做事，认为讲信修睦为企业兴盛之源，在复杂多变的世态中保持真诚无私的贤者风范，使仁厚的德行和博大的胸怀如有源之水，盈科而后进，以己之信，平沟壑，涤污杂，讲信修睦而致远。

【原文】至诚之道，可以前知。国家将兴，必有祯祥；国家将亡，必有妖孽。见乎蓍龟，动乎四体。祸福将至，善，必先知之；不善，必先知之。故至诚如神。（《中庸》）

【释义】具有真诚之德行的圣人可以预知未来。国家将要兴盛，必定有吉祥的前兆；国家将要衰败，必定有妖孽作怪的征兆。占卜时呈现在蓍草龟甲上，日常中体现在仪容行动之中。祸福要来临时，好事一定会提前感知到，不好的事也一定提前感知到。因此，最高境界的真诚如同神灵一般。

【解读】具有至诚之心的圣人，能够根据事物现有的状态而知道将会产生的结果，因为任何事物的产生和发展都遵循着自身的规律，现有的特征会诚实无欺地预示着将会产生的结果。故此，无论国家治理还是做人做事，都应该着眼于长远而又着手于当下，在事物发展的每一个环节上做到尽善尽美，这样才能够保障事物沿着健康的方向长久兴盛。贤文化提倡建设百年企业要从诚信开始，指出员工无信不立，企业无信不兴，故讲信为企业兴盛之源。

【原文】故至诚无息。不息则久，久则征。征则悠远，悠远则博厚，博厚则高明。(《中庸》)

【释义】所以，最高境界的真诚是永不休止的。永不休止就会长久，长久就能显现出效验，有效验就会深远无穷，深远无穷就会博大深厚，博大深厚就会高大光明。

【解读】这段话论述了尊至诚之道而长久无穷的道理。"诚"在《中庸》思想中具有很重要的地位，是做人之根本，处事之原则，是沟通天人之际的桥梁，是万事万物的恒久之道。君子追求至诚的道路永无止境，在不断的磨砺中积累道德资本，使自我道德博厚如地，高明如天，这也是值得人们用一生追求的目标，是人格完善和素养提升的过程，是使生命的意义和价值得以延伸的有效方法。贤文化提倡的致远理念，要求做人做事从诚信开始。

【原文】天地之道，可一言而尽也：其为物不贰，则其生物不测。天地之道：博也，厚也，高也，明也，悠也，久也。(《中庸》)

【释义】天地的法则，就在一个"诚"字。正是因为生化万物的本初元素精诚不二，所以能够化育的万物多得无法估量。天地之道可谓博大、深厚、高大、光明、悠远、长久。

【解读】人们都知道天长地久，天地所以能够长久，是因为天地诚实无欺地化育和生养万物。天地之道博大、深厚、高大、光明，正是因为天地具有这样伟大的德行，所以能够悠远、长久，根源就在于天地精诚不二之道。贤文化提倡学习天地之精神，诚实无欺，建设讲信修睦而致远的美好生活。

【原文】是故君子动而世为天下道，行而世为天下法，言而世为天下则。远之则有望，近之则不厌。(《中庸》)

【释义】因此，君子的举动能世世代代成为天下的法则，君子的行为能世世代代成为天下的法度，君子的言谈能世世代代成为天下的准则。离得远使人仰慕，离得近也不让人厌烦。

【解读】在《中庸》思想中，君子治理天下要以自身的品德为基础，其善心和才能在百姓中得到验证和信任，不违背传世伦理和天道法则，无愧于天地良心，知天命，知人事，其言行令圣贤赞同。这样的君子，其行为举止可以长久地作为天下的标准，其言语思想可以世世代代作为天下的法则，其德行和功勋能够福泽后世，绵延久远。贤文化提倡积累道德资本，真诚笃定地沿着久远的目标前进，即使遇到纷繁复杂的各种现象，也应该以博大深厚的德行和诚实无欺的品格感化一切，勇往直前。

【原文】辟如天地之无不持载，无不覆帱；辟如四时之错行，如日月之代明。万物并育而不相害，道并行而不相悖，小德川流，大德敦化。此天地之所以为大也。（《中庸》）

【释义】就像天地那样没有什么不负载，没有什么不覆盖的。又好像四季的更替运行，日月交替光明，万物同时生长发育互不伤害，天地的道同时运行而互不违背。小的德行如同河水长流不息，大的德行能够化育出淳朴敦厚的万事万物，这就是天地的伟大之处。

【解读】儒家把修身修德作为毕生的追求，继承尧舜之道，以先王圣贤为典范，上遵天时，下合地理，使自己的胸怀像天地那样没有什么不能够承载，使自己的德行就像日月那样没有什么不能够覆盖，保障和谐有序的社会生活；顺应天地自然之道，就像四季更替运行、日月交替光明，万物并存成长互不伤害，培养出博厚的德行，能够像河水那样川流不息。这也正是贤文化致远理念的思想源头，贤文化指出，讲信为企业兴盛之源，讲信则人和事齐。

【原文】濂溪先生曰：治天下有本，身之谓也。治天下有则，家之谓也。本必端，端本，诚心而已矣。则必善，善则，和亲而已矣。家难而天下易，家亲而天下疏也。（《近思录·治体》）

【释义】周敦颐说：治理天下有其根本，这个根本就是治理者自己。治理天下有一定的样板，这个样板就是家庭。根本一定要端正。端正的方法，在于诚心而已。样本一定要善，使其善的方法，在于亲人和顺而已。治家难，治天下易，这是因为家人亲而义难胜情，天下疏而公易制私。

【解读】自家庭而至国家，自家人而至天下之人，治好家，就能进一步治好一个国家，能让家人和顺，就能让天下人也能和顺，从治家到治国，由近至远，都在于正心诚意而已。

【原文】曲则全，枉则直，洼则盈，敝则新，少则得，多则惑。是以圣人抱一，为天下式。不自见故明，不自是故彰，不自伐故有功，不自矜故长。夫唯不争，故天下莫能与之争。古之所谓曲则全者，岂虚言哉！诚全而归之。（《道德经》）

【释义】委曲才能保全，屈枉才能直伸；低洼才能充盈，陈旧才会更新；少取才能获得，贪多就会迷惑。所以圣人坚守"一"作为天下的范式，不自我显示，反能显明；不自以为是，反能彰显；不自己夸耀，反能有功劳；不自我矜持，反能长久。正因为不与人争，所以天下没有人能与他争。古人所谓"委曲才能保全"的话，怎么会是假话？它是实实在在能使人保全而善终的。

【解读】老子总能看到别人看不到的"事物的反面"，老子总能想到别人想不到的"否定的方法"。

【原文】上士闻道，勤而行之；中士闻道，若存若亡；下士闻道，大笑之，不笑不足以为道。故建言有之：明道若昧，进道若退，夷道若颣。上德若谷，大白若辱，广德若不足，建德若偷，质真若渝。大方无隅，大器晚成，大音希声，大象无形。道隐无名，夫唯道善贷且成。（《道德经》）

【释义】上士听了"道"，努力实践；中士听了"道"，将信将疑；下士听了"道"，加以嘲笑。不被嘲笑，那就不足以成为真正的道。因此，通常有这样的说法：光明的道好像暗昧；前进的道好像后退；平坦的道好像崎岖。崇高的德好像峡谷；广大的德好像不足；刚健的德好像怠惰；质朴纯真好像混浊未开。最大的洁白，好像含有污垢；最大的方正，好像没有棱角；最大的声响，好像无声无息；最大的形象，好像没有形状。道幽隐而没有名称，无名无声。只有"道"，才能成就万物。

【解读】事物总是相反相成，事物呈现出的状态也是如此。

【原文】名与身孰亲？身与货孰多？得与亡孰病？是故甚爱必大费，多藏必厚亡。知足不辱，知止不殆，可以长久。（《道德经》）

【释义】声名和身体相比，哪一个更为亲近？身体和财富相比，哪一个更为贵重？得到和失去相比，哪一个更有害？过分吝惜必定招致更大的代价，过于积敛必定招致更惨的损失。所以，懂得满足，就不会遭到屈辱；懂得适可而止，就不会遇到危险；这样才能长久。

【解读】"知足不辱，知止不殆，可以长久"。人生最难得的，是"知止"。

【原文】不出户，知天下。不窥牖，见天道。其出弥远，其知弥少。是以圣人不行而知，不见而明，不为而成。（《道德经》）

【释义】不走出房门，就知道天下的事情；不望向窗外，就认识自然规律。向外追逐得越远，知道的就越少。所以，圣人不必出行就能知道，不必眼见就能明白，不必去做就能成功。

【解读】内修、内省、内观、内视，是所有学派共同的修行方法。善于观察自己、了解自己，才能致远。

【原文】善建者不拔，善抱者不脱，子孙以祭祀不辍。修之于身，其德乃真；修之于家，其德乃馀；修之于乡，其德乃长；修之于邦，其德乃丰；修之于天下，其德乃普。故以身观身，以家观家，以乡观乡，以邦观邦，以天下观天下。吾何以知天下然哉？以此。（《道德经》）

【释义】善于建树者，不可拔除，善于抱守者，不会脱落。子孙应当遵循、守持这个道理。修德于自身，自身的德性就会纯真；修德于家庭，家庭的德性就会富余；修德于一乡，一乡的德性就会增长；修德于一国，一国的德性就会丰盈；修德于天下，天下的德性就会普及。所以，从自身去观察别人；从自家去观察别家；从自乡去观察别乡；从自己的天下观察别人的天下。我怎知天下如此？就是采用了这个方法。

【解读】老子说："以身观身，以家观家，以乡观乡，以邦观邦，以天下观天下。"孔子则说："观过，斯知仁矣。"这种观照的方法是类似的。

【原文】孔子适楚，楚狂接舆游其门曰："凤兮凤兮，何如德之衰也。来世不可待，往世不可追也。天下有道，圣人成焉；天下无道，圣人生焉。方今之时，仅免刑焉！福轻乎羽，莫之知载；祸重乎地，莫之知避。已乎，已乎！临人以德。殆乎殆乎，画地而趋！迷阳迷阳，无伤吾行！吾行郤曲，无伤吾足！"

山木自寇也，膏火自煎也。桂可食，故伐之；漆可用，故割之。人皆知有用之用，而莫知无用之用也。（《庄子内篇·人间世》）

【释义】孔子至楚，楚国隐士接舆来到孔子门前唱："凤鸟啊，凤鸟啊！你怀有大德却来到这衰败之地！未来不可期，过去不可追。天下得治，圣人成就事业；天下混乱，圣人只能苟存。当今世上，恐怕难免刑辱。幸福比羽毛还轻，却不知如何取得；祸患比大地还重，却不知如何回避。算了，算了！不要宣扬你的德行！危险，危险！被礼法约束而苦！荆棘啊，不要妨碍我行走！道路啊，不要伤害我双脚！"

【解读】如何在混乱艰险的人间，实现自我保全，老子的办法是"无用之用"。

【原文】南海之帝为儵，北海之帝为忽，中央之帝为浑沌。儵与忽时相与遇于浑沌之地，浑沌待之甚善。儵与忽谋报浑沌之德，曰："人皆有七窍以视听食息此独无有，尝试凿之。"日凿一窍，七日而浑沌死。(《庄子·内篇·应帝王》)

【释义】南海之帝名叫儵，北海之帝名叫忽，中央之帝名叫浑沌。儵与忽常相会于浑沌处。浑沌款待儵、忽十分丰厚。儵和忽便商量着如何报答浑沌："人人都有眼、耳、口、鼻七窍，来视、听、吃和呼吸，唯独浑沌没有。不如我们为它凿开七窍。"儵和忽每天凿出一个孔窍，凿了七天，浑沌死去了。

【解读】混沌未开，自在长存，如果执意改变，只会带来破坏，不能久远。

【原文】天行不信，不能成岁；地行不信，草木不大。春之德风；风不信，其华不盛，华不盛，则果实不生。夏之德暑，暑不信，其土不肥，土不肥，则长遂不精。秋之德雨，雨不信，其谷不坚，谷不坚，则五种不成。冬之德寒，寒不信，其地不刚，地不刚，则冻闭不开。天地之大，四时之化，而犹不能以不信成物，又况乎人事？君臣不信，则百姓诽谤，社稷不宁；处官不信，则少不畏长，贵贱相轻；赏罚不信，则民易犯法，不可使令；交友不信，则离散郁怨，不能相亲；百工不信，则器械苦伪，丹漆染色不贞。夫可与为始，可与为终，可与尊通，可与卑穷者，其唯信乎！信而又信，重袭于身，乃通于天。以此治人，则膏雨甘露降矣，寒暑四时当矣。(《吕氏春秋·离俗览第十九》)

【释义】天道运行若不守信，就不能形成岁时。地的运行若不守信，草木就长不大。春天之德是风，风不守信，那么春花就不会繁茂。花开得不盛，果实就不能生长。夏天的德是热，热不守信，土地就不肥沃，那么植物的生长就不好。秋天的德是雨，雨不守信，谷粒就不坚实饱满，谷物不坚实，那么五谷就不能成熟。冬天的德是冷，冷不守信，土地冻得就不坚固，土冻得不坚固，那么地面就不能冻裂。天地之大，四季更替，尚且不能不遵守信用化育万物生长，更何况人呢？君臣不信的话，百姓就会指责批评，社稷就不会安宁。为官的不守信，则年少的不畏惧年长的，地位尊贵的和地位卑贱的就会相互轻视。赏罚不遵守信用，那么人民就容易犯法，法令就不能被遵行。

交友不守信用，则会离散怨恨，不能相亲相爱。工匠不守信用，制造出来的器物就会假冒伪劣，丹和漆染色就不纯正。与它有始有终，可以一起尊贵显达，也可以一起忍受卑微穷困，这就是信用吧。信用再信用，重叠于身，就能通晓天意。以此治人，则膏雨和甘露就会降下，寒暑四季就会按时了。

【解读】天地拥有世界上最大的诚信，风热雨寒的到来不违背时令，四季的更替总是遵循一定的次序，这就是诚信，有了这样的信用，万物才能生长。所以，国家的治理应该像天地的运行一样守信，这样国家才能被治理好。企业的经营也应该效法天地遵守诚信，对员工、对消费者、对股东、对社会都要守信，企业有了诚信，就可以充分整合、利用社会上的各种资源了，获得人们的垂青，企业才能基业长青。

【原文】是故古者圣人守三实，治致太平，得天心而长吉，竟天年，质而已，非必当多端玄黄也。（《太平经·卷三十六》）

【释义】所以，古代的圣人紧紧抓住吃饭、人口、穿衣这三桩大事，政治就实现了太平。这表明切中天心而长久吉利，尽享天年，只在于保持质朴的状态而已，不一定要人为地制造许多细枝末节的事项和文采。

【解读】这段话表明，以诚实质朴的心态做人做事，不去过多地文饰，更不在细枝末节的问题上过多耗费精力，紧紧抓住核心问题，把精力用在最根本的事情上，这样才会在纷繁复杂的世态中切中本质，有利于长远发展，有利于建设太平美好的社会。

【原文】天以道治，故其形清，三光白；地以德治，故忍辱；人以和治，故进退多便其辞，变易无常。……人正最居下，下极故反上。（《太平经·卷四十七》）

【释义】皇天凭借真道进行治理，所以它那形体清澈，日月星特别明亮。大地凭借仁德进行治理，所以能忍辱负重。人类凭借中和进行治理，所以进退大都对自己怎样有利就怎样说话，变动无常。……人类治理之道处在最下面，达到了极限就应该返归到初始的状态。

【解读】这段话列举了道治、德治、人治，陈述了三种治理之道的不同之处，表明了人治的变动无常及道治的自然美好，主张返本还原，倡导回归道治下清澈公正、宁静致远的美好状态。

【原文】天地之道所以能长且久者，以其守气而不绝也。故天专以气为吉凶也，万物象之，无气则终死也。子欲不终穷，宜与气为玄牝，象天为之，安得死也？（《太平经·卷九十八》）

【释义】天道和地道能够长存永在，是因为它们守持元气而不断绝。所以，皇天专门通过阴阳二气而构成吉凶，万物效法这一点，没有气留存在体内，也就枯萎死掉了。你想性命不到尽头，就该以和气构成性命的本源，效法皇天去修炼，哪里会落得个死亡呢？

【解读】这段话论述长存永在之道，指明了天地长存的原因在于元气不绝，万物长存亦需守持元气不断绝，人要延年益寿就应该效法天地万物长存之法，守持元气，使生命如有源之水，长流不息。《太平经》这段关于天地万物及人类长存之道的论述，突出了坚守本性源头的重要性，认为守持本元是长生久视的根本，坚守初心是向着既定目标勇往直前以致远的基础。

【原文】瞽者善听，聋者善视。绝利一源，用师十倍；三返昼夜，用师万倍。（《阴符经》）

【释义】眼盲者善于听，耳聋者善于看。断绝或助利其一，就会增强十倍之能力；如果能每天断绝耳、目、口的活动，做到勿听、勿视、勿言，就会增强万倍之智慧。

【解读】过多的欲望会蒙蔽自身的智慧，计谋和精明会使人距离真实的自我更加遥远。阻止住来自眼耳口鼻及思想的各种干扰，保持本初的诚信和宁静，有助于激发出心灵深处的智慧，使人生的意义和价值无限延伸。旨在建设企业人安身立命的家园、打造受人尊重百年企业的贤文化提倡诚信为本，认为员工无信不立，企业无信不兴，指出讲信为企业兴盛之源。

【原文】自然之道静，故天地万物生。天地之道浸，故阴阳胜。（《阴符经》）

【释义】自然之道为静，所以能生天地万物。天地的运行遵循自然规律，所以能使阴阳相胜，生长万物而致远。

【解读】老子说过："致虚极，守静笃，万物并作，吾以观复。夫物芸芸，各归其根。归根曰静，静曰复命。复命曰常，知常曰明。"意在表达丢弃一切虚妄，做到诚信至极，回复到生命之初的朴实和宁静，则能够焕发朝气，生机常在。《阴符经》同样认为虚极静笃之际，万物生长，阴阳和合，五行相生，井然有序，静生慧而致远。

【原文】诚，畅乎天地，通于神明，见奸伪也。（《管子·九守》）

【释义】诚，畅行天地，通于神明，镜现奸伪。

【解读】在《管子》之中，"诚"与"信"二者内涵大致相通，其价值本原在于天地自然之道，并且有着深厚的社会文化基础，但作为人的道德品性来说的比较少。"四时之行，信必而著明。圣人法之，以事万民，故不失时功"（《管子·版法解》），因而对于管理者而言，则"用赏者贵诚，用刑者贵必"（《管子·九守》）。

【原文】先王贵诚信。诚信者，天下之结也。（《管子·枢言》）

【释义】先王重视诚信。诚信，是天下人之固结。

【解读】《管子》中阐说了一系列原则、德目，如礼、义、廉、耻等，诚、信也多有所及，在有些地方也将之放到比较重要的位置，但有时内涵偏向于政治管理信实不欺。第一，信的形而上基础，仍然是天地四时的表现，如其云"天曰信明，地曰信圣，四时曰正"（《管子·四时》）；第二，对于人而言，"贤者诚信以仁之"，"身仁行义，服忠用信则王"（《管子·幼官》）；第三，对于君主、管理者而言，要赏罚有信，出言必信，"信赏审罚，爵材禄能则强"（《管子·幼官》），"刑赏信必，则善劝而奸止"（《管子·版法解》），"出言必信，则令不穷矣"（《管子·小匡》）。只有这样才能内取信于民众，外取信于诸侯。贤文化继承这种诚信思想，结合现代企业生产经营实际，提出诚实无欺，是为信也。员工无信不立，企业无信不兴，故讲信为企业兴盛之源。

【原文】国之所治者三：一曰法；二曰信；三曰权柄。法者君臣之所共操也。信者君臣之所共立也。权者君之所独制也。人主失守则危。君臣释法任私必乱。故立法明分，而不以私害法，则治。权制独断于君则威。民信其赏，则事功；信其刑，则奸无端。唯明主爱权重信，而不以私害法。（《商君书·修权》）

【释义】国家之所以治理的原因有三：一是法度；二是信用；三是权力。法度是君臣所共同遵守的。信用是君臣所共同建立的。权柄是君主所独自掌控的。君主失守权柄则危险。君臣舍弃法度则私欲泛滥而治理混乱。故而，建立法度以明确分属，不让私意危及法度，则实现治理。权力机制只由君主裁决，则形成威望。民众相信国家的奖赏措施，则可成功业；相信国家的刑罚，则奸邪无从所起。只有明智的君主才能爱惜权柄、重视信用，而不以私意危害法度。

【解读】为天下、国富民强、雄霸诸侯是商鞅的政治抱负，他提出国家治理的核心是法度，因为法度往往是各种政治力量、社会矛盾诉求的平衡和约定，背后有强大的国家机器作为支撑。然而，有法令并不意味着能够真正实施，因而商鞅强调"信"，也就是政府管理方面的公信力，来保证法令务必得以自上而下的落实、执行。因为信任，民众信任并接受了法令及其执行机构和官员，从而遵纪守法，《史记·商君列传》记载的商鞅南门立木"徙木立信"的故事，说的就是这个意思。君主作为政府、政治机构的最高领导、首脑，是统治机器、组织体系的强有力的维护者，对法纪制定执行最为关键。因而，"法""信""权"构成了以法为主的三角互动联系与制衡关系。当然，这三者之间的关联并非稳固不可打破，并且最不稳定的因素就是国君，因为在缺乏有效制约和合适人选之时，手握权柄的国君可能是最危险的破坏者。尽管如此，检视先秦各派关于社会公共治理和组织运行的理论，不得不说法家洞若观火，具有独到的公共理性、组织理性，秦朝以后的政治运转大都是儒法并用、外儒内法。

【原文】为人君者不多听，据法倚数，以观得失。无法之言，不听于耳；无法之劳，不图于功；无劳之亲，不任于官。官不私亲，法不遗爱，上下无事，唯法所在。（《慎子·君臣》）

【释义】作为君主，不要听信身边人的话，而要根据法纪凭借规则来判断得失。不合法纪的言论，不要听信；不合法纪的图谋，不要论功；没有实际功劳的亲族，不要任用为官。任官不唯亲族，行法不偏爱幸，上下没有纠纷，都是因为遵守法纪的缘故。

【解读】慎到坚持国家利益至上，认为社会得到根本治理的方式就是"唯法所在"，对于君主以至小吏，行私则不法，无法则乱，更谈不上民富国强。因此，百姓要"以力役法"，有司要"以死守法"，君主要"以道变法"（《慎子·慎子逸文》），只有这样才能内信民众，外威诸侯，实现国家的长治久安。

【原文】尧之治也，盖明法审令而已。圣君任法而不任智，任数而不任说。黄帝之治天下，置法而不变，使民安乐其法也。（《申子》）

【释义】尧的治理方法，不过是严明法纪和详察政令罢了。圣明的君主使用法令而不使用智巧，使用道术而不听从巧言。黄帝治理天下，设置法令而不随意改变，就是让百姓安心愉快地接受这些法令。

【解读】申不害以尧和黄帝两位古代公认的圣君为例，阐明国家治理必须重视法令以及保持法令的稳定性、一贯性，从而达到民生稳定和国家长治久安的目的。对法令、政道的强调和对智巧、玄谈的排斥，体现法家较强的政治理性、组织理性，每一个组织都是一个"理性人"，好的组织架构、制度及其连贯性是其良好运转的重要保证，而组织结构固化、封闭和僵化又是每一个团体需要警惕的。

【原文】小信成则大信立，故明主积于信。赏罚不信，则禁令不行。（《韩非子·外储说左上》）

【释义】小事情上讲信用，则在大的事情上也能建立信用，故而圣明的国君要维护好的信誉。赏罚不信实，那么禁令也不能施行。

【解读】韩非和商鞅等法家人物都强调"信"，不仅是个人的道德诚信，更是关于国家、组织、国君能不能真正把"法"落实好。如果不能得到实行，那么有法不如无法。故而韩非说："明于治之数，则国虽小，富；赏罚敬信，民虽寡，强。赏罚无度，国虽大，兵弱者，地非其地，民非其民也。"又说："无功者受赏，则财匮而民望；财匮而民望，则民不尽力矣。故用赏过者失民，用刑过者民不畏。有赏不足以劝，有刑不足以禁，则国虽大，必危。"（《韩非子·饰邪》）其实，法家之所以重视"法"的落实，还有一层深刻的含义，就是维护整个组织的执行力、权威性，否则，在社会治理方面不可能取得成功。贤文化继承优秀传统文化的诚信思想，认为讲信修睦才能致远。

【原文】夫兵久而国利者，未之有也。（《孙子兵法·作战篇》）

【释义】战争旷日持久还能对国家有利的这种事，从来没有过。

【解读】此处孙子指出了战争和国家利益之间的关系。旷日持久的战争必然会耗费大量的人力、物力、财力，从长远来看，最终会削弱国家的力量，损害国家利益。因此，在不得不面对战争时，孙子提出了速战速决的战争策略，这和他"慎战"的思想一脉相承。

【原文】故兵贵胜，不贵久。（《孙子兵法·作战篇》）

【释义】因此，出兵打仗贵在速战速决，不宜持久消耗。

【解读】从长远来看，战事持久必然影响民生，损耗国力。因此，孙子在分析战争利弊得失的基础上，得出兵贵速胜而不宜持久的结论，其中杂糅了"慧物""贵和""致远"的观念。

【原文】我今说法，犹如时雨，普润大地。汝等佛性，譬诸种子，遇兹沾洽，悉皆发生。承吾旨者，决获菩提。（《坛经·付嘱品第十》）

【释义】我现在宣讲佛法，就如同及时雨，普遍地滋润大地。你们的佛性，就像一粒粒的种子，遇到雨水的滋润后皆能发芽生长。继承我思想的人，肯定能获得菩提智慧。

【解读】此句包含着六祖慧能对弟子门人的鼓励，为了使弟子门人建立起长远的信心，他以雨水滋润种子逐步生长为喻，鼓励弟子们依照他的指示努力修行。

经典简介

　　《周易》：当前通行本《周易》主要包括《易经》和《易传》这两个部分的内容。经、传两部分最初是分开的，后来经、传被融合在一起。将《周易》的经、传放置一起始于东汉郑玄（另有一说认为起于费直，但只是一语带过，并无论证，故本书赞同起于郑玄之说），并由魏晋时期的王弼最终完成。《易经》即经文部分，主要由卦辞和爻辞组成，原是卜筮之书，在一定程度上可将之视为周朝在宗教层面的一种规范性文本。"易经"这一称谓始于西汉，也是在这一时期，《周易》被列为群经之首，在文化中的地位得到显著提高，并在后来的文化建构中一直处于核心位置。《易传》是对《易经》经文的解释，由《彖》《象》《系辞》《文言》《说卦》《序卦》《杂卦》构成，其中《彖》《象》和《系辞》皆由上、下两部分构成，故这十篇解释经文的内容又被称为"十翼"，意指像鸟儿的翅膀一样，使得《易经》得以飞翔起来，不再局限于原来卜筮之书的范畴，而具有了更强的文化弹性和解释能力。《易传》包含了各家学说，是集体创作的结果，从这个角度而言，可以说是当时诸子百家经过整合后的一份文化公约。历来人们对《周易》褒贬不一，但如果要对中华传统文化进行客观公允的批判反思，则无论如何都绕不开《周易》。同样，《周易》中所具有的生命智慧，也可谓生生不息，历久弥新。关于《周易》经传的创作时间，黄寿祺先生在总结前人研究成果的基础上，认为其产生于商周之际。关于《周易》的作者，在汉代时，普遍以司马迁和班固的观点为准，认为"人更三圣，世历三古"，即伏羲于上古时期创造了八卦，文王于中古时期重卦而成六十四卦，孔子于下古时期创作了《易传》。到北宋欧阳修，始怀疑《易传》内容非孔子一人所作，其后渐渐形成所谓的疑古派。经过清末，尤其是 20 世纪二三十年代的讨论，人们对这一问题有了更多理性的思考，大致认为"《周易》经传的创作经历了远古时代至春秋战国之间的漫长过程，是

'人更多手，时历多世'的集体撰成的作品"。

《尚书》：在先秦时期称为《书》，在《史记·五帝本纪》中才被称为《尚书》，为"五经"之一。《尚书》分为《今文尚书》和《古文尚书》。《今文尚书》28篇，在汉文帝时期，由伏生传给晁错，由于是用汉代流行的隶书进行抄录，故而称为《今文尚书》。《古文尚书》则是汉武帝末年，在孔子住宅的墙壁上，由孔子第二十一世孙孔安国发现的。因为它是用秦汉以前的文字书写而成的古籍，所以称为"古文尚书"。因孔颖达的《尚书正义》以之为底本，《古文尚书》成为科举考试的考试书目，长期获得了稳定的地位。但是到了宋朝之后，便有学者对其真伪问题提出了质疑。吴棫、朱熹、蔡沈等人都对之提出了质疑。元明时期的赵孟頫、吴澄严格区分了今文与古文。康熙时期的阎若璩撰的《古文尚书疏证》则详细罗列了一百多条证据，认为《古文尚书》乃伪书，其后惠栋也进一步确认了这一点。学者通过考证，《今文尚书》中的二十八篇则被认为是先秦时期的作品。依据马融、郑玄的见解，这些内容可以分为虞夏书、商书和周书，主要记载了中国古代的相关历史，具有重要的史料价值。《今文尚书》中的《洪范》和《康诰》是最为重要的两篇文章。《洪范》说的是治国的九条法则。在我们的文化中，"身""家""国""天下"都是可以相类比的，也就是说治国之法，也可以引申而为治身之法。因此，我们不能单纯地把"洪范九畴"看作是治国之法，更要将之与对自我的认知相结合。九条方法的第一条便是"五行"，这对我们民族的文化发展具有深刻影响。先秦之后的文化便是以"阴阳五行"为基本框架来建构的，这种思想渗透到人们生活的方方面面。《康诰》是从明德慎刑的角度来展开内容的，是被先秦文献中引用最多的文献。《尚书》的不少内容都与"贤文化"是密切相关的，今人可以更好地挖掘其中的相关思想，从而做到古为今用。

《诗经》：原本为《诗》，在西汉时期，始有"诗经"之称谓，共有311篇，其中6篇只有题目，没有内容，因此实际只有305篇，故又称"诗三百"，与《尚书》《礼记》《周易》《春秋》合称为"五经"。《诗经》是西周初期至春秋中叶的诗歌集，是我国第一部集体创作的诗歌总集。其内容主要由《风》《雅》《颂》三部分组成。《风》又称《国风》，是各地民间歌谣的总集；《雅》分为《大雅》和《小雅》，主要是贵族祭祀、宫廷聚会的诗歌以及一些具有讽刺意味、抒发个人情感的诗歌；《颂》主要是宗庙祭祀的诗歌。《诗经》奠定了我国诗歌发展的重要基础,后来不同时期的诗歌特点都可以在《诗经》中找到相应的原型。《风》《雅》《颂》三部分内容的风格各不相同,《风》的特点是活泼清新,表达的情感直接而有冲劲,无论思念、喜爱、愤怒、忧伤,都表达得十分直接,不会拐弯抹角,体现了当时百姓的一种生活状态,这也是《风》为多数人所喜爱的重要原因。《雅》则如其名字,典雅温婉,含蓄内敛,情感向内收缩,不如《风》活泼,但显然比《风》要厚重,文字也经过了更加理性的思考和雕琢,在一定程度上反映了当时贵族阶层的生活习惯。《颂》则是最为厚重的,因为厚重,使得有时候会显得有些沉闷,但却很好地体现了当时统治者对待祖先的一种态度,代表了那一时期人们的生命观。综合说来,年轻人倾向于对《风》更有好感,随着年龄的增加,兴趣会逐渐转向《雅》和《颂》。或者说《风》《雅》《颂》就像人生的幼年、壮年和老年三个阶段。《诗经》的核心特征就是"诚",即《论语》中评价的"诗三百,一言以蔽之,曰思无邪"。因此,其中部分内容很好地体现了贤文化的相关内涵。

《礼记》:分《小戴礼记》和《大戴礼记》。《小戴礼记》相传是西汉礼学家戴圣编纂;《大戴礼记》则相传是西汉时期的戴德编纂的。当前我们所说的《礼记》指的便是《小戴礼记》,其内容涉及方方面面,例如天文、制度、祭祀、教学、射乐等等,但归根结底主要是对人们言行举止的相应规范。"礼"的本质便在于规范。但需要明确的是这种规范既是一种外在的规范,同时还是一种"由内而外"的、符合人的内在需求的规范。这是中华文化的一个重要特点,即总是用万物关联的视角来审视"人"与外界的关系。《礼记》的作者是谁并无定论。《史记·孔子世家》说:"《书传》《礼记》自孔氏。"《汉书·艺文志》言:"《记》百三十一篇",班固注曰:"七十子后学者所记也。"二者皆认为是孔子及其弟了所作。从《礼记》的内容观之,可以明确其非出于一人之手,乃是集体创作之结果。即使将之归名于孔氏及其门人之下,我们也不可将"孔氏"单纯地看作孔子一人,这里的"孔氏"更多应当视作一个集体符号,是一个泛化的概念。贤文化敬天、尊道、明本、顺性、尚贤、慧物、贵和、致远等理念,统而言之,便可以将之理解为一种"礼",即对人们言行的一种要求与期待。敬天、尊道是处理我与世界的关系;明本、顺性是处理我与自身的关系;尚贤、慧物是处理我与他人的关系;贵和、致远是上述三种关系的总体目标。而这几层关系最终都可以归结为"人"本身的一种自我定位。这个定位在很大程度上就可以说是对"礼"的一种选择。所以,可以说礼是立身之本，是我们言行举止的基本要求，并且存在于我们生活的方方面面。因此，我们需要主动用心地去思考"礼"，尽量做到将"礼"融合于我们的具体生活之中，以之来指导我们的言行举止。

《乐记》："六经"是指《诗》《书》《礼》《易》《乐》《春秋》，但《乐》的文本内容已经无从考察了。当前大家所阅读的《乐记》乃是《礼记》中的第十九篇。《乐记》篇题写到"子贡问乐"，将《乐记》的作者归于孔子及其弟子。事实上，已经难以确认真实的作者。根据孔颖达《礼记正义》，《乐记》的主要内容包括以下几个方面：第一，乐本；第二，乐论；第三，乐礼；第四，乐施；第五，乐言；第六，乐象；第七，乐情；第八，乐化；第九，宾牟贾；第十，师乙；第十一，魏文侯。《乐记》开篇便界定了"声""音""乐"三个概念。经文认为人有感于外物而产生的动静称为"声"；不同的声音彼此相应和，按照一定的结构顺序相互排列组合，便构成了"音"；将这些排列好的音用乐器表现出来，并配合舞蹈，便称为"乐"。可见这三个概念是递进的关系，即人为的、理性的成分越来越多。"声"是外在的，任何听到的声音都可以称为"声"；"音"和"乐"则加入了人的主观情感，其直接目的在于表达主体的情感。当"音"和"乐"渐渐被引入秩序范畴时，便逐渐成为建构社会秩序和道德秩序的重要概念，由此而产生了周朝重要的礼乐文化。"礼"主要是外在的规范，"乐"主要是内在的规范。"乐"的主要目的便在于实现个体内心的和谐。在不断的发展过程中，"乐"也渐渐成为一个社会人文的重要参考因素。人们到一个地方，听当地的音乐，便可在一定程度上知晓当地的社会风气和人们的性格特征。《乐记》很好地体现了"贤文化"中敬天、顺性、贵和等思想内涵，对我们当前的生活仍然具有重要的指导意义。

《论语》：孔子（公元前551—公元前479），名丘，字仲尼，鲁国陬邑（今山东曲阜）人。相传孔子有弟子三千，贤弟子七十二人，孔子曾带领弟子周游列国14年，晚年曾修《诗》《书》《礼》《乐》《易》《春秋》。孔子是儒家学派的创始人，被誉为"天纵之圣""天之木铎"，并有"至圣先师""万世师表"之称呼。《论语》是孔子门人记录孔子及其弟子言行的语录集，全书共20篇492章，内容涉及政治、教育、文学、哲学以及立身处世的道理等多方面，对中华民族的思维特征、道德伦理、社会习俗、政治规范等产生的影响不可估量，可说是中华文化的源泉所在。两千年来，为《论语》作注释的书籍不胜枚举。据统计，历代研究《论语》的专著不下三千余种，其中影响较大者的有（汉）郑玄《论语注》、（魏）何晏《论语集解》、（宋）朱熹《论语集注》、（清）刘宝楠《论语正义》等。

《孟子》：孟子，名轲，邹国人，《史记》称其"受业子思之门人"。孟子曾经游历齐、宋、滕、魏、鲁等国，前后有二十多年，宣扬"仁政"，提出"民贵君轻"的思想，被认为是先秦儒家继承孔子"道统"的人物，被尊为"亚圣"。《孟子》是孟子的言论汇编，由孟子及其弟子共同编写而成，记录了孟子的内圣思想（性善论、四端之说、浩然之气、诚）和外王观点（仁政、王霸之辨、民本、民贵君轻）等内容。后来朱熹将《孟子》与《论语》《大学》《中庸》合在一起称"四书"，成为科举必考书目。《孟子》有七篇十四卷流传于世：《梁惠王》（上、下）、《公孙丑》（上、下）、《滕文公》（上、下）、《离娄》（上、下）、《万章》（上、下）、《告子》（上、下）、《尽心》（上、下）。《孟子》文章的特点不同于《论语》的简括含蓄，而是富有逻辑性，洋洋洒洒、气势滔滔之特点，利用生动雄辩的语言，深入浅出地说明道理。古今与《孟子》相关的著作为数甚多，如（东汉）赵歧：《孟子章句》，是流传至今最早的《孟子》注本。本书的相关内容，则主要以朱熹的《四书章句集注》、焦循《孟子正义》、杨伯峻《孟子译注》三书作为参考。

《荀子》：荀子，名况，字卿，又称"孙卿"，战国末期赵国人，生卒年不详，大约晚于孟子百年左右。荀子五十岁时，游学齐国稷下。齐襄王时，荀卿"最为老师""三为祭酒"，后遭谗言去齐适楚，楚相春申君任之为兰陵令。春申君被害后，荀卿废居兰陵，晚年"著书万言而卒"（《史记·孟子荀卿列传》）。荀子是继孔、孟之后的又一位儒学大师，为战国后期儒家思想的集大成者。《荀子》大部分章节由荀子所作，少数篇目为学生或门人记录而成。刘向校定《荀子》为32篇，《汉书·艺文志》称《孙卿子》。唐代杨倞始为之作注，重排篇次，新编目录，改名《荀子》，此名称遂相沿至今。清光绪年间，王先谦采撷诸家之说，间附己见，撰为《荀子集解》，对后来荀学研究产生了极大的影响。当今之注释本，皆取之以为底本。另外，梁启雄的《荀子简释》综合诸家校释成果，具有"简易、简明、简要"之特征。章诗同的《荀子简注》、熊公哲的《荀子今注今释》等，亦各具特色。

　　《大学》：原为《礼记》中的第四十二篇。宋朝程颢、程颐把它从《礼记》中抽出，编次章句。后朱熹将《大学》《中庸》《论语》《孟子》合编并注释，称为"四书"，从此《大学》成为儒家传道授业的基本教材。与专讲"洒扫应对进退，礼乐射御书数"的小学不同，"大学"讲的是大人之学，是教人做大人。何谓大人？大人指的是将自身与天地万物贯通成一个相互关联的整体，是心怀天下万物的人。所以朱熹认为读四书，应先读《大学》，立其规模；然后读《论语》，以定其根本；再读《孟子》，以观其发越；最后读《中庸》，以求古人微妙之处。《大学》强调个人道德修养与社会治乱的关系，为"初学入德之门也"。开篇便提出了"大学之道，在明明德，在亲民，在止于至善"，这是总揽大纲，为个人修养和国家治理提出了纲领目标，然后又提出了格物、致知、诚意、正心、修身、齐家、治国、平天下八个条目，为实现"明明德、亲民、止于至善"这三条纲领的途径。其中，修身为根本，"自天子以至于庶人，壹是皆以修身为本"，由正心诚意出发，再到齐家治国平天下，层层递进。可以说，《大学》是儒家政治学的纲领性文本，对于人们做人、处事、治国等都有深刻的启发意义。

　　《中庸》：是儒家论修养境界的专著，在汉代被收入《礼记》，作为其中一篇。到宋代，朱熹把《中庸》从《礼记》书中抽出，并对其进行整理和注解，与《论语》《孟子》《大学》合称"四书"，成为宋代以后封建正统教育的基本教科书。历来对《中庸》的作者说法不一，汉儒多数认为是子思所作。子思（公元前483年—前402年），姓孔，名伋，字子思，孔子之孙，相传是曾子的弟子。他把儒家的伦理观念"诚"说成是世界的本原，以"中庸"为其学说的核心。孟子曾受业于子思的门人，将其学说加以发挥，形成了思孟学派。《中庸》全书只有数千言，言简意赅，文笔凝练，结构严谨。《中庸》的内容包括两大部分：一是孔子对中庸的阐释及达到中庸的途径；二是子思对孔子中庸思想的继承和发展，其最重要的内容是"诚"的哲学。子思把孔子的"中庸"言论辑录在一起，并加以阐发，使中庸不仅作为道德规范，而且成为观察世界和处理问题的思想方法，甚至认为是宇宙的根本法则，被提到世界观的高度。《中庸》发展了孔子的思想，主要阐明了以下几个方面的观点：率性之谓道，君子诚之为贵，君子慎其独，尊德性道问学，极高明而道中庸。贤文化提倡敬天、尊道、明本、顺性，是对《中庸》思想结合现代实际而做出的继承和发展。

《近思录》：是由朱熹和吕祖谦合编的一部反映宋朝理学思想的纲领性著作，为确立儒学道统，传播宋朝理学思想发挥了重要的作用。该书影响之大，体现为刻本之多，注家之多，续书之多。《近思录》既是北宋道学的基本读物、入门读物，也是北宋道学的权威读物，它集合了道学思想的精粹，构成了一个比较完整的理学体系。清代江永对此书评价极高，认为"凡义理根源，圣学体用，皆在此编"，称赞说："盖自孔曾思孟而后，仅见此书。"国学大师钱穆也说过："后人治宋代理学，无不首读《近思录》。"《近思录》共选取了北宋理学家周敦颐、程颢、程颐和张载四人的语录总计 622 条，分十四卷。"近思"二字取自《论语》"博学而笃志，切问而近思，仁在其中矣。"以"近思"命名，意在以此书作为学习周敦颐、程颢、程颐、张载四子的阶梯，四子著作又为学习六经的阶梯，如此循序而进，无所偏差，方能了解儒家学说的真谛。全书以"道体"开篇，从宇宙生成的世界本体出发，探讨义理的根源，将"天理"作为核心，进而讲到为学、格物穷理、存养、克己、齐家、治国的功夫，然后批异端而明圣贤道统，循序渐进，形成了一个比较完整的逻辑体系。《近思录》主张天下万物无不依天理生长、发展，人性本善，因习染不同，禀赋各异，故有善恶之分。所以修身的根本就是要纯乎天理、回归本性，对此《近思录》谈及读书之法、齐家之道、处事之方，强调从切身日用处下功夫，从心上去体认，为后世提供了一个入学门径。

《传习录》：是王阳明先生语录、书信的简集，该书成书经历了一个较长的过程，按照成书时间可以分为"初刻""续刻""续录"，主要编辑者是王阳明的学生徐爱、钱德洪等。《传习录》一书是了解和读懂王阳明其人其学的必读文本。书名"传习"二字，源于《论语·学而》曾子所云："吾日三省吾身，为人谋而不忠乎？与朋友交而不信乎？传不习乎？""传"是老师向学生传授知识，"习"是学生对老师所授知识的学习、温习，"传习"二字体现出师生的教学互动。故《传习录》与《论语》一样，都采用了大量"问答"的互动形式，弟子问，先生答，按照问答的时间先后，一来一往，显得生动活泼，饶有趣味。该书是王阳明心学的重要著作，基本涵盖了心学的全部重要思想。全书主旨可以概括为"一条主线"和"三大命题"。"一条主线"是指立志成圣，"三大命题"是指心即理、知行合一和致良知，全书很多问题都围绕此主旨而展开。"心即理"是成圣的立足点和出发点，王阳明主张"心外无物""心外无理"说，认为事物的道理或规律离不开心或意识；要成圣就须致良知，要致良知，就须知行合一。故"知良知"加"行良知"就是"致良知"。王阳明指出，良知人人皆有，不必向外寻求，却因为意动和习染不同，而有善恶之分，所以要去昏蔽，革习染，以存善去恶。正心，明德，明善，诚身，省察克治，这些就是致良知"致"的功夫。

《老子》：又称《道德经》《五千言》《道德真经》《老子五千文》，相传为春秋时期李耳所作，是道家学派的源头，是先秦诸子散文的经典代表。《老子》分上、下两篇，即上篇《德经》、下篇《道经》，最初不分章，后分为81章，《道经》37章在前，《德经》44章在后，以"道德"为纲宗，论述修身、治国、用兵、养生之道，文意深奥，内涵广博。

《庄子》：又名《南华经》，由战国时期庄子及其后学所作，是道家学派的代表作，也是先秦诸子散文的经典和翘楚。《庄子》与《老子》《周易》合称"三玄"。《庄子》全书涉及哲学、人生、政治、社会、艺术等诸多方面，想象奇幻，构思巧妙，语言优美，博大精深。《庄子》全书原有52篇，经郭象删减后，现存33篇，包括内篇7篇、外篇15篇、杂篇11篇，寓言故事200多个，共计6万多字。一般认为，内篇为庄子本人所著，最能反映其哲学思想。《庄子》内篇的7篇文章名称及主要内容分别为：《逍遥游》围绕"无待""逍遥"的理想境界展开讨论，提出"至人无己，神人无功，圣人无名"。《齐物论》有两种解释，"齐物"之"论"和"齐"诸"物论"。本篇批判了人类对于世俗价值的盲从与执着，是《庄子》全书最丰富、最精微的一篇。《养生主》由养生之道兼及其他，庄子认为，养生之道重在顺应自然，以有形出入无间，不役于物。《人间世》讨论了人的存在和责任，既能"乘物以游心，托不得已以养中"，又能"因无用而大用"，实现充分的自由。《德充符》通过一系列的故事说明，即使五体残障、面貌丑陋，只要道德内全，自有无形的符显，也能成为比身体健壮、面貌美好的人更尊贵的圣人。《大宗师》探讨了道的生成、宇宙的生成，指出"知天之所为，知人之所为"的理想师者。《应帝王》讨论了明君治国之法，应是"民主自由，无为而治"，"游心于淡，合气于漠，顺物自然，而无容私焉，而天下治矣"。

《吕氏春秋》：亦称《吕览》，是吕不韦集门下宾客编撰而成，被认为是杂家的开山之作和代表作。据《史记·吕不韦列传》记载："当是时，魏有信陵君，楚有春申君，赵有平原君，齐有孟尝君，皆下士，喜宾客，以相倾。吕不韦以秦之彊，羞不如，亦招致士，厚遇之，至食客三千人。是时诸侯多辩士，如荀卿之徒，著书布天下。吕不韦乃使其客人人著所闻，集论，以为《八览》《六论》《十二纪》，二十余万言。以为备天地万物古今之事，号曰吕氏春秋。布咸阳市门，悬千金其上，延诸侯游士宾客，有能增损一字者，予千金。"《吕氏春秋》的体例十分完整，全书按照"法天地以行人事"的思想设计，对照"上揆之天，下验之地、中审之人"的"天道、地理、人纪"三者，故全书分为纪、览、论三部分，其中"纪"共 12 篇，按春、夏、秋、冬编排，顺应一年十二月的时间流转，"以春为喜气而言生，夏为乐气而言养，秋为怒气而言杀，冬为哀气而言死，所谓春生、夏长、秋收、冬藏也"。"纪"以季节安排人事，根据不同季节的特性讲不同的内容。第二部分"览"共有八篇，侧重论君道和治术。第三部分"论"共六篇，侧重述为人臣的道理。可以说《吕氏春秋》的主旨是"王治"，一部为帝王建规立制之书，它糅合各家之善，遂成一个新的统治理论体系。

《列子》：是保存先秦列子的作品。列子（约公元前 450 年—公元前 375 年），姓列，名御寇，战国时期郑国圃田（今河南郑州）人。曾师从关尹子、壶丘子等。隐居郑国四十年，潜心修道。他是介于老子、庄子之间的道家学派重要传承人物。先秦道家创始于老子，发展于列子，而大成于庄子。列子对后世哲学、美学、文学、科技、养生、乐曲、宗教等皆有深远影响，被后世尊奉为"冲虚真人"。东汉班固《汉书·艺文志》"道家"部分录有《列子》八卷，已佚。今本《列子》八卷，为后人根据古时资料编著而成。全书记载民间故事寓言、神话传说等一百三十余则。

《太平经》：又名《太平清领书》，形成于汉代，传为东汉于吉所作，实非一人所作，经卷多有佚失，后人根据残卷整理出多个版本，是早期道教的主要经典，以天地自然运行规律解释治国之道，提倡奉天法道、顺应阴阳五行生克规律，以此广述治世之道、伦理之则、长生之技、治病之法、养生之术，宣扬善恶承负。《太平经》内容博大，涉及天地、阴阳、五行、灾异等，构筑了早期道教的"天人合一"思想，以阴阳五行学说勾勒了一个理想社会图景，提出了一套"无为而无不为"统治术、修身养性术以及财产共有、自食其力与善恶报应观念，指出人们只有信修正道，方可断除灾异，反映了平均主义和平等理想的朴素民本思想。《太平经》在道教中具有重要地位，对道教思想的发展有深远影响，是汉末太平道的主要经典，被视为传达天命的谶书，辑入道藏。《太平经》的经义，大致可分为四个方面：一是构筑了早期道教的修行思想及体系，提出了身中神、求长生等观念。二是为帝王治太平提出的一套统治术，占全书的主要部分，以阴阳五行学说为理论基础，以黄老学说为治国方针，并且提倡儒家的伦理道德，劝诫警告昏君和贪官污吏，提出一种以建立人人劳动、周济贫穷的平等社会为目标的太平思想。三是关于修养方法，其中主要的就是守一之道，并提出了辟谷、食气、服药、养性、返神、针灸、占卜、堪舆、禁忌等诸般方术，书中亦有丰富的中医中药知识。四是书中包含劝善思想，提出了"承负"的善恶观，宣扬前人积福，后人受荫，认为天地人三统共生，劝人为后世子孙着想而行善积德，信修正道。《太平经》关于尊重天地自然规律、建立和谐平等社会、劝善止恶、修身养性等主张，在历史上产生过一定的影响，对于端正社会风气、提升民众素养、保护生态环境、构建理想世界具有积极作用。贤文化提出"敬天尊道，尚贤慧物"的核心理念，这是对现代企业生产经营实践经验的总结，是对中华优秀传统文化思想的继承，也是结合时代发展需要所做的创新。

　　《阴符经》：又名《黄帝阴符经》，是一部非常精练的道教经书，经文简短，共有三四百字，但在道教中影响很大。该经文论述天地人三才之道，蕴含阴阳五行之理，提倡"观天之道，执天之行"，以顺应天时，遵循自然规律，保持天人和谐、五行相生、三才相安。《阴符经》还主张顺应天地规律，以正确的态度对待利益问题，放弃过多的欲望以成就健康的生命和完善的人格。"绝利一源，用师十倍""至乐性余，至静性廉""三盗既宜，三才既安"，这些体现《阴符经》提出的立身之方法、做人之态度、做事之理念。故此，唐代李筌指出《阴符经》演述"神仙抱一之道""富国安人之法""强兵战胜之术"，并且进一步指出："阴者暗也，符者合也。天机暗合于行事之机，故称阴符。"传说《阴符经》是轩辕黄帝所写，但实际上不太可能，也有人认为该经文出于先秦时期。最早给它写注的李筌说是寇谦之所传并藏之于名山。这些都是传说，现代学者认为《阴符经》是北朝人所写。唐朝时期，《阴符经》还没有受到主流道教的关注，虽然李筌之后，张果也曾经作注，柳公权有《阴符经》的书法作品，但直到唐末五代杜光庭注《阴符经》，这部经才算正式被道教吸纳。之后，内丹学和宋明理学都比较看重这部经，甚至认为这部经可以跟《老子》相比。《阴符经》提出敬畏天地自然环境，遵循阴阳五行规律，正确对待利益和社会关系，保持人与自然、社会及自我身心的和谐。这些观点对于现代人立身处世及美好生活建设仍具有积极的意义，亦被融合进贤文化的核心理念和思维方式之中。

《管子》：约成书于战国中期，为托名管仲而实际汇诸众家的重要著作。虽为托名，该书内容也确实和管仲生平事迹、治国方略有着紧密的关系。管仲（约公元前 723 年—前 645 年）名夷吾，字仲，谥敬，颍上人。有关他和鲍叔牙、齐桓公的故事在中国流传甚广。孔子论曰："桓公九合诸侯，不以兵车，管仲之力也，如其仁，如其仁！"管仲治理国家的系列举措和功业产生很大影响，《管子》的内容即为显证。《管子》思想核心是政治经济理论，哲学基础是精气论，政治思想以民本民生、社会文化、管理体制、国家制度为主，堪称治国百科。历史学家罗根泽《管子探源》论云："《管子》八十六篇，今亡者才十篇，在先秦诸子，衰为巨轶，远非他书所及。《心术》《白心》诠释道体，老庄之书未能远过；《法法》《明法》究论法理，韩非《定法》《难势》未敢多让；《牧民》《形势》《正世》《治国》多政治之言；《轻重》诸篇又多为理财之语，阴阳则有《宙合》《侈靡》《四时》《五行》；用兵则有《七法》《兵法》《制分》；地理则有《地员》；《弟子职》言礼；《水地》言医；其它诸篇亦皆率有孤诣。各家学说，保存最多，诠发甚精，诚战国秦汉学术之宝藏也。"《管子》在治国理政方面，吸收了道家、儒家、墨家、阴阳家、兵家等众多学派而熔于一炉，把礼、义、廉、耻作为重要的治国理念，敦教化，育人才，举贤人，提出了比较完备的育贤、选贤与用贤思想。

《商君书》：以商鞅思想材料为主，还汇集了其他法家言论，"殆法家者流，掇鞅余论，以成是编"（《四库全书总目》）。一般认为是战国末期编定成书。商鞅（约公元前 390—前 338 年），复姓公孙，名鞅；因是卫国公族之后，又称卫鞅；后在秦国受封商於十五邑，号称商君，又有商鞅之称。商鞅少好刑名之学，深受战国时期李悝、吴起等改革家和变法风气的影响。商鞅曾在魏国做过小官，应秦孝公元年发布求贤令至秦，三年变法，五年为左庶长，十年为大良造，二十二年被封为商君，前后执政二十一年。秦孝公死后，秦惠王和一些贵族杀死商鞅及其全家。在秦期间，商鞅实行一系列变法，改革土地制度，建立分县制，取消一些贵族特权，推行重农重战政策，实行厚赏重刑，统一政教等，在较短时间内让秦国国富兵强，立威诸侯。《商君书》的大部分内容都是关于商鞅在秦国变法的史实记录、变法理论、实施策略等。

《慎子》：先秦战国时期慎到的著作。慎到，赵人。司马迁《史记·孟子荀卿列传》言其"学黄老道德之术"，主要活动在齐宣王和齐湣王在位时期，为齐国稷下学士。《庄子·天下》将彭蒙、田骈、慎到作为一个学派，学界一般把慎到视为在申不害、韩非之前从"道"到"法"过渡的早期法家的重要人物。《慎子》一书表明其思想深受老子的影响，但较少涉及宇宙本体方面，而更多由道入法，阐明对国家政治和社会治理层面的理论思考，对此主要提出三大主张：其一，"通理以为天下"，认为天子、国君之所利，并非利其一人，而是为了天下、国家，因此不能把天下国家视为专属，必须以天下国家为己任；其二，尚法重势。国家的衰弱是因为没有合理的法纪，即便法纪有所缺陷，也胜于没有。法律是立公义、去私欲的根本保障，因此要"以死守法""以道变法"。"势位足以屈贤"是慎到的代表性话语，是他重视国家力量、政治权势的表现，这和他看到人治不足是紧密联系的，没有像后来法家那样重法同时极度加强君权；其三，国家的治乱是综合结果，"亡国之君，非一人之罪也；治国之君，非一人之力也"。慎到没有刻意抬高、强调君王的地位，也没有把国家兴衰的责任完全归于君王，认为要通过法纪的制定执行和聚集调度民众来达到社会有效治理，为此他甚至否定贤人的积极作用，故而荀子批评说"慎子蔽于法而不知贤"（《荀子·解蔽》）。

《申子》：是战国时期申不害的著作。申不害（约公元前385—前337年）是战国时期韩国人，曾为韩昭侯相国，主政十五年之久，推行变法，让韩国一度国治兵强，诸侯无敢侵犯。《史记·老子韩非列传》载："申子之学，本于黄老而主刑名。著书二篇，号曰《申子》"，后世也大都将申不害作为法家先驱人物，与韩非并称"申韩"。申不害主张"术"，重视法、势，在政治思想史上占有重要地位。道家是申不害思想来源之一，而施政与学问主张强调刑名，对韩非等产生了重要影响。

《韩非子》：先秦时期法家学派集大成者韩非所著，还编入了少量与之相关的材料，以及后学的记述。韩非（约公元前280—前233）是韩国人，出身贵族，与李斯都曾问学于荀子门下。韩非"为人口吃，不能道说而善著书""喜刑名法术之学，而归本于黄老"（《史记·老庄申韩列传》）。韩非一方面希望韩国君主变法，以法治理国家，一方面著书立说，阐述法家治国理论。秦王嬴政喜读韩非之文，逼迫韩国交出韩非，而后又信谗言将其治罪。韩非最终被逼服毒自杀。韩非认为国家治理的关键是推行法治，并且由君主来制定；他吸收了慎到、申不害、商鞅等法家思想家主张，完善了法、术、势结合的权力运行思想。对于人和人性，韩非很大程度上接受了荀子"人性自为"的性恶论观点，认为人的本性是趋利避害、好赏恶罚。因此，韩非对贤人也心怀矛盾，他看重贤人在社会治理方面的能力、作用，同时也不允许任何可能对君权、地位有所挑战的情况。

《墨子》：由墨子门徒后学辑集其语录而成。墨子（公元前 468—公元前 376），名翟，鲁国人（一说宋国人，一说楚国人）。中国古代思想家、教育家、军事家和社会活动家，墨家学派创始人和主要代表人物。此外，墨子在几何学、物理学、光学、逻辑学等自然科学领域也建树颇丰，被后世尊称为"科圣"。《墨子》全书分两大部分：一部分主要是记载墨子的言行，阐述墨子的思想；另一部分《经上》《经下》《经说上》《经说下》《大取》《小取》等六篇，一般称作墨辩或墨经，着重阐述墨家的认识论、逻辑思想和诸多自然科学的内容。在先秦百家争鸣时期，墨子的思想影响极大，与儒家并称"显学"，有"非儒即墨"之说。《墨子》一书中提出的"兼爱""非攻""尚贤""尚同""天志""明鬼""非命""非乐""节葬""节用"等十大观点，较为系统地阐述了墨子的思想体系。与贤文化倡导的敬天、尊道、明本、顺性、尚贤、慧物、贵和、致远等基本内涵有诸多契合之处，是贤文化重要的理论来源之一。

《孙子兵法》：又称《孙武兵法》《吴孙子兵法》等。全书共计 13 篇，6000 余字。春秋末期齐国人孙武著（一说为孙武的学生整理而成），孙武，字长卿，辅助吴王经国治军，是春秋末期兵学思想的集大成者，被尊为"兵圣"。《孙子兵法》以其博大精深的军事理论、丰富的哲学思想、变化无穷的战略战术，在我国古代军事理论史上具有至高地位。明代茅元仪在《武备志·孙子兵诀评》指出："前孙子者，孙子不遗；后孙子者，不遗孙子。"被誉为"兵经""兵学圣典"。它是中国古代军事文化遗产中的璀璨瑰宝，也是世界上最早的军事著作，被译为数十种文字，在世界各地广为流传，有很多国家将其列为军事教材。《孙子兵法》的思想理论在具体的战争实践中不断地得以应用和证实，其影响已超越军事领域，广泛地运用于政治、经济、外交等领域。其中，"慎战""惜物""顺天道"等思想与贤文化"贵和""慧物""敬天""尊道"等价值理念有直接相通之处。

　　《坛经》：又名《六祖坛经》，是唯一一部由中国僧人撰述但被称作是"经"的佛典。因为根据佛教的传统，只有记述佛祖释迦牟尼言教的著作才能被称为"经"，后世佛徒的著作只能被称为"论"。人们将中国唐代僧人惠能（也作慧能）的言教编纂命名为《坛经》，足见"六祖革命"后，中国佛教的变革风气，也足见《坛经》在中国佛教史上的地位之高及禅宗影响之大。关于《坛经》的名称，一般认为"坛"有"戒坛""法坛"之意。由于惠能门徒"视能如佛"，并认为惠能之法语如同佛经，因此将之名为《坛经》，而且惠能更是被中国佛教徒列为中国禅宗的第六代祖师。关于《坛经》一书的内容，学界认为它是六祖惠能从黄梅五祖弘忍处得法之后回到南方，于曹溪宝林寺住持期间，应韶州韦刺史的邀请，在韶州大梵寺讲堂为从僧俗一千余人所讲的佛法，在其讲法之后，徒众们依据当时笔记整理成书。全书叙述了惠能学佛的缘由和经历，概括了惠能的主要思想。它在描述惠能一生行迹并以之为脉络的基础上，阐明了禅宗的传承、南宗的禅法，并呈现出南宗对般若、定慧、坐禅、顿渐等问题的解证。《坛经》提出了一些立身之方法、做人之态度、行事之哲思、度生之智慧，故此，它深受历代民众的好评。"《坛经》不仅是中国思想史上一个重要的转换期，同时也是佛教对现代思想界一个最具有影响力的活水源头"。由于在引导人们开启自心智慧、追求转凡成圣的主旨下，它展现出中华民族独特的生命智慧，因而对于慕圣希贤的民众来说，《坛经》蕴含有诸多值得解悟和吸收的文化因子。

参考文献

孔颖达：《周易正义》，北京：九州出版社，2004 年。

尚秉和：《周易尚氏学》，北京：中华书局，1980 年。

黄寿祺、张善文：《周易译注》，上海：上海古籍出版社，2007 年。

雒江生：《尚书校诂》，北京：中华书局，2018 年。

顾迁：《尚书译注》，北京：中华书局，2016 年。

周振甫：《诗经译注》，北京：中华书局，2002 年。

孙希旦：《礼记集解》，北京：中华书局，1989 年。

胡平生、张萌：《礼记译注》，北京：中华书局，2017 年。

朱熹：《四书章句集注》，北京：中华书局，2003 年。

杨伯峻：《论语译注》，北京：中华书局，2017 年。

杨逢彬：《论语新注新译》，北京：北京大学出版社，2018 年。

焦循：《孟子正义》，北京：中华书局，2017 年。

杨伯峻：《孟子译注》，北京：中华书局，2016 年。

王先谦：《荀子集解》，北京：中华书局，2012 年。

张觉：《荀子译注》，上海：上海古籍出版社，2012 年。

方勇、李波译注：《荀子》，北京：中华书局，2019 年。

张居正撰：《四书直解》，北京：九州出版社，2010 年。

朱熹撰：《四书章句集注》，北京：中华书局，2010 年。

陈晓芬、徐宗儒：《论语·大学·中庸》，北京：中华书局，2011 年。

朱熹、吕祖谦：《近思录》，斯彦莉译注，北京：中华书局，2011 年。

朱熹、吕祖谦：《近思录》，查洪德注译，郑州：中州古籍出版社，2008 年。

邓艾民:《传习录注疏》,上海:上海古籍出版社,2012 年。

陈荣捷:《王阳明传习录详注集评》,上海:华东师范大学出版社,2009 年。

楼宇烈:《老子道德经校释》,北京:中华书局,2008 年。

楼宇烈:《老子道德经注》,北京:中华书局,2012 年。

方勇:《庄子译注》,北京:中华书局,2010 年。

陈引驰:《庄子精读》,上海:复旦大学出版社,2006 年。

憨山大师:《庄子内篇注》,武汉:崇文书局,2015 年。

郑开:《庄子哲学讲记》,南宁:广西人民出版社,2016 年。

吕不韦:《吕氏春秋》,王启才注译,郑州:中州古籍出版社,2008 年。

杨伯峻:《列子集释》,北京:中华书局,2012 年。

严北溟:《列子译注》,上海:上海古籍出版社,2016 年。

杨寄林译注:《太平经今注今译》,石家庄:河北人民出版社,2002 年。

常秉义点批:《阴符经集注》,北京:中央编译出版社,2015 年。

赵守正:《管子注译》,南宁:广西人民出版,1982 年。

黎翔凤:《管子校注》,北京:中华书局,2004 年。

高亨:《商君书注译》,北京:中华书局,1974 年。

许富宏:《慎子集校集注》,北京:中华书局,2013 年。

陈奇猷:《韩非子集释》,北京:中华书局,1958 年。

谭家健、孙中原注译:《墨子今注今译》,北京:商务印书馆,2018 年。

方勇译注:《墨子》,北京:中华书局,2015 年。

孙中原:《墨子大辞典》,北京:商务印书馆,2016 年。

冯国超译注:《孙子兵法》,北京:商务印书馆,2016 年。

陈曦译注:《孙子兵法》,北京:中华书局,2011 年。

魏道儒译注:《坛经译注》,北京:中华书局,2010 年。

后　记

　　结合优秀传统文化及现代企业生产经营的实际，中盐金坛公司以贤文化为企业文化，形成指导企业科学发展的价值理念，在潜移默化中以文化人，提升员工素养，建设企业人安身立命的精神家园。

　　为方便读者深入理解贤文化的丰富内涵，系统梳理和呈现贤文化的经典源头，"圣贤文化传承与华夏文明创新研究"丛书编委会提出本书编纂的基本构想、基本要求和大纲，选取相关经典，结合中盐金坛公司博士后科研工作站在站博士后及博士的学科背景、研究专长，组成本书编写组，在融合贤文化理念及学术界现有研究成果的基础上，完成这部书稿的编纂工作。

　　本书选取的经典以及对经典进行选编释读的执笔人如下：

　　《周易》《尚书》《诗经》《礼记》《乐记》由林銮生博士执笔选编释读；

　　《论语》《孟子》《荀子》由奚刘琴博士执笔选编释读；

　　《大学》《传习录》《近思录》《吕氏春秋》由赵立敏博士执笔选编释读；

　　《老子》《庄子》《列子》由刘育霈博士执笔选编释读；

　　《太平经》《阴符经》《中庸》由孙鹏博士执笔选编释读；

　　《管子》《商君书》《慎子》《申子》《韩非子》由胡士颖博士执笔选编释读；

　　《墨子》《孙子兵法》由周丽英博士执笔选编释读；

　　《坛经》由祝涛博士执笔选编释读。

　　本书编写组成员于 2020 年 6 月之前陆续完成了所负责经典的选编释读工作，由本书副主编孙鹏和奚刘琴对编写组发来的稿件梳理行文、统一格式后进行汇编和校对，并交由本书主编钟海连编审和黄永锋教授修改、审定。

　　本书在编写过程中参考了相关的研究成果，并已在书后所列的参考文献中标出。中盐金坛盐化有限责任公司、厦门大学新闻传播学院、厦门大学人文学院为本书的编纂提供了支持和帮助；九州出版社领导对本书的出版给予大力支持，责任编辑王海燕付出了辛勤的劳动，在此一并致谢。

编　者

2020 年 6 月